国家科学技术学术著作出版基金资助出版
"十二五"国家重点图书

冶 金 流 程
集成理论与方法

Theory and Method of
Metallurgical Process Integration

殷瑞钰　著

U0351052

北　京
冶 金 工 业 出 版 社
2013

图书在版编目（CIP）数据

冶金流程集成理论与方法/殷瑞钰著．—北京：冶金工业
出版社，2013.10

ISBN 978-7-5024-6141-6

Ⅰ．①冶⋯　Ⅱ．①殷⋯　Ⅲ．①黑色金属冶金—生产过程—
研究　Ⅳ．①TF4

中国版本图书馆 CIP 数据核字（2013）第 064989 号

出 版 人　谭学余
地　　　址　北京北河沿大街嵩祝院北巷 39 号，邮编 100009
电　　　话　(010)64027926　电子信箱　yjcbs@cnmip.com.cn
组　　稿　张 卫　责任编辑 李 梅 于昕蕾　美术编辑 李 新
版式设计　孙跃红　责任校对 卿文春 刘 倩　责任印制 李玉山
ISBN 978-7-5024-6141-6
冶金工业出版社出版发行；各地新华书店经销；三河市双峰印刷装订有限公司印刷
2013 年 10 月第 1 版，2013 年 10 月第 1 次印刷
169mm×239mm；24.75 印张；296 千字；371 页
69.00 元
冶金工业出版社投稿电话：(010)64027932　投稿信箱：tougao@cnmip.com.cn
冶金工业出版社发行部　电话：(010)64044283　传真：(010)64027893
冶金书店　地址：北京东四西大街 46 号(100010)　电话：(010)65289081(兼传真)
（本书如有印装质量问题，本社发行部负责退换）

序

殷瑞钰院士是我国著名的钢铁冶金学者，具有坚实的学科理论基础与丰富的生产组织、管理经验。殷瑞钰院士曾任唐山钢铁公司副总经理、总工程师、河北省冶金厅厅长、冶金工业部总工程师、副部长及钢铁研究总院院长等职。不管在什么岗位上，他都执著地致力于推动钢铁工业的技术进步与生产装备的现代化。他的突出贡献之一，是在20世纪90年代担任冶金工业部主管科技和生产的副部长时，紧紧抓住连铸技术在中国的推广应用不放，仅用了十年时间就使许多大、中型骨干钢铁企业都实现了全连铸化，全国的连铸比，从25%猛增到87%以上，从而缩小了我国钢铁工业与世界先进水平的差距，也大大提高了钢铁的收得率，使整个生产流程发生了革命性的变化。

众所周知，钢铁冶金生产是一个典型的流程工业，从铁矿石、焦煤、石灰石等主要原材料入厂，到各种钢材的产出，需要经过相互衔接的诸多生产环节和各种熔炼、加工设备。以往的冶金工程学，是将这一生产流程，用还原论的思维方法分割成炼铁、炼钢、铸锭（坯）和轧钢、热处理等工序，并分别采取孤立的或是封闭系统的方法加以理论研究和论述。毋庸置疑，就各个装置或工序过程的化学反应和物理相变的局部、个体（如铁矿石还原、脱碳炼钢、凝固相变、锻轧形变与冷却相变等）而言，需要有经典热力学的定向指导，但是这种微观的静止思维方法对于现代化大型钢铁生产流程解析与集成管理极不适应，其结果往往造成不同工序、各种装置之间的各自为政、互不协调。正因为此，不得不在许多连续生产的工序（高炉、连铸、连轧机组）与间歇式生产的装置（炼钢炉、开坯机等）之间设置"缓冲器"，如混铁炉、钢水保温炉、均热炉等。更有甚者，当分厂、车间、工序因生产节奏不协调而发生混乱与矛盾时，不得不通过车间和厂部的调度员来进行人为的干预和"仲裁"。但是，如果从钢铁生产流程动态运行的宏观物理本质和规律而言，贯穿始终的是物质流、能量流与信息流。这三个"流"的集成、配置与交互作用的结果，不但完成了钢铁产品的生产，也必然影响到整个流程的顺畅程度（生产节奏的快慢与劳动生产率的高低），还体现出各种要素的利用效率（物耗、能耗、土地、资金投入），乃至产品质量和对环境的影响。殷瑞钰院士在深入研究钢铁生产流程中"三流"动态交集、合理转换的基础上，提出了新一代钢铁生产流程应具有三大功能，即低成本、高效率洁净钢的生产平台、清洁高效的能源转化器及能吸纳消融大宗社会废弃物的无害化处理过程。这一全新的资源节约型和环境友好型钢铁生产理念，已在首钢搬迁后的曹妃甸京唐钢铁公司的设计、建设、运行中得以体现，第一次打破了我国钢铁厂设计传统照抄、照搬国外某厂的模式，也改变了以单体生产装置的产能来静态"拼图"，凑成一个零乱而不流畅的生产系统的钢铁厂设计方法。

由此可见，钢铁冶金工业流程中的诸多问题，都可凝练、提升到流程中物质流、能量流、信息流的合理配合、集成作用的高度来加以分析、解决。而这一新的工程思维逻辑不但可应用于流程优化控制，还应贯穿于钢铁冶金工程的规划、钢铁厂设计、冶金生产的动态运行和管理，以及用于钢铁工业全生命周期的评估方法，从而更加科学、合理地评价其对自然、社会环境的影响。

殷瑞钰院士正是本着上述的理念与精神，在近十年里，对冶金流程的集成理论与解析方法进行了前瞻性的、缜密的思考与研究，并在此基础上提出了：流程动态运行的概念与理论基础；钢铁制造流程动态运行的基本要素与特征分析；钢厂的动态精准设计和集成理论。除此以外，还结合实际进行了若干案例分析，提出新一代钢铁制造流程。上述成果皆集成于本书中。

回顾 60 年来几代钢铁冶金工作者的奋斗历程，中国已从当年的"手无寸铁"（1949 年产钢仅 19 万吨，不到当年世界钢产量的千分之一），发展成为世界的钢铁生产大国（年产7亿多吨，占世界钢产量46%左右），但中国的钢铁工业也因此成了资源与能源消耗高、污染排放大的"众矢之的"。要从根本上改变社会对钢铁工业的看法，就必须建设资源节约型与环境友好型的钢铁工业，而这恐怕不是简单地上若干污水处理厂、废气净化装置和固体废弃物填埋场所能解决的。必须从源头治理，从新的流程入手，把钢铁厂转变成具有"优质钢材生产线—高效率能源转化器—社会废弃物消纳者"等三个功能的新型流程工业，只有这样，钢铁工业才能实现可持续发展。殷瑞钰院士所著《冶金流程集成理论与方法》就是这一转变的基本理论与指导思想。可以毫不夸张地说，此书是他对21世纪中国钢铁工业发展的一个新的重大贡献。

本书可作为高等院校钢铁冶金专业师生的教学参考书，并可供设计、研究单位的中高级科技人员，以及钢铁生产企业的管理者进修之用。

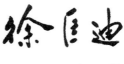

二〇一三年二月

目 录

Contents

第1章 绪 论

21世纪钢铁工业面临的是一种最新形式的综合性挑战，它包括了经营成本、产品质量与性能、生产效率与合理规模、物耗、能耗与过程排放、生态环境等一系列先进技术经济指标为目标群的整体优化。现代化的钢铁企业在其发展进程中提出了要在基础科学、技术科学的基础上发展解决综合集成性命题的工程科学命题，以期解决更大尺度、更高层次的复杂性、系统性、集成性问题，由此就引起了对宏观层次上的工程科学——冶金流程工程学的研究。

对于冶金学、金属材料学的研究而言，如果只是停留在基础科学的领域内，或是局限在技术科学的层次上，恐怕很难协同地解决钢厂生产和工程设计中实际存在的许多复杂问题，并将影响到信息技术有效地贯通在整个钢铁生产流程中。

过程工程（包括流程工程）是一门非常宽阔的、边界不断扩展的学科领域，冶金学科传统的领域正被一些新的知识领域补充或交叉。现在，对于包括钢铁工业在内的流程工业中的科学问题可以被孤立地研究的时代大体上已成为过去，而摆在我们面前的是学科交叉、不同层次交叉的工程科学时代。

我们曾经学习并接受过抽象的、静止的观点和分割开来分析问题的方法，然而随着时代的进步，动态的观点已在几乎所有的科学领域中推广。系统性、开放性、复杂性、不可逆性、不确定性的事物广泛地存在于现实世界中，而这些问题是不能依靠纯粹的、经典的热力学方法去解决，孤立系统热力学已经很难适应过程工程层级上的开放性、复杂性、不可逆性和不确定性的命题。

钢铁制造流程是一类非平衡态的动态开放系统，它是由一系列相关的、功能不同的且随机涨落的异质单元工序（装置）集成构建出来的。单元工序之间以及单元工序与流程之间通过"涨落"和"非线性相互作用"形成某种自组织性。为了提高钢铁制造流程的自组织程度，并形成动态-有序、协同-连续运行的耗散结构，需要一定的他组织手段的帮助，这些他组织手段包括：设计好优化-简捷的流程网络、编制动态-有序的运行程序以及通过信息技术动态地调控好合理的物质流、能量流强度（流通量）等，为的是调控单元工序（装置）在合理的"涨落"范围内动态运行，并使单元工序之间形成动态稳定的非线性耦合关系，以提高流程系统运行的自组织程度，并形成期望的耗散结构。这种耗散结构体现为流程系统整体的动态运行过程的协同性、连续性、紧凑性和节律性，最终实现能量耗散、物资损耗以及过程排放量的"最小化"。

在钢铁制造流程这样的动态开放系统中，刻意片面地去追求局部的平衡，处理不当时，甚至会引起整个流程系统的混沌-无序化，从而导致流程运行过程耗散增大。

当钢铁制造流程运行的静态框架确定后（例如总平面图等），流程系统保持"协同-有序-连续-紧凑"运行的基本参量是"物质量"、"时间"和"温度"。也就是说，"物质量"、"时间"和"温度"是贯通钢铁制造流程和各异质单元工序的基本参量。

钢铁制造流程的动态运行过程是不能脱离时间-空间参数的。流程、"动态-有序"、"连续-紧凑"等概念都与时间-空间参数直接相关。特别是时间之矢的不可逆性必须引起高度重视。时间因素从根本上影响着耗散结构的形成和过程耗散的大小。时间序、时间点、时间域、时间位、时间周期、时间节奏、时间程序、时-空结构等在经典热力学中是极少涉及的问题，而在钢厂现实生产实践中却比比皆是，是必须面对的问题。其原因很简单，因为现实过程工程中的科学命题已不是抽象的孤立系统中单一的静止目标问题，而是动态的多目标、多尺度综合优化问题。

耗散结构理论[1]作为一种面向开放的非平衡系统的自组织理论，从一般物理科学上揭示了动态开放系统的性质和规律，可以说解决了基础科学理论问题。然而，要将基础科学的一般理论转化为工程科学理论，再将工程科学理论转化为工程设计的理论和方法，转化为工业生产运行过程的运行调控技术和组织方法，进而引导新技术开发，特别是共性、关键技术的开发，都需要相关领域的专家、学者长期的不断努力和合作。我们也许正处在这一时期——用耗散结构理论、协同论[2,3]等理论和方法来推动流程（过程）工程的发展，指导工程设计和企业的生产运行和投资方向，并指导流程制造业的产业升级。

本书作为《冶金流程工程学》的姊妹篇，其理论基础之一是开放的、非平衡系统热力学，其特征是流程系统与环境之间不间断地进行物质、能量和信息的交换，换言之，系统结构在与环境的共生之中而生存。不断输入流程系统的负熵可以抵消流程系统运行过程的熵产生。开放系统一定是动态的，动态运行除了具有物质、能量的含义以外，还一定具有时间、空间含义，当然，还有相关的信息含义；离开时-空概念来讨论动态运行是没有意义的，也是不可能的。在钢厂内部碰到的过程问题主要有三类：一类是分子和分子、原子和原子之间的过程，例如还原过程、氧化过程等；一类是装置或工序的运行过程，例如高炉、转炉、连铸机等运行过程；另一类是车间或工厂运行的流程。这三类过程之间有层次关系、结构关系——体现为层次性、结构性、整体性。那么，要使得流程整体的动态运行能够实现多目标优化，必须建立在过程耗散最小化的基础上，要实现过程耗散最小化就应有一个合适的耗散结构（结构不好，耗散就大；结构好了，耗散相对就小）。那么什么叫结构？结构一定是由物质、能量、时间、空间、信息五位一体所组成的。要谈结构，一定会涉及要素（节点、元素等），涉及要素之间的作用关系和层次性，特别是动态结构，一定要有时-空观念；而就静态结构而言，"时"的概念不明显，但"空"（空间）的概念还是有的，并且空间的因素往往因总平面图等的确定而被"固化"了。当然，在某些条件下，流程动态运行过程中的某些"空间"性的因素也可以间接地转化为"时间"的效果或价值。简言之，生产流程的结构是不同工序或不同节点之间的相互作用关系和动态运行的程序。

钢铁制造流程是由运行方式差异很大但又相互关联的多个工序所构成的集成的动态运行系统，包括连续性的操作方式和间歇性的操作方式。怎样才能把这些差别很大的众多单元工序/装置组织成协调一致的运动？必须把运动的重要参数之一——时间作为目标函数来分析处理。在耗散结构和自组织理论指导下，把看起来变幻无常的问题转变为动态有序的一致运动，也就是组织成为动态-有序、协同-连续运行的"流"。由于"流"的运动具有时-空上的动态性、方向性和过程性，在"流"的动态运行过程中其输出/输入具有矢量动态特征，而"流程网络"实际上是"流"运行过程的空间-时间框架，为了减少运行过程的耗散，必然要求"流程网络"简捷化、紧凑化，优化的"流程网络"是十分重要的，否则就会导致"流"的运行过程出现无序或混沌。"流程网络"（例如总平面图等）直观地表达了空间概念、空间因素，实际上也间接或直接地表达了时间因素，表达了某些时间程序性的规则。这一点在钢厂的新建或技术改造中应作为重要的指导原则之一。

"流"的动态过程性质，必然蕴含着"运行程序"，流程的"运行程序"实际上在很大程度上是"他组织"的信息指令。"运行程序"合理，则促进"流"进入动态-有序、稳定状态；反之如果"运行程序"不合理或是失稳，则将导致"流"进入混沌、失稳状态。

为了实现开放系统中"流"的持续不断地输入/输出过程的优化，应该建立起合理的"流程网络"和优化的"运行程序"，这样可以使开放系统中的"力"和"流"之间通过非线性相互作用，形成功能的、空间的、时间的自组织系统——动态有序化的运行系统。也就是说，通过构建一个合理、优化的"流程网络"（如平面图等），随着"流程网络"中各个"节点"运动的"涨落"以及各"节点"之间涨落的相干、协同关系，可以形成一个非线性相互作用的场域（动态结构），并通过编制一套反映流程动态运行物理本质的自组织、他组织调控程序，实现开放的流程系统中各运行工序/装置之间的非线性"耦合"，从而形成开放系统合理的"耗散结构"，使"流"在动态有序运行过程中耗散"最小化"。

如此，以复杂系统的整体论、层次论、耗散论为基础，进一步探索钢铁制造流程工程设计和生产流程动态运行的理论和方法，其中涉及如下的理论和方法：

• 动力论

经过对钢厂生产流程中不同工序和装置运行方式的观察分析，可以看出不同工序/装置运行过程的本质和实际作业方式是有所不同的。例如：烧结机、高炉的运行过程从本质上看是连续的，转炉/电炉运行过程从本质上看是间歇的；铁水预处理和二次精炼装置的运行过程从本质上看也是间歇的，连铸机的运行过程则是连续/准连续的，加热炉的运行过程是连续/准连续的，但出坯方式则是间歇的；轧件在热连轧机的轧制过程是连续的，而对轧机而言，其轧件的输入/输出方式则是间歇的，当实现半无头轧制、无头轧制时，将有助于提高连轧机运行的连续化程度。如果进一步对整个钢厂生产流程的协同运行过程进行总体性的观察、研究，则可以看出不同工序/装置在流程整体协同运行过程中扮演着宏观运行动力学中的不同角色。从钢厂生产过程中铁素物质流的运行时间观点来看，为了生产过程的时钟推进计划的顺利、协调、连续地执行，钢厂生产流程中不同工序和装备在运行过程中应该分别承担着"推力源"、"缓冲器"、"拉力源"等不同角色。

一般可以将整个钢厂的生产流程分解为两段，即上游段是从炼铁（包括球团烧结等）开始到连铸，下游段是从连铸出钢坯开始到热轧过程终了。上游段主要是化学冶金过程和凝固过程（主要是金属的液态过程），下游段则是铸坯的输送、储存、加热（均热）、热压力加工、形变和相变的物理控制过程（高温金属的固态过程）。由此，可以从高炉、连铸、热连轧机三个连续/准连续运行"端点"的连续运行动力学特点入手，对生产流程整体运行动力学进行解析-集成。可以说，对于上游段而言，连铸的连续运行是"拉力源"，高炉的连续运行是"推力源"，中间工序/装置（炼钢炉、铁水预处理/二次冶金等）是物质流连续运行过程中的"缓冲器"；对于下游段而言，连铸机高温出坯是"推力源"，轧机连续轧制运行是"拉力源"，中间工序/装置（钢坯库、加热炉、辊道等）是"缓冲器"。

流程连续/准连续运行"动力论"的运行规则（即流程宏观层次协同运行的规则）理应是：间歇运行工序/装置的运行规则应该适应、服从连续运行工序/装置的运行规则；连续运行工序/装置的运行规则要引导并规范间歇运行工序/装置的运行规则；低温状态工序/装置的连续运行应适应、服从高温状态工序/装置的连续运行；当存在工序/装置间有串联-并联结构的情况下，物质流在工序/装置之间应尽可能保持"层流式"运行的状态。

• 结构论

现代化的钢厂制造流程不应是各单元（工序/装置等）的简单堆砌、叠加、拼凑，它应以整体论、层次论、耗散结构理论为基础，通过动力论、协同论等机理研究，构造起合理的、动态有序的流程结构来实现特定的功能和卓越的效率。所谓流程结构是指制造流程内具有不同特定功能的单元工序构成的集合和各单元工序之间在一定条件下所形成的非线性相互作用关系的集合。流程结构的内涵不只是制造流程内各工序的简单的数量堆积和数量比例，更主要的是单元工序功能集的优化，单元工序之间关系集的适应（协调）性，时-空关系的合理性和制造流程整体运行过程的动态协调性。因此，流程内各组成单元（工序或装置）的功能及参数应在流程整体优化的原则指导下进行解析-集成。即以流程整体动态运行优化为目标，来指导组成单元的功能及参数优化和单元之间的关系优化（体现为顶层设计和层次结构设计），并以单元工序/装置优化和单元工序/装置之间关系优化为基础，通过层次间的协调整合，促进流程动态运行优化。具体包括如下内容：

（1）选择、分配、协调好不同工序/装置各自的优化功能（域），这些工序或装置的功能（域）是有序、关联地安排的，进而建立起解析-优化的工序功能集合；

（2）建立、分配、协调好单元工序/装置之间的相互连结、协同关系，构筑起协同-优化的工序之间关系集合；

（3）在工序/装置功能集的解析-优化和它们之间关系集的协调-优化的基础上，集成、进化出新一代流程的工序/装置集合，即实现流程系统内工序/装置组成的重构-优化，力争出现流程整体运行的"涌现"效应（例如高效率、低成本的洁净钢制造平台，能源高效转换并及时回收利用的能量流网络体系等），并推动新一代流程结构的涌现。

- 连续论

时间因素是研究开放的冶金流程动态运行过程不可脱离的重要参数。"物有本末、事有终始"，一切事物的变化，各种过程的演变都是在时间坐标中展开的。没有时间概念就谈不上运动变化，也更谈不上过程和流程。运动速度、变化速率、动态耦合、协调运行都要通过时间来表现。出于对流程运行过程的协调和连续以及便于调控的需要，应该研究时间在流程运行过程中的表现形式，即时间的表现形式已不能仅仅简单地表现为某些过程所占用的时间长短，而是以时间序、时间点、时间域、时间位、时间节奏、时间周期等形式表现出来[4]。为了实现制造流程的连续化和准连续化，时间参数不仅是一个重要的动态自变量，同时必须将时间作为目标函数来研究分析它在制造流程各单元工序/装置间协调（集成）过程中的作用和含义。在包括钢铁冶金在内的流程工业中，制造流程的连续化程度是技术进步、企业的市场竞争力和可持续发展潜力的标志，也往往成为科技界、企业界追求的技术经济目标之一。

基于制造流程的连续化/准连续化和紧凑化的总体性命题，必须以制造流程的动态-有序、协同-连续为运行目的，注重研究运行程序优化与网络化整合的动态过程集成，将整个制造流程有效地衔接、匹配、协调、贯通起来，形成一种整体优化的、连续化（准连续化）和紧凑化的制造流程与工程系统。

- 嵌入论

所谓"嵌入论"是要将较小时-空尺度的、较低层次的运行（运动）过程恰当地、有效地嵌入到更大、更复杂、更高层次的开放系统的过程中去。这实际上是一种多尺度的集成理论和方法，其中包括"层次性嵌入"和"协同-连续性嵌入"等需求方式。

将过程工程的层次观概念与多尺度关联的"嵌入论"相结合，可以使不同层次的过程运行纳入到一个统一的、层层嵌套的完整的协同体系中，并有利于指导流程体系的网络化整合和动态运行程序的建模。

设计也好，生产也好，管理也好，都是要考虑动态运行。动态运行必须注重时-空概念、层次概念和跨层次耦合，即单元操作、单元反应的选择、优化必须和工序/装置的动态运行程序联系起来，工序/装置的动态运行过程必须服从能有序、有效地嵌入到上一层次流程的动态运行过程中。也就是说，制造流程动态运行必须是不同层次的运行（运动）过程能够集成在一起，集成的原则是有关分子尺度的运动过程要能够嵌入到相关装置/工序尺度上的动态运行过程中去，装置/工序尺度的动态过程要能够嵌入到流程尺度上的动态连续过程中去。

对于同一层次的运行过程，例如工序/装置之间的动态运行过程，也有"嵌入性"问题，这往往是出自流程整体协同-连续运行的需要，会对不同工序/装置运行的时间、空间、功能集提出"嵌入性"的参数要求，有时还需要优化的界面技术的支持，以实现上下游工序/装置的协同-连续运行的目的。如此，方能使整个制造流程实现动态-有序、连续-紧凑、协同-稳定的运行。

• 协同论

协同学是关于一个由大量的子系统所组成的整体系统，在一定条件下，子系统之间如何通过非线性相互作用而产生协同现象和相干效应，使系统形成有一定功能的自组织结构，进而使系统在宏观上产生功能结构、时间结构、空间结构或时-空结构，并出现新的、整体的、有序状态的学问。可见，协同论是关于多组元系统如何通过子系统的协同行动而导致整体结构有序演化的自组织理论。

在流程系统动态运行过程中，协同论作为一种理论和方法，其意义在于帮助认清各单元工序/装置之间如何引起非线性相互作用，如何实现非线性相互作用和动态耦合并使系统处于稳定状态。具体而言，通过协同学理论和方法，在工程设计、生产运行和管理调控上可以落实到编制原料场—焦化—烧结（球团）—高炉过程动态运行的 Gantt 图；可以落实到高炉出铁—铁水预处理—炼钢炉—二次精炼—连铸过程动态运行的 Gantt 图；可以落实到铸坯运输—加热炉—热连轧机—卷取机/冷床过程动态运行的 Gantt 图。也可以指导建立起工序/装置之间新的界面技术，更有利于指导制造流程（过程工程）中网络化/程序化整合、集成，推动建立新一代生产流程及其新的界面技术。

● 功能论

对于钢铁企业而言，制造流程具有广泛的关联性和很强的渗透性。钢铁制造流程的总体性功能（钢铁产品制造功能、能源转换功能、废弃物消纳处理和再资源化功能）是由多个工序的功能相结合而涌现出来的，但绝非各单元工序功能的简单堆砌和叠加。各工序的功能必须相互协调和配合，使制造流程的功能达到完善的状态。制造流程将影响到企业的诸多市场竞争力因素（包括综合成本、物质/能源消耗、产品质量、产品品种、生产效率、投资效益等）和可持续发展能力的许多方面（例如资源、能源的可供性，生产过程的排放和对环境的影响，构筑工业生态链，处理和消纳社会大宗废弃物甚至关联到通过生态化转型融入循环经济社会等）。因此，不应将制造流程局限地看成只是生产产品的工艺技术问题。钢厂的制造流程直接关联到钢厂功能的定位和社会、经济角色。通过对钢铁制造流程动态运行过程的物理本质研究，可以清楚地看到，现代和未来的钢厂应定位于钢铁产品制造功能、能源转换功能和废弃物处理-消纳-再资源化功能。

从工程哲学的视角来看，目前的工程设计过程和生产运行过程集中注意的是局部性的、解析性的"实"，而往往忽视贯通全局性的、集成性的、涌现性的"流"。在今后的工程设计、生产运行和过程管理中既要看到具体的、局部的"实"，更应集中关注贯通全局的"流"。流程及其动态运行脱离了"流"的概念，效果就不好了。企业的生产运行和设计院工程设计从表象上看似很"实"（针对工序/装置设计和运行），但从本质上看恰是贯通全局"流"的运行表象性的、局部性的体现，即工序/装置这个"实"是流程运行的动态组成形式和运行过程中的一个局部，为了"流"的动态-有序、紧凑-连续运行（即形成耗散结构，使过程耗散优化）才是企业生产运行和工程设计的目的，这是"灵魂"；工程设计和工厂生产运行都要"虚"、"实"结合，必须确立理念——"虚"，构建并形成动态-有序、协同-稳定、连续-紧凑的开放系统——优化的耗散结构，即通过设计院的工程设计和生产企业动态的生产运行付诸实践——"实"，追求与外界环境相适应的耗散"最小化"，实现复杂系统的多目标优化。这也是本书所讲的动态精准设计的意义。

动态精准设计必然要涉及工厂的模式。钢厂模式优化与时空过程、耗散结构、耗散机理紧密相关，即与流程网络结构优化、流程动态、运行程序优化有关。根据优化的工厂模式就能进一步推导出相应工程设计、生产运行中的优化参数。值得注意的是工厂模式并非生产规模越大越好，而应该是通过动态-有序、协同-连续运行机制，使铁素物质流的过程时间更加合理化。总之，应该从要素-结构-功能-效率集成优化的观点出发，在工程设计中体现出动态-有序、连续-协同，这是动态精准设计的理论核心。

本书撰写的总体思路是在《冶金流程工程学》的理论基础上，突出了开放系统的理论体系。本书的内容既涉及到流程动态运行的有关概念和基础理论，也涉及动态精准设计的理论和方法，还涉及生产流程的动态运行和控制，进而阐述未来钢铁企业的功能。本书从"要素-结构-功能-效率"的系统观点出发，对制造流程动态运行的设计、运行规则和动态控制等方面进行了探讨，并结合实际对界面技术、洁净钢平台等四个案例进行应用分析，是对《冶金流程工程学》一书在理论上的深化和扩展，以及应用在工程设计、生产实际运行方面的延伸与深化。

参 考 文 献

[1] 尼科里斯，普利高津. 探索复杂性[M]. 罗久里，陈奎宁译. 成都：四川教育出版社，1986：1 ~ 23.
[2] 哈肯. 高等协同学[M]. 郭海安译. 北京：科学出版社，1989.
[3] 霍兰. 隐秩序[M]. 周晓牧，韩晖译. 上海：上海科技出版社，2000.
[4] 殷瑞钰. 冶金流程工程学[M]. 2 版. 北京：冶金工业出版社，2009：205 ~ 208.

第2章 流程动态运行的概念和理论基础

社会、经济发展不能脱离物质性的工程活动。科学、技术和工程之间是紧密关联而又相互促进的。有一种类别的工程是在科学研究发现的指引下诞生的，即先揭示有关事物的科学规律，经过技术开发，然后形成工程实体，建立起崭新的工业，例如电子信息工程、核能动力工程等。然而，更多的是另一种类别，即由于生活、生产的需要，工程实践在先，继而促进技术的创新、发明，进而引起对科学原理的探索、发现。科学技术的发展又进一步反馈到技术进步过程中去，使技术、工程登上新的台阶。作为流程制造业的冶金工业，就是属这一类别的工程问题。

钢铁仍然是国民经济的基础材料，甚至可以说是"必选材料"。从制造工艺上看，钢铁工业属于流程制造业。对于钢铁工业而言，生产流程对生产效率、产品成本、产品质量、产品品种、资源消耗、投资效益等技术经济目标群具有综合影响力，而且也直接影响过程排放、环境生态和资源-能源可供性等可持续发展因素。

面临 21 世纪经济全球化的趋势，全球钢铁工业的根本性命题是市场竞争力和可持续发展。这就要求钢铁工业要从总体战略上来观察问题、解决问题，而不是把上述重大命题简单地割裂成为产量、规模、质量、品种等孤立问题，"头痛医头、脚痛医脚"地解决，甚至引起顾此失彼的矛盾；时至今日，应该从根本上考虑问题，追求从战略整体上来解决时代性的命题。

为了正确解决这一时代性的命题，需要经历"认识、决策、实施"等环节。认识就是理解和思考事物的客观规律。决策就是在认识的前提下，善于谋略，博采众长，扬长避短，走自己的路。实施就是把决策的东西转化成为物质的成果，反过来又检验认识和决策的正确性。认识正确是所有各步骤的出发点。

2.1　过程系统及其基本概念

2.1.1　流程制造业

流程制造业往往是指原料经过一系列以改变其物理、化学性质为目的的加工-变性处理，获得具有特定物理、化学性质或特定用途产品的工业。流程制造业有时为突出其物质流在工艺过程中不断进行加工-变性、变形的特点，也可称之为过程工业。过程工业的生产特征是：由各种原料组成的物质流（注意，不是一般意义上的物流）在输入能量的驱动、作用下，按照特有工艺流程，经过传热、传质、动量传递并发生物理、化学或生化反应等加工处理过程，使物质发生状态、形状、性质等方面的变化，改变了原料原有的性质而形成期望的产品。流程工业的工艺流程中，各工序（装置）加工、操作的形式是多样化的，包括了化学的变化、物理的变化等，其作业方式则包括了连续式、准连续式和间歇式等形式。

流程制造业包括化学工业、冶金工业、石油化学工业、建筑材料工业、造纸工业、食品工业、医药工业等。具体地讲，这些流程工业一般都有如下特点：

（1）所使用的原料主要来自大自然；

（2）产（成）品主要用做制品（装备）工业的原料，因而其中不少门类的工业带有原材料工业的性质，当然某些流程制造业的产品也可直接用于消费；

（3）生产过程主要是连续、准连续生产，或追求连续化生产，也有一些是间歇生产；

（4）原料（物料）在生产过程中以大量的物质流、能量流形式通过诸多化学-物理变化制成产品及副产品；

（5）生产过程往往伴随着各种形式的排放过程。

对于流程制造业而言，制造流程一般包括物料、能源的储运、预处理、反应过程和反应产物的加工等过程；并且包括为实现制造流程的功能而与之相连接的辅助材料和能源供应的整个集成系统。

制造流程也可以广义地理解为包括物料、能源的选择、转换/转变、储运，产品的选择、设计，制造加工过程的设计与创新，排放过程和排放物、副产品的控制、利用和处理，有毒、有害物质的处理与消除，以至产（成）品的使用、废弃、回收处理、循环利用等内涵。

从根本上看，对于流程制造业的生产（制造）流程而言，制造流程是一个集成了物质流控制、能量流控制和信息流控制的多因子、多尺度、多工序、多层次、多目标的工程系统。例如，钢铁制造流程就是物质状态转变、物质性质控制、物流管制等过程在流通量、温度、时间和空间等参数上贯通、协调和控制的多因子、多尺度、多工序、多层次、多目标的运行控制系统（图2-1）。

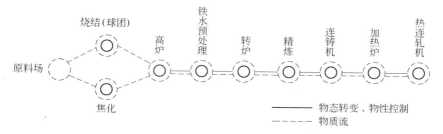

图 2-1 钢铁制造流程系统内物态转变、物性控制和物质流组合示意图[1]

一个完整的生产制造流程由若干个互相衔接、互相关联的异质、异构单元和工序组成。整个流程的协调、有序运行要求在相当长的时间尺度上使组成流程整体的各单元工序/装置达成一致的行动（运动）。由于流程的诸单元（工序）的物理转换、化学变化功能互不相同，各单元（工序）间的相互关系十分复杂，而且还受外界环境的影响，表面看来，流程的动态运行是变化无常的复杂性问题，似乎难以找到规律。然而普利高津（Ilya Prigogine，1917～2003）学派所开创的耗散结构自组织理论，则使得研究这类似乎是变化无常的复杂性问题成为可能。为了认识制造流程整体的动态有序运行的规律，学习和研究耗散结构理论是必要的。

2.1.2 过程的时空尺度

从时间-空间角度看，流程一般是大尺度单元或较大尺度单元的集成系统。以我们现在对客观世界的认识，事物具有不同层次的结构，事物的运动在不同层次的时间-空间尺度上进行，差别极大，规律也各不相同。微观世界中，基本粒子的量级为 10^{-18}m(am)，甚至更小，原子核为 10^{-15}m（fm），分子、原子、离子为 10^{-9}m(nm)，聚合物分子可达到微米（μm）级。而在宇观世界里，恒星、银河系等则以光年为空间尺度。介于两者之间，在地球范围与人类的生活、生产活动有关的各种运动和变化，物理学界统称之为宏观世界，其空间尺度在微米（10^{-6}m）至千米（10^{3}m）范围。而从工程学科观点，需要更深入认识不同层次、不同环节的演变规律，进一步划分时-空尺度层级，如图2-2所示。

以冶金工程学为例：基础的冶金反应在分子、原子或离子间进行，空间尺度属纳米(nm)级（或埃(Å)级），高温反应速率很快，时间尺度为 10^{-6}～10^{-9}s；固态金属中的各种相变、

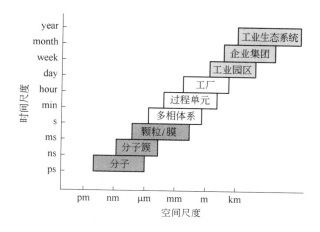

图 2-2 不同过程的时-空层级示意图[2]

形变也在纳米级尺度上发生，但时间尺度更大些；其规律适用于冶金物理化学——热力学和动力学的研究方法，属于微观层次的基础科学。当冶金过程在各种生产装置（反应器）内进行时，由于其中的浓度、温度分布不均匀，需要考虑到物质和能量的传递以及反应装置的几何形状，包括边界层（$10^{-5} \sim 10^{-6}$ m）直至反应器整体（$10^0 \sim 10^1$ m），空间尺度属 $10^{-6} \sim 10^0$ m 级，时间尺度可达 $10^{-4} \sim 10^4$ s 范围。其规律适用于传输现象和反应工程学理论，属于介观层次的技术科学。而对于生产流程整体，涉及长时间（$>10^4$ s）和大尺度（$>10^1$ m）的关联，需要宏观层次的工程科学方法——流程工程学。

2.1.3 过程和流程

在生产制造流程中，进行着各种性质、不同形态的变化过程。流程和过程是密切相关的两个术语。关于它们各自的概念内涵和外延，需要明晰地加以区分和界定。

过程是体系的状态随时间的延续性改变。过程所论及的事物对象范围广阔，概念的外延很大。大至宇宙天体的演化，星球的运动；小到分子/原子之间的反应和变化，都可以称之为过程。而在不同学科中，根据所研究对象的不同，往往要对过程的论述范围和涵义再加以规范。

　　流程特指在工业生产条件下由不同工序、不同设备所组成的制造过程，是一个整体集成系统中复杂过程，是由流程网络、工序功能、工序关系和运行程序所构成的，在其中有各种"流"在运行的特殊过程。流程一般是工厂层级（包括车间层级）的制造过程，这类过程的时-空尺度比单元操作、单元工序层级的过程时-空尺度大。对钢铁制造流程的近代研究进程而言，人们首先是研究在液态和固态金属内部发生的物理化学变化，例如熔炼和精炼、结晶和偏析、晶体滑移和位错等过程，解决原子-分子尺度上的问题。继而研究单元装置内的操作单元以及物质和能量的转换，例如熔池流动和混合等过程，解决工序或装置尺度上的问题。这些过程的时-空尺度远远小于流程。进而在上述基础上，进一步整合集成研究流程整体尺度上的规律，解决市场竞争力和可持续发展等问题，形成了流程工程科学。

　　以上是过程和流程在概念外延大小和时-空尺度大小两个方面的区别。

　　关于过程，还需要对可逆过程和不可逆过程加以区分。可逆过程，不能简单地从字面上理解为能够向逆方向进行的过程，而是特指一种过程，每一步都可朝逆方向进行而且不对外界环境留下任何影响，才能称为可逆过程。例如，在没有摩擦阻力的情况下，运动过程进行的每一步都处在平衡状态，也就是体系的平衡状态在无限长的时间过程中做无限缓慢的转移的一种极限情况。因此这是不可能真正实现而只能无限趋近的理想过程。一切实际的过程，都是不可逆过程。冶金生产流程中的所有实际过程，都是不可逆过程。

2.2　过程工程与流程工程

2.2.1　工程与工程科学

2.2.1.1　工程

关于**工程**有多种不同的认识途径，例如科学本体论和工程本体论。按照科学本体论，工程的一般定义是在认识科学和数学规律的前提下进行某种应用，通过这一应用，使自然界的物质和能源的特性能够通过各种结构、机器、系统和过程，以恰当的技术，高效、可靠地制造对人类有用的东西。

按照工程本体论，工程的定义是在特定自然和社会条件下，诸多经济基本要素和技术集成系统组合-集成在一起的系统，目的在于形成现实的生产力。工程是经过对所需的相关技术进行选择、整合、协同而集成为相关的技术群（技术集成系统），技术集成系统体现着相关的、但又功能不同的异质技术群通过动态有序的集成所形成的特定结构和动态运行的特征；而且，这一特定的技术集成系统必须要与特定的自然和社会条件下诸多经济基本要素（例如资源、土地、资本、劳动力、市场、环境等）互相协同作用，通过构建和运行（形成工程系统），并使之产生特定的、预期的功能和价值[3]。技术集成是要素的构成与要素之间的关系问题，要素集成关联到结构问题，结构又关联到功能问题和效率问题。

工程是对诸多具有异质功能而又彼此相关的技术的集成，不同质的技术则是工程的组成单元。技术必须能有效地嵌入到工程系统中去，才能有效地发挥其应有的作用。技术如果不能恰当地、有效地嵌入到工程系统中去，不仅会降低该技术本身的功能与效率，也会影响整个工程系统的功能、结构和效率。工程是将异质的、相关的、相互作用的技术模块进行优化集成，构成优化的结构，实现相关的功能，并提高系统运行的效率。

2.2.1.2 工程科学

工程科学从工程实践中所遇到的事物和现象进行深入观察和思考开始，通过对各类事物、各种要素、各种技术、各种现象的分析、研究，进而探索、归纳、揭示工程系统内部隐藏的某种贯穿始终的、带有普遍性的、朴素的真理与美感。

研究工程科学需要具有坚实而宽阔的学科理论基础和丰富的实践经验，充分的想象力，敏锐的判断力，用独特的视野和方法去认识工程系统的本质和运行规律，去追求蕴藏在复杂的、丰富多彩的工程系统中的内在真理和美感。这种美感是体现隐藏在工程现象的多样性内部的规律的同一性，是事物不停地运动演化过程中某些物理量和几何量的相对不变性，是外部绚丽多彩现象下的内在简单性。包括工程科学在内的科学的美是属于理性的美，都是主要通过事物共同遵循的结构（例如开放系统的耗散结构）和运行规律（例如追求动态-有序和过程耗散优化）表现出来的美。艺术对美的理性认识是通过感性表达出来的，而科学则以客观世界作为对象，它注重的是客观事物之间的关系和相互作用，是它们运动变化的内在规律。科学对美的感性认识通过理性表达出来。

统括起来看，工程科学所追求的真理和美感包括了探求和发现工程系统中呈现出来的客观事物或现象的本质和运动规律；各种由简单到复杂、再由复杂到简化的现象的内在规律；各种不同类型事物（或现象）表现演化的多样性和内在简单性；各种不同类型事物运动的连续性、协调性、节律性等[4]。

对于工程科学的观察、研究方法而言，应该是有别于基础科学的研究方法的，这是由于在一定领域内，两者研究的时-空尺度或参数的量纲是有所区别的，多数基础科学范畴内研究过程一般是采取解析的方法，把研究对象进行区分、简化，认为认识了组成物质的元素、基本粒子就能认识物质的构造，就能得出整体的图像。然而，工程科学范畴内的研究方法，一般应该从研究工程的整体特征开始，然后通过解析-集成、集成-解析等反复优化过程，不断完善和补充细节，进而获得对整体特征的本质及其运动规律的更深入的认识。在这种识别过程的方法上科学家、工程专家应该向艺术家学习；艺术家早就清楚地认识到，要深入描述整体，必须先识别整体，然后补充细节。画家只要寥寥几笔，就能抓住对象的特征，不仅神似，而且形似，甚至入骨三分，可谓"画龙画虎还画骨"。

由于工程不能脱离集成，因此，工程科学往往必须突破还原论方法的局限，需要通过解析-集成的方法，对工程过程系统中不同单元、不同尺度过程的行为之间的关联性及其运行机理进行研究；研究从不同单元的行为当中归纳出微观机理与宏观现象、整体结构-功能之间的关系。进而，研究复杂工程系统中结构形成的机理与演变规律；研究复杂工程系统结构与行为的关系；研究工程系统呈现"突变"及其调控等方面的问题，这些都属于工程科学层次上的学问。

我们应该在"自然-科学-技术-工程-产业-经济-社会"的知识链、时-空链（图2-3）和构成网络中认识和把握工程和工程科学的范畴。对科学和技术来说，工程往往发挥集成和"涌现"的作用；对产业和经济来说，工程则又（往往）是其基层单位和构成单元，产业是由相同类型的工程单元及相关的工程单元集聚-关联而形成的。工程科学应该注意研究知识集成链和工程构成网络等方面的物理本质和内在规律。在这些链和流程网络中存在着许多工程科学的命题和学问，这是工程科学应当探讨和把握的重点问题。同时，也必然会逐渐搞清在工程系统中基础科学、技术科学和工程科学之间的相互依存关

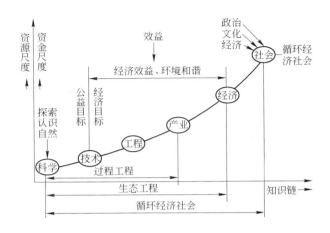

图 2-3　知识链与资源、资金尺度的关系[5]

系，并构建起集成的知识框架。

2.2.2　过程工程学

过程工程学源于化学工程。化学工程涉及多种类别、多种形态的化学工业，不可能针对每种化工发展一种理论。经过众多学者的研究，人们逐渐认识到各种化学工业中包含有流动、传热、蒸发、干燥、溶解、蒸馏、破碎、分离、过滤、沉降、混合等物理过程和操作，形成了以单元操作（unit operations）为主体形式的化学工程学[6,7]。20 世纪 50 年代，人们又进一步认识到流动、传热和传质都是力和流呈线性关系的物理过程，其基本原理和解析方法非常一致，于是进一步形成传输现象理论（transport phenomena）。同时把化学反应动力学所概括的反应速率理论和传输现象结合起来进行解析，形成了反应工程学（reaction engineering）。"三传一反"的研究和发展，促进了单元操作、单元装置的功能优化和设计合理化。对弥散系统（颗粒、液滴、气泡）的研究和运用，促进了多相流体力学的发展。随着计算技术以及计算流体力学（CFD）的发展，也由于向更多领域（生物化工、金属、陶瓷等）的扩展，化学工程学渐渐演变成为过程工程学。

2.2.3 流程工程学

流程工程学源于钢铁工业的技术发展和深刻变化。钢铁冶金是高温下的铁-煤化工过程，制造流程由许多过程构成，而且消耗大量资源。在一些产钢大国中，钢铁工业的能耗通常占国民经济总能耗的十分之一或更多，因此，资源的供给状况和价格对钢铁工业的发展有很大影响。20 世纪 70 年代的石油危机，促进炼钢厂全连铸技术开发成功，全连铸技术把连续性的高炉炼铁过程和钢材连续轧制技术协同连接起来，为钢铁冶金生产流程的准连续化-连续化创造了前提。近终形连铸技术的开发，使钢厂从炼钢到产出钢材形成连续的作业线。20 世纪 90 年代中国钢铁工业适应大发展的要求，有六大关键共性技术得到全面推广和应用，它们是：连续铸钢技术、高炉喷吹煤粉技术、高炉一代炉龄长寿技术、棒线材连轧技术、工序结构优化的综合节能技术、转炉溅渣护炉技术。这些关键共性技术的全面突破和成功应用，使冶金流程工程学的形成具备了物质条件上的前提。例如，钢水凝固实现全连铸化后，炼钢在整个钢铁生产流程中作为间歇运行环节的矛盾突现，但由于转炉炼钢是周期性的高频率作业形式，周期性高频率运行的转炉间歇作业方式和连续式的连铸作业方式有可能形成准连续/连续式的作业线，然而，转炉炉衬容易损毁而影响转炉持续连续地向铸机供应钢水，应用溅渣护炉技术可使转炉的作业时间和连铸机的维修周期能够协调起来，构成一个多炉连浇长时期的动态有序运行状态。

钢铁冶金生产流程中的各个工序高效运行所要求的运行技术条件是各不相同的，表面看来，似乎各个工序/装置环节之间不存在内部的有机联系。为了在相当长的时间范围内在宏观尺度上使组成流程整体的小单元表现出一致的运动，引用普利高津的耗散结构理论是必要的前提之一。流程整体上连续-准连续运行的技术与非平衡态热力学理论相结合，形成了冶金流程工程学。

2.3　流程系统动态运行的物理本质

在流程制造业（包括冶金工业）的生产运行过程中，伴随着复杂的、密集的物质流、能量流和相关的信息流，其中存在着力学相互作用、热相互作用和质量相互作用等行为，这些相互作用的行为表现为流动、化学反应、能量转换、热交换、相变、形变等不同类型、不同性质、不同时-空尺度的过程。

实际工程系统中，并非所有的宏观性质都可以从其构成单元的性质及其组合中推导出来。工程系统的特性往往不能简单地归结为静态结构，而是必须看到来自于工程系统内部各构成单元之间的非线性相互作用和工程系统与外部环境之间的动态耦合——必须重视这些动态因素对工程系统的结构、功能和效率的影响。可以说，正是通过对工程系统的开放性、非线性相互作用和动态耦合的研究，复杂的工程系统才成为可观察、可确定的。可见，工程系统（包括流程工程系统在内）的本质是过程和过程结构，即流程系统是由不同类型、不同性质、不同时-空尺度的过程通过综合集成构建出来的，过程之间是有结构的，这种过程结构是动态的、有序的、有层次的，且因其开放性、涨落性和非线性相互作用等原因，所以是复杂的。过程结构涉及的基本参数包括物质、能量、时间、空间（甚至生命）以及与上述各类物理实在派生出来的信息参数。

2.3.1 关于制造流程的特征

流程工程研究的主要目标在于探索、发现制造流程中种种不同层次上的组织原理，进而以集成-协同为手段，改进流程的结构，实现革新，推动系统演化并提高流程系统的效率，减少耗散，进而引起功能拓展。

研究流程工程应特别重视：

（1）流程的整体系统性。流程是具有"活"结构的有机系统；这个有机系统具有与其各组成部分所不同的性质和规律。

（2）流程的动态运行性。流程是对外界环境开放的系统，是"活"的动态系统，其基本特征体现在它的组织-集成性以及与环境的相互依存特性；

（3）流程的层次性。流程是按时-空等级、按层次组织和集成起来的有机系统，其不同层次、不同时-空等级系统的组元、结构和边界条件是不同的，因此不同层次、不同时-空尺度系统的运行过程中的序参量是不同的，但又有某种相关性。

（4）流程的进化性。流程是不断发展、演化的，流程系统进化的根本机制是整体与部分、部分与部分在发展进化中的内在矛盾的统一，具体体现在单元工序功能集合的解析-优化、工序间关系集合的协同-优化以及流程内工序集合的重构-优化，这三个"集合"的优化就是流程进化的集中体现[8]。

因此，制造流程的结构、运行特征体现为：

（1）系统整体性与层次性；

（2）随机涨落与非线性相互作用通过反馈放大促使形成宏观有序性；

（3）选择性与适应性的相互作用；

（4）系统是开放的，需要和外界环境有物质和能量的交换才能维持其稳定。

这些结构和运行特征使制造流程体现出：系统的自组织性、运行过程的耗散性和环境适应性等性质，而这些性质将影响到技术集成方式（工程设计的理论和方法）、工程运行方式（生产计划编制、组织与调控）以及企业的组织管理方式（机构设置和企业管理模式）等方面演进和发展。

2.3.2　钢铁制造流程动态运行的本质和功能

现代钢铁企业的制造流程已演变成两类基本流程，如图 2-4 所示：

（1）以铁矿石、煤炭等天然资源为源头的高炉—转炉—连铸—热轧—深加工流程或熔融还原—转炉—连铸—热轧—深加工流程。这是包含了原料和能源的储运与处理、烧结—炼焦—炼铁过程（包括熔融还原）、炼钢—精炼—凝固过程、再加热—热轧过程及冷轧—表面处理过程的生产流程。

（2）以废钢为再生资源和电力为主要能源的电炉—精炼—连铸—热轧流程。这是以社会循环废钢、加工制造业废钢、钢厂自产废钢和电力为源头的制造流程，即所谓短流程。

从工艺表象上看，钢铁制造流程由原料场、炼焦、烧结（球团）、炼铁、炼钢、轧钢等生产单元组成。因此，长期以来，人们往往只注意各单元工序的设备装置及其自身的运行以及它们各自的静态设计能力，并简单地通过并联-串联的方法来构建起钢厂的生产流程。例如，300 万吨/年的炼铁能力、300 万吨/年的炼钢能力与 300 万吨/年的轧钢能力加起来就是 300 万吨/年钢厂。粗略看来，从局部的工序/装置能力和工艺表象上看，上述认识似乎是没有什么问题的。但是，从钢厂的实际生产运行过程看，人们不难发现，当上、下游工序不能协同、连续运行时，就会出现能力"不足"或是能力"放空"

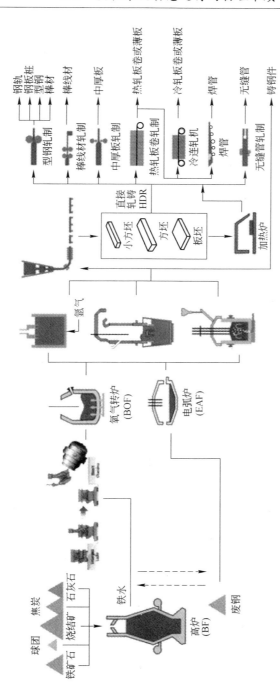

图 2-4 两类钢铁制造流程示意图

的现象。基于这种认识，于是不同生产单元的设计者和运行者又各自以"能力富裕系数"来抵消上述动态"短板"现象的影响。由于各生产单元分别从各自的局部情况考虑"保险"，又往往出现新的不平衡，甚至导致某些生产单元的能力过剩、不协调，单位产能的投资量过大等问题的出现。由于钢铁生产是投资密集的重装备生产，这种不协调会造成极大浪费。

可见，不能将各工序简单相加看成是生产流程。各工序相加在一起最多只是钢厂制造流程的静态表象。流程实际上是一种动态运行的过程，其运行的物理本质是：从物理角度上看，钢铁企业的生产过程实质上是物质、能量以及相应信息在合理的时-空尺度上流动/演变的过程。其动态运行过程的物理本质是：物质流（主要是铁素流）在能量流（长期以来主要是碳素流）的驱动和作用下，按照设定的"程序"（例如生产作业指令等），沿着特定的流程网络（例如总平面图等）做动态-有序的运行，并实现多目标优化。优化的目标包括了产品优质、低成本，生产高效-顺行，能源使用效率高、能耗低，排放少、环境友好等。因此，不难理解流程的物理本质是多因子的物质流和能量流按照规定程序沿着流程网络做动态有序的运行。演变和流动是流程运转的核心。

从热力学角度上看：钢铁制造流程是一类开放的、非平衡的、不可逆的、由不同结构-功能的单元工序通过非线性耦合所构成的耗散结构，流程动态运行过程的性质是耗散结构的自组织，为了减少运行过程中的耗散，流程应该趋向动态-有序、协同-连续、稳定-紧凑地运行。

从钢铁制造流程动态运行的物质本质出发，可以清楚地看到钢铁制造流程的功能应该是[9]：

（1）铁素流运行的功能——钢铁产品制造功能；

（2）能量流运行的功能——能源转换功能以及与利用剩

余能源相关的废弃物消纳-处理功能；

（3）铁素流-能量流相互作用过程的功能——实现制造过程工艺目标以及与此相应的废弃物消纳-处理功能。

2.4 流程系统动态运行过程及其物理层次

钱学森早在 1947 年夏天，在浙江大学、上海交通大学和清华大学为工科学生所做的"工程和工程科学"演讲中指出[10]："有关冶金的工程科学的实际进展，超越吉布斯相律的应用并不多……。换句话说，在实际工程和科学研究之间存在一个宽阔的空隙，对待这一空隙必须架起桥梁。在冶金领域中努力利用物理理论将不仅会对大量积累的经验数据作出系统的解释；而且一定会在材料开发的领域揭示出新的可能性。"他还指出："物理学家的观点与工程科学家的观点之间有一个基本差别。物理学家的观点是纯科学家的观点，主要兴趣在于把问题简化到这样的程度，从而能找出一个'精确'的解答。工程科学家则更有兴趣去求取提交给他的问题的解答。问题将是复杂的，所以只指望找到近似的解答，然而对于工程目的来说却又足够精确。"

钱学森先生有关工程科学的论述，对当今工程领域仍有指导意义，值得进一步深入学习和理解。实际上，作为国民经济重要基础的流程制造业（例如冶金、化工、建材、造纸等），有着共同或相似的工程和工程科学命题，这就是流程工程与过程工程问题。这些工业运行的本质是过程与过程结构的动态集成。

2.4.1 流程系统动态运行过程的物理特征

在流程制造业（包括冶金工业内）的生产运行过程中，

伴随着复杂的、密集的物质流、能量流和相关的信息流。当流程系统动态运行时，其不同层次过程运行的状态可以处于无序的、混沌的、有序的状态。对无序、有序的理解，可以用不太严格的通俗说法，即，可以把有序理解为事物之间规则的相互联系，把无序理解为事物之间不规则的相互关系。纯粹的有序或无序只是理论抽象，真实系统的有序或无序是相对的。至于复杂系统，有序与无序总是相伴而生的。那么如何理解混沌呢？

哈肯认为混沌（chaos）的技术意义指的是无规则运动。他给"混沌"下的定义是："混沌性多来源于决定性方程的无规则运动"[11]。我国学者郝柏林认为混沌是确定论系统的内在随机性[12]。混沌又常被称为"内随机性"、"自发随机性"、"动力随机性"。

"混沌"并不等于"混乱"，混沌状态与无序混乱状态有本质的差别。无序与混乱是在分子运动的尺度上定义的，例如墨水溶液中分子处于高度无序的混乱状态。而混沌所指的无规律状态是从宏观尺度上定义的，例如湍流等。正是为了区别那些在宏观上无规律（即平常意义上的无序）但在微观上有序的状态才称为混沌状态。郝柏林指出："混沌决不是简单的无序，而更像是不具备周期性和其他明显对称性的有序态。在理想状态下，混沌状态时有无穷的内部结构，只要有足够精密的观察手段，就可以在混沌态之间发现周期运动或准周期运动，以及更小的尺度上重复出现的混沌运动"。

混沌是非常普遍的自然现象，在钢铁制造流程的运行过程中，也是常见的现象。

2.4.2　三类物理系统

系统的、发展的观点有助于克服还原论方法的局限性和片面性。埃里克·詹奇曾转引普利高津的建议[13]：在物理学中我们至少必须区分探索和描述三个层次，这三个层次彼此之间不能相互归结，即：

（1）经典力学❶或牛顿力学：牛顿用力学的术语描述了质点的相对位置或速度。它把世界还原为质点的轨迹或空间-时间曲线。即质点从 A 点到 B 点的运动完全是可逆的，例如牛顿运动方程 $F = m\dfrac{\mathrm{d}^2 x}{\mathrm{d}t^2}$ 所描述的过程，其中时间是绝对的和反演对称的。质点运动的推动力由外部提供，不存在自组织……牛顿力学是严谨的科学，能准确描述和预测物体的运动。利用周期性运动可以准确测定时间，而且不区分时间的方向。因此，经典力学变成了某个质点的"纯"运动的理想化描述。然而"脏"的现实实在却包含着种种冲突、碰撞、交换、相互激励、挑战和强制性，伴有复杂性和集合性。

（2）经典热力学或平衡态热力学：以卡诺的研究为基础，1852 年克劳修斯建立了热力学第二定律。第二定律阐明，一切自然发生的过程都是不可逆的，过程的进行总是指向熵增加的方向。这里对过程的描述引入了宏观值变化的有序概念；换句话说，熵虽不是物质的直接物理属性，而是能表征系统能量分布特征的量度。对于孤立系统，其未来状态的熵总是不低于其过去状态的熵，这就包含了时间不可逆性或方向性的内在逻辑。熵的变化描述了过程演化的方向，这种描述第一次把时间箭头表达为演化过程的内在特质。这是经典热力学与牛顿力学根本区别之处。

---

❶力学包括动力学（dynamics）和静力学（statics），本书极少涉及静力学。在化工、冶金一类学科中通常把研究反应速率有关的学问称为动力学（kinetics），于是形成了中文名词"动力学"有两种不同的概念，不能满足术语单义性的要求。本书中动力学（dynamics）简称为"力学"。在流程层次上的，使用"运行动力学"这个名称。

　　在经典热力学系统中，系统的组元（原子、分子等）经历了彼此之间无数次的碰撞和交换，其宏观状态的熵总是在增加。从这一意义上看，在孤立系统中，熵增具有不可逆性。熵增加导致无序程度增大，导致系统的对称性无限增加而结构毁坏。

　　由于不可逆性，系统的演化只能沿着熵增的梯级所确定的热力学方向进行。即一个"无环境"的孤立系统（系统与外界环境之间没有物质、能量的交换）成为一种特殊的自组织。这种"自组织"的吸引因子是平衡态，也就是过程自动向平衡态发展并最终止于平衡态。

　　经典热力学有时也讨论封闭系统和开放系统，例如，等容（或等压）过程的自由能：

$$F = U - TS$$

式中，F 为自由能；U 为内能；S 为熵；T 为温度。

　　这里，实质上是内能和熵的竞争。低温时，自由能主要取决于系统的内能。高温时，熵占主导地位。自由能判断过程方向虽然不限于孤立系统，但环境和系统之间的物质/能量交换主要是为了保持系统参数（如温度、压力）处于某种恒定状态，变化后的平衡结构并不需要外界环境供给能量或物质来维持它的稳定。因此，从某种程度上说，经典热力学也可以称为"孤立系统热力学"。

　　（3）非线性不可逆过程热力学或远离平衡态热力学：在与外界环境存在着能量和物质不断交换的开放系统中，形成了另一类基本的物理系统，即一种特殊的非平衡系统。随着研究的深入，出现了物理学探究和描述的第三个层次，可以把它称为相干进化系统的层次——耗散结构的层次（普利高津，1969）。

　　开放系统可能从系统外的环境中连续不断地输入物质和能

（负熵），同时也输出物质和能。与孤立系统不同，开放系统中的熵产生，可以从环境中输入的负熵得到补偿。

熵可以分割为两部分，即一个特定时间间隔内的熵变 dS，可分解为系统内部的不可逆过程所致的熵产生 d_iS 和系统与外部环境进行能量/物质交换过程中伴随产生的熵流 d_eS。其中，d_iS 只能为"＋"或"0"，而绝不可能为"－"，即 $d_iS \geqslant 0$；d_eS 则可能为"＋"，也可能为"－"（孤立系统 $d_eS = 0$）。

可见，远离平衡的系统所形成的稳定有序状态只有在系统开放时才能得到维持，此系统必须与外界环境不断地进行物质和能量交换，并不断地新陈代谢，所以称为耗散结构，在这个层次上，存在与演化共同发生。

综上所述，可以看出，对物质的运动和演变的描述，至少需要三个层次的物理学探究，这是一种重要的认识。

正如普利高津[14]所言，世界之丰富多彩，不能用一种语言可以尽括。音乐既有古典音乐，也有现代流行音乐各种风格。我们的经验有各种不同的方方面面，不能用单一的论述加以包罗。力学的可逆性和热力学的不可逆性，是一枚硬币的两面。世界的结构非常丰富，我们不能用一种论述来概括。把不同层次的探究融合起来，有助于认识决定人类行为和自然演化的法则。

2.5　热力学的发展进程

力学和热学是经典物理学中最基本、最广阔的两个领域。蒸汽机出现后，提出了如何提高热机效率这一技术命题，促使人们对有关物质的热性质、热现象的规律进行科学研究，从根本上来研究蒸汽机（热机）的效率，在此基础上，进而拓宽了科学的视野，催生了**热力学**。

2.5.1 从热机学到热力学

为了提高热机的效率，卡诺（S. Carnot，1796 ~ 1832）对热和功的转化过程作了深入的研究，1824 年他敏锐地认识到：在热机中，做功不仅以消耗热量为代价，也与热量从热的物体向冷的物体的传送有关。卡诺对热机的研究应用了物理学的抽象方法（如质点、刚体、理想流体等），即对所研究的客观事物进行抽象成为一种理想标本并能概括出客观事物的本质特征。

卡诺通过抽象的、理想的卡诺循环（图 2-5），给出了至关重要的卡诺定理：所有工作于同温热源和同温冷源之间的热机，以可逆热机的效率为最大，而可逆热机的效率正比于高、低温热源的温度差。1824 年卡诺的学说虽然还没有完全摆脱热素说的束缚，但是对于热-功转化问题的认识具有伟大的前瞻意义。当热之唯动说逐渐被认识是正确理论后，研究热功当量问题的著名学者焦耳（J. P. Joule，1818 ~ 1889）曾对卡诺的理论提出质疑：功可以转化为等（当量）值的热，反过来是否也应该如此？为什么有部分热不能转化为功，不能转化的

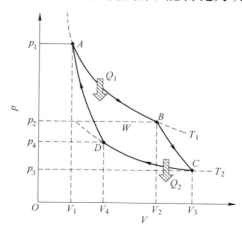

图 2-5 卡诺循环

热到何处去了？对于焦耳的质疑，由开尔文（L. Kelvin，1824～1907）和克劳修斯（R. Clausius，1822～1888）的研究得以解决。他们认识到，来自高温热源的热包括两部分，一部分被转化为功，一部分传递给低温热源。开尔文说，热能虽然不消失，但对人类来说是浪费了。

1850 年克劳修斯指出：不可能使热量从低温物体流向高温物体而不引起其他影响。几乎与此同时，开尔文于 1851 年提出：不可能从单一热源吸取热量，使之完全变为有用功而不产生其他影响。两人的研究都提出了过程方向问题，两者都可以归结为自发进行的过程的不可逆性。为了用热力学状态函数的方式表述不可逆性，1854 年，克劳修斯创造出一个新概念——状态函数 S，来表达转化量。考虑到要在语言上体现永恒性，他采用了来源于古希腊语的 $\varepsilon\nu\tau\rho\omega\pi\eta$（发展）来命名，其对应的德文同音字词写成 Entropie（英文 entropy）。该名称和 Energie（英文 energy）联系密切，而且字形也非常接近。1923 年普朗克到中国南京讲学，中国物理学家胡刚复担任翻译时，他创造了新汉字"熵"，形象而且确切地表示了名词 Entropie 的物理概念。从此，"熵"广泛流传开来，成为这个表述不可逆性的热力学函数的中文命名。

函数熵的值：

$$dS \geqslant \frac{\delta Q}{T}$$

式中，等号表示可逆，意指平衡（可逆过程）是过程进行趋向的量度；不等号表示不可逆，意指一切自发进行的过程是不可逆的。这种用不等号和等号共同表示的数学式，是表示不可逆性规律的有效方式。

2.5.2 热力学系统的分类

在热机学中，一般只讨论热-功转换，而热力学则进一步扩展为研究系统的能量及其转换的科学。

热力学研究中，为了界定不同对象适用的热力学函数以及系统内发生成分、温度变化的条件，常把研究对象和环境的关系概括成三种系统：孤立系统、封闭系统和开放系统（图2-6）。孤立系统和外界环境既不交换能量，也不交换物质，封闭系统和外界环境之间只有能量的交换而没有物质的交换，开放系统和外界环境之间是开放的，能量和物质的交换都在不断进行。

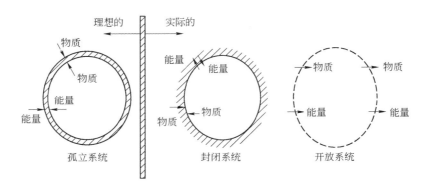

图 2-6　孤立系统、封闭系统和开放系统

孤立系统内，发生了任何实际过程之后，按照热力学第一定律，其能量的总值保持不变，而按照第二定律，其熵的总值恒增。换言之，在一切实际过程中，能量的总值虽然保持不变，但其可资利用的程度，总是随着熵的增加而降低。

有人从熵增问题，进一步引入了有序能量和无序能量的概念，指出能量转化方向的规律：有序能量可以全部无条件地转化为无序能量，而无序能量全部转化为有序能量是不可能的或有条件的[15]。

孤立系统实际上是很难真正存在的，完全绝热绝缘的材料难以找到，而且宇宙射线和高能粒子总是在射向地球，通过边界而进入系统。所以说，孤立系统是理论上的抽象。但它却是一个很重要的概念，阐明熵增原理不能不用孤立系统的界定。由于和环境没有物质和能量交换，孤立系统中函数熵的变化：

$$dS \geq 0$$

该式说明，在孤立系统中，不可逆过程的自发进行总是伴随着熵的增加。$dS = 0$ 意味着系统的熵增加到最大值，过程的进行达到平衡（equilibrium）。平衡似乎是一种静止状态，但是不应仅仅把平衡视为静止；相反，运动恰恰从它的反面——静止找到其量度。反应进行的方向和限度正是由平衡计算加以判断。

由于实验中难以实现真正的孤立系统，而封闭系统依靠恰当的能量交换使系统达到等温状态（图 2-6），冶金物理化学研究通常应用封闭系统测定过程的自由能变化，自由能是温度和压力的（或体积）的函数。现在人们已经掌握了相当充分的冶金热力学数据。当问题涉及金属液、熔渣等溶液时，需要利用化学位（偏摩尔自由能），改变摩尔量的影响则要依靠开放系统的实验。不论对应哪一种系统，经典热力学能够准确知道的只是平衡状态。平衡是很重要的，因为它是过程的指路标，是演变的方向标，自动进行的过程都必然向平衡演变。

如果把钢厂生产流程整体看作一个系统，为了认识各个工序的演变规律，常需要把某一环节分割开来进行研究，例如铁水预脱硫工序。这种分割出来的子系统也有可能是开放系统或封闭系统。对于分割出来的工序环节，如果仅仅是孤立地研究，不一定得到恰当的结果，需要把它嵌入到流程整体中来考查，因为工序局部优化不等于流程全局优化。孤立的研究问题，在流程工程学中，往往会导致错误的结果。但也应该指出，孤立研究问题和孤立系统是两种概念。孤立系统是热力学的基本概念之一，熵增定律就是用孤立系统导出的。而整个的制造流程作为一个系统，必然和外界环境有物质、能量以及信息的交换，必然是一个开放系统。可见，对于流程应从整体上来研究，不宜只是孤立地、分割地研究各个局部或工序/装置。

2.5.3　不可逆性

从热力学第二定律的研究可以得出，熵的增加使能量不能全部转化为有用的功。热机最大效率公式是熵增所致的结果。因此，熵产生可以被看作是能量的耗散。能量和熵是所有自然过程（包括人类活动）的基础。能量守恒定律不限于热能和机械能之间，各种能量，包括电磁能、化学能、核能等之间的相互转化也遵从守恒规律。熵的产生也不仅由于热功转换时的温度差所导致，例如，燃料电池中化学能直接转为电能，没有转化为热的中间阶段；核反应不是由于原子间温度差；但熵增照样存在。无情的熵增是和所有自然过程相联系的普遍原则。太阳能利用也不是免费的午餐，转化成其他形式的能量必然熵增，对环境造成特定的影响。

熵产生规律的普遍性和自然过程的不可逆性相联系。不可逆性表明时间具有单向性（时间之矢的不可逆性），$\Delta S \geq 0$ 说明熵增加过程指向时间的正方向。此式中虽不出现 t 这个参变量，利用不等号公式已把时间的单向性纳入定律之中。定律表明，熵函数具有特殊性质，即只随时间而增加。

过程的单向性可以从宏观系统由大量分子所构成得到解释。设想在一个容器内，可以自由运动的气体分子们分布于整个容积的可能性必然远远大于只分布于容器的一个角落的可能性。玻耳兹曼（L. Boltzmann，1844～1906）意识到连续性的宏观世界和具有不连续结构的微观世界具有共性，最先把宏观的熵和微观的分子运动相联系，穷其毕生精力得出著名的玻耳兹曼公式：

$$S = k\ln\omega$$

式中，ω 为热力学概率，代表众多分子的微观状态数。$\omega = 1$ 表示均匀分布的平衡态，其他状态 $\omega < 1$。

由玻耳兹曼公式出发，可以导致"熵增加意味着无序程度增大"的推论。

玻耳兹曼公式是一个重要的基本式，把宏观的熵和微观世界相联系。但也受到许多质疑，认为是"从微观层面的可逆出发，而以宏观层面的不可逆结束"。分子呈现某个状态是依靠分子运动来实现的，单个分子的运动规律服从牛顿力学。牛顿力学是决定性理论，有极强的预测能力。描述力学运动的微分方程，只要知道了初始条件（即现在），既可以推算过去，也可以预测未来。时间 t 对于过去和未来是等价的，把 t 换成 $-t$，牛顿力学的公式都保持不变。牛顿力学破除了空间的绝对性，认为所有的位置都是相对的；但是，仍然保持时间的绝对性。牛顿力学认为不同地点所测定的时间是相同的；不管人在何处，两人的表永远显示相同的时间，只要时间测量技术足够精确。这对于地球范围内的各种运动是适用的。宇宙空间速度近于光速的运动，就不再存在时间绝对性了，但相对论仍然保留了时间反演对称。

2.5.4 稳定态的演变过程——近平衡区

平衡是热力学的基本概念。但平衡具有局限性，平衡只描述过程的终点，而不能直接描述演变的过程。因此，从这一角度上看，经典热力学可以看成是热静力学。克服这种局限性，就要由平衡状态跨到非平衡状态。调查了解关于非平衡的不可逆过程的第一步，是研究离平衡不远的非平衡系统，研究其中过程驱动力和速率的关系，形成了线性非平衡热力学。

非平衡热力学（又称不可逆过程热力学）讨论离开平衡的状态和过程，可以不涉及孤立系统。在封闭系统和开放系统中，系统和外部环境之间有能量的交换或者说热的流动。熵是一个广延性（容量性）变量，可以把它区分为两部分，并且可以把流体力学的衡算（balance）方法应用于熵的分割过程，使系统的熵区分为内、外两部分：

$$dS = d_iS + d_eS$$

式中，d_iS 称为熵产生，是系统内的过程的不可逆性的量度；d_eS 称为熵流，是系统和环境进行能量交换所引起的熵变化。需要指出，它们两者的意义是不等价的。判断系统内过程演变的方向的是熵产生，所以 d_iS 是正定的，即 d_iS 永远不可能成为负值。熵流 d_eS 可正可负，但它永远不能使过程的熵变为负号。

由于不讨论平衡态，可以把熵的守恒（$dS = 0$）排除在外，而在式中引入时间 t 作为变量写出熵的时间导数。$\dfrac{d_iS}{dt}$ 即熵产生的时间导数，称为熵产生率 σ。σ 和 T 温度的积称为耗散函数 Φ：

$$\Phi = T\sigma = T\frac{d_iS}{dt}$$

耗散函数说明，系统内的熵产生愈大，能量的耗损也愈大。

熵流可以是正号也可以是负号，也就是说可向系统内输入熵或由系统输出熵。物理学家薛定谔（E. Schrödinger，1887 ~ 1961）提出"负熵"（negentropy）概念，用负熵表示有序的量度。

当 $d_eS < 0$ 时，表示向系统输入负熵或存在负熵流。输入负熵是一种形象化的说法，表明可以和系统内的熵产生相互补偿。

当输入的负熵量和熵产生量相等时：

$$dS = 0$$

$$d_i S > 0$$

$$\frac{dS}{dt} = \frac{d_e S}{dt} + \frac{d_i S}{dt}$$

$d_i S > 0$，表明过程在继续进行。但 $\frac{dS}{dt} = 0$，表明系统的状态不随时间变化。这种状态称为非平衡稳定态，就是过程的演变在平稳地进行，既不是爆发型的越来越快，也不是逐渐衰减而又返回平衡。非平衡稳定态的熵产生率为最小值。在平衡附近，假定局部平衡存在：

$$\sigma = \frac{d_i S}{dt} \geqslant 0$$

该式说明，近平衡区在外界影响下，边界条件阻止系统达到平衡，系统就在耗散最小的状况下稳定下来。也就是 $\Phi > 0$，$\frac{d\Phi}{dt} = 0$。当耗散增大时，$\frac{d\Phi}{dt} > 0$，过程稳定性受到破坏而偏离稳定态。稳定态是熵产生率最小的状态。

负熵流的存在是维持稳定态演变的必要条件。负熵流停止输入，稳定态趋于瓦解。孤立系统没有熵流，永远不可能出现稳定态，只能走向平衡。

稳定态这个概念比平衡对工程更实用。例如，连铸钢坯进入辊道后，如果没有外来影响，必然逐步冷却，直到和环境温度相等的状态，这就是平衡态。向平衡态演化的趋势是自发的，是永远存在的。但如果有适当的外部影响，就会偏离平衡态而转向稳定态。对连铸坯在前进中适当加热，特别是对冷却更快的铸坯角部进行电磁感应加热，就能保持铸坯在前进过程中处于高温状态，也就是形成它的稳定态，有利于铸坯与热轧机之间建立起"无头轧制"的运行状态。可见，稳定态对于过程的动态有序运行有重要意义。

2.5.5　线性不可逆过程

在离开平衡不远的区域，线性不可逆过程可以呈稳定态运行。所谓线性，就是演变（运动）的速率和过程的驱动力成比例关系，驱动力增大多少倍，演变速率也增加多少倍。在自然界许多现象中，特别是传输现象中，线性关系是普遍存在的，例如传导热流和温度梯度的关系，扩散物质流和浓度梯度的关系，对流物质流和边界浓度与主体浓度之差的关系，电流和电动势的关系，反应速率和化学亲和势的关系，流体内切应力和速度梯度的关系等。这些线性关系也称为唯象关系。可以用一个概括性的通式来表达：

$$J_i = \sum_{k=1}^{n} L_{ik} X_k \quad (i = 1, 2, \cdots, n)$$

式中，J 代表各种演变（运动）过程的速率，被命名为广义流，简称流；X 代表各过程的驱动力，被命名为广义力，简称力；L 代表比例系数，被命名为唯象系数。式中的 i 和 k 代表过程的种类：$i = k$ 时，L_{ii}（或 L_{kk}）称为自唯象系数；$i \neq k$ 时，L_{ik} 称为互唯象系数。

不同种类的力和流可以互相干涉，例如，温度梯度可引起物质流，即索瑞（Soret）效应或热致扩散；温度差可引起电流，即汤姆逊（Thomson）效应；诸如此类。这些相互干涉现象由昂萨格（L. Onsager）归结成著名的倒易关系，即 $L_{ik} = L_{ki}$。昂萨格倒易定律表明，唯象系数组成一个对称的矩阵，主对角线排列自唯象系数 L_{ii}，其余位置排列互唯象系数 L_{ik}。因为对称，力和流的选择可以是任意的，一种流可以受另一种力的影响。昂萨格关系被许多试验检验过，证明它是一个具有普遍性的规律，适用于平衡态附近的各种情况。

火法冶金中的反应是高温化学反应，化学反应速率都很大，大多数能较快趋向平衡态，在某种意义上讲，反应过程相当大程度上取决于传质。因此，在稳定态进行的过程物质流对于冶金过程的效率有很大意义。冶金工程技术研究因而有必要扩展到近平衡区的线性不可逆过程，即反应器内物质、能量的传递过程和流体的流动，其时-空尺度随之从反应本身的分子-原子层级扩大到反应装置层级。然而对于整个冶金流程层级，由于其过程和过程之间的结构更加复杂多变，不可能是稳定的，相互关系也不是线性的。因此，非线性非平衡热力学——耗散结构和自组织理论的发展，必然对更大尺度的冶金流程工程问题的理解和阐明，具有更重要的意义。

2.6 开放系统和耗散结构

耗散结构理论是以普利高津（Ilya Prigogine，1917~2003）为代表的布鲁塞尔学派在研究远离平衡的开放系统时，于20世纪60年代提出的一种系统不可逆过程有序演化的理论——自组织理论，是研究开放系统怎样从混沌的初态向有序的结构组织演化的过程和规律，并且力图描述系统在临界点附近相变的条件和行为。

2.6.1 何谓耗散结构

在系统状态离开平衡足够远的情况下，演变过程的稳定态开始失去稳定性。这种远离平衡的情况，如图2-7所示。

图2-7中函数 A 代表系统状态，例如浓度等；λ 代表离开平衡的距离，即受外界参数控制而偏离平衡的程度。当 $\lambda = 0$ 时，系

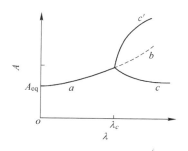

图2-7 分岔和奇异点示意图

统为平衡状态；$\lambda = \lambda_c$ 时，为临界状态，演化轨迹出现奇异点；当 λ 介于 $0 \sim \lambda_c$ 之间时，最小熵产生原理保证过程稳定态的稳定性，总能使系统回到与外界环境条件相适应的状态。平衡态和稳定态都有保持空间均匀性、时间不变性和对各种扰动的稳定性的特点。因此，不可能自发形成时空有序结构。当 $\lambda > \lambda_c$ 时，稳定态不再是稳定的，过程不再沿 b 线延长。临界状态时很小的扰动或涨落会诱使系统向新的状态变化，触发非平衡相变。新的稳定态可能是无序的（c'），而在序参量的引导下，可能成为时空有序的结构状态（c）。不同的稳定性共存现象的出现称为分岔现象。分岔可以出第二次或更高级次，即多级分岔。分岔点以前的无序是平衡态，是以时空高度对称为特征的，而新的有序状态的出现是时空对称性结构发生了破缺的结果。维持时空有序结构必须依靠环境输入负熵流，所以称为耗散结构。耗散结构的形成和三方面有关：决定系统功能的物理化学变化孕育了不稳定性，这是内因。而在一定的"阈值"——临界条件下，涨落的相关性使之放大为慢弛豫的序参量，引领失稳的旧相转变为非对称的、时空有序的新相，而时空有序状态必须依靠耗散负熵来维持。由此可知，系统远离平衡态时，有多种多样可能性可供选择，有可能出现不同的耗散结构，有可能出现混沌，也有可能出现爆发性反应。这种彻底的复杂性，使得难以直接用因果联系的决定性推理。

普利高津提出的耗散结构理论其核心的认识是：任何一个系统，在平衡态附近，如果没有和外界环境进行能量或是物质交换而使其发生不稳定的话，那么这个系统的发展过程将服从热力学第二定律，即 $dS \geqslant 0$，系统的熵逐步增加，过程趋向平衡、走向无序。如果系统处于远离平衡态的条件并与外界环境进行物质流/能量流的交换（输入与输出），则该开放系统的发展进程可以通过局部"涨落"和非线性相互作用而用以导

致有序度的增加和新的结构形成。也就是说,通过输入系统的
负熵流,用以补偿系统内耗散的熵,系统才能够动态有序
运行。

一个开放系统(不管是力学的、物理的、化学的还是生
物的)在达到远离平衡态的非线性区时,一旦系统的某个参
量的变化到达一定阈值时,通过"涨落"和非线性相互作用,
系统可能发生突变,即非平衡相变,由原来的混沌状态转变到
一种时间、空间或功能有序的新的状态。

混沌作为系统的一种状态,应理解为可以和其他状态具有
相互转化的非线性的、分岔状态。混沌不是无序和杂乱。混沌
当然不同于有序。混沌更像是没有周期性的次序[16]。菲根包
姆(M. J. Feigenbaum)认为:混沌是在决定性系统中出现的
不规则的、非周期的、细节错综复杂的、不可预言的运行的非
线性效应。

当系统远离平衡后,稳定态失去了稳定,过程的演变不再
遵循确定性的力学方程,外界的扰动、内部的涨落可以造成系
统偏离均匀性,并使时空对称产生破缺。在接近临界阈值时,
通过内部涨落来恢复对称运动的能力变小,涨落的弛豫时间也
就越长;其中一个或几个慢弛豫涨落可以(交替地)成为序
参量。

涨落是一种随机性因素,涨落既可能促进动态有序结构的
形成,也可能导致混沌。这是系统演化过程达到临界点可能出
现的两种可能。

涨落、系统功能和不稳定性引起的时空结构,三者相互影
响,可以导致产生时空动态有序的耗散结构。耗散结构是原有
的不稳定态的产物。但是,当其一旦产生,就具有相对的稳
定性。

新的动态-有序状态需要不断地与外界环境进行能量、物

质交换（输入、输出）才能维持，并保持一定的稳定性，不因外界的微小扰动而消失。普利高津把这种远离平衡的非线性区内形成的新的稳定的有序结构，称为耗散结构[17]。这种开放系统能够自行产生的组织性和相干性，被称作自组织现象。例如，生命现象、天体演化都可认为是自组织现象。所以，耗散结构理论又称作非平衡系统的自组织理论。耗散结构理论是研究一类开放系统在一些特殊条件下演化的理论，可以用于探讨不同系统的演化问题。

2.6.2　耗散结构的特征

耗散结构这一概念是相对于平衡结构而产生的。平衡结构是一种静态有序结构，例如晶体等，但这类有序结构与耗散结构的有序性存在着诸多本质性的差别。耗散结构的特征就体现在这两类"有序"的本质差别之中[18]。

（1）两类有序的空间尺度范围不同。平衡结构的有序大多是指微观有序。其有序的表征尺度是微观单元结构的尺度，与原子、分子处于同一数量级的尺度上。而耗散结构中的有序，其有序的表征尺度则是宏观的数量级，在长程的空间关联和大量级的时间周期中表现出有序。

（2）稳定有序的平衡结构是一种"死"的结构，而稳定有序的耗散结构是一种"活"的结构。

所谓"死"的结构，是指此类稳定有序的平衡结构一旦形成，就不会随时间-空间的变化而变化。晶体内部的热运动只能使其分子、原子在平衡位置附近振动。条件变化，只能使平衡结构破坏，走向无序状态。

所谓"活"的结构，是指此类稳定有序的耗散结构是一种动态的变化着的有序，它随着时间或空间的变化呈现出有规律的周期性变化。当获得新的突变条件时，系统可以走向另一个新的有序结构。

（3）两类有序结构持续存在和维持的条件不同。在平衡结构中，一旦形成稳定有序，就可以在孤立的环境中维持，而不需要和外界有物质或能量交换。平衡结构是一种不耗散能量的有序结构。耗散结构则必须在开放系统中才能形成，也必须在开放系统中才能维持。它必须和外界环境持续地发生能量、物质、信息的交换，必须耗散外界流入的负熵，才能维持有序状态，故名"耗散结构"。

2.6.3 耗散结构的形成条件

系统在远离平衡状态下，可以形成动态有序运行的耗散结构。然而，耗散结构的形成是有条件的，即系统必须开放并远离平衡状态，而且系统内有"涨落"现象和非线性相互作用机制[19]。

（1）系统开放才能存在。开放系统具有如下特点：

1）系统不断地同外界环境进行物质、能量和信息的交换，没有这种交换，开放系统的生存和发展是不可能的；

2）系统具有自组织能力，能通过反馈进行自动调控以达到适应外界环境变化的目的；

3）系统具有趋稳性能力，以保证系统的结构稳定和功能稳定，具有一定的抗干扰性；

4）系统在同外界环境的相互作用中，具有不断变化和完善化的演化能力；

5）系统受到自身结构、功能或环境的种种参数的约束。

耗散结构形成和维持的第一个条件是系统必须处于开放状态，即系统必须要与外界环境之间持续地进行物质、能量和信息交换。

（2）非平衡是动态有序之源。系统可能有三种不同的存在状态：1）热力学平衡态；2）近平衡态；3）远离平衡态即非线性非平衡态。平衡态不可能导致动态有序，而恰恰相反，呈现无序运动；近平衡态，虽与外界环境有适度的能量交换，但其趋势是在外界影响的作用下形成非平衡稳定态，但也不能产生耗散结构。系统只有远离平衡态并处于开放条件下，才有可能形成新的稳定的、动态有序的耗散结构。"非平衡是有序之源"。

（3）涨落导致有序。开放性和非平衡，主要是指构成有序结构的外部条件。但要使系统演化发生质变，还需要内部条件。使系统产生有序结构的内部诱因是"涨落"。"涨落"是指系统中某个变量的行为对统计平均值发生的偏离，它能使系统离开原来的状态。大多数"涨落"逐渐衰减（弛豫），系统恢复原来状态。但远离平衡时，有的"涨落"衰减很慢，有可能被反馈放大为"巨涨落"，达到临界值时导致系统从不稳定状态跃迁到一个新的有序状态，即耗散结构的出现。这种"涨落"慢衰减的变量可称之为序参量。

任何一种稳定有序的状态，都可以看做是某种无序状态失去稳定性而使某种"涨落"放大的结果。

（4）非线性作用机制。开放性、非平衡和"涨落"都是形成耗散结构的重要外因和内因，但还不是系统一定能自发地形成和维持耗散结构的充分条件。只有通过系统内部各构成要素之间的非线性相互作用和动态耦合，才能使系统内部的各个要素之间产生协同作用和相干效应，产生反馈现象，才能使系统从无序变为有序，从而产生耗散结构。

此处还要强调一下，耗散结构揭示出两类不同行为[20]：

（1）接近平衡时，有序将被破坏（如同孤立系统的情景）；

（2）远离平衡时，有序得以保持或者超出不稳定性阈而出现有序。

后一类行为被称为相干行为。耗散结构中进行的过程必然会产生熵。然而，这种熵产生并不在开放系统内积累，而是某种与环境不断地进行能量/物质交换的一部分……，与自由能和反应物属于被输入不同，熵产生和反应生成物是属于被输出。这是最简单的一种新陈代谢。即借助于与外界环境交换能量/物质，开放系统保持着它的内在的非平衡，而这种非平衡又反过来维持着交换过程。

可见，表征一个耗散结构的，不是给定状态分配给总系统能量的熵的统计度量，而是熵的产生率和与外界环境进行交换的动力度量，亦即开放的、动态过程中输入能量（也可以来自物质的输入）的补偿和转化的强度。

要进一步认识耗散结构的过程特征，还可以有两类不同的理解：

（1）将耗散结构理解为组织能量流的物质结构（例如，燃煤发电厂），这是在组织能量流转换、运行过程中的物质耗散角度上看问题（例如，采用什么样的发电工艺流程和装备以及每度电的耗煤量）。

（2）将耗散结构理解为组织物质流的能量结构（例如，冶金厂），这是从组织物质流转换、运行过程中能量耗散角度上看问题（例如，采用什么样的冶金工艺流程和装备以及吨钢能耗等）。

在自组织层次上看，两种描述各有侧重，同样有意义。这两种理解构成了耗散结构特征的互补的两个方面，并且，也可以由此联系到如何认识工程系统中相应涉及的如下方面：

物质流——物质流网络（空间结构）——物质流转换、运行程序（动态时空结构）；

能量流——能量流网络（空间结构）——能量流转换、

运行程序（动态时-空结构）。

2.6.4 涨落、非线性相互作用与工程系统自组织

2.6.4.1 关于涨落

涨落现象是对系统中非平衡稳定态过程参数平均值的偏离。增加某个特征参数的数值时，会出现分岔点。在分岔点 λ_c 以前，函数只有单一解，超过分岔点，函数的解增多，继续分岔下去，解也相应增多，概率论方法起着重要作用，涨落会被放大，并且决定系统走向哪一个分岔。

涨落是普遍存在的，在平衡点附近，涨落很快减弱到零，只有非平衡区，涨落才显现出来。例如，金属凝固时，温度降低到熔点以下，也就是有足够的过冷度，结晶开始出现核心必须获得和临界半径相适应的额外能量，才能发生均相形核。这个额外能量来自金属液中的能量涨落。如果没有能量涨落，只能成为过冷液体，凝固不会发生。

涨落是对平均值的偏离，属离散型特征的事件。在平衡区或局部平衡假定中，涨落的分布函数是泊松分布。当均值为 ξ 时，变量 x 的概率：

$$P(x) = e^{-\xi} \frac{\xi^x}{x!} \quad (x = 0, 1, 2, 3\cdots)$$

泊松分布的特征是均值和方差都等于 ξ。ξ 确定，泊松分布就确定了。随变量 x 的增大，分布概率下降很快。平衡态附近的涨落属泊松分布，所以很快衰减到零。当系统离开平衡态较远时，涨落的分布偏离泊松分布，在分岔点，涨落的非泊松化使之能被放大，呈现长程关联性，导致空间对称破缺，驱动失衡的旧相转变成一个组织结构不同的新相，而发生非平衡相变。涨落原来是一种混乱，是触发不稳定的因素。而在临界区，长程关联化的涨落促使新的时空结构表现为宏观有序。涨

落的作用还在于其弛豫时间，即由高峰落入衰退的时间。慢弛豫的涨落能被放大而成为新相的序参量。所以说，耗散结构是一种矛盾的统一体。

　　然而，也应该注意到涨落是偶然性事件，具有双重属性，即建设性与破坏性并存。合理的、适度的涨落诱发系统向新的动态-有序结构演化；反之，不合理的涨落也会使原来动态-有序化结构的稳定性减弱，甚至失效。研究合理的、适度的涨落在于它对结构有序化的建设性。为此，要同时注意表述系统的决定性理论。世界是丰富多彩的，决定性和涨落是互补的，必然性和偶然性都要注意。非线性热力学的功绩，在于预示耗散系统出现有序结构的可能性。涨落是有序之源。"秩序来自混乱"，在关注涨落现象对复杂而开放的工程系统形成有序化的机制的同时，还应该注意到在复杂、开放系统中涨落的形式具有多因子性（例如温度/能量、浓度/质量、时间、空间等）和多单元性（例如不同功能、结构的单元工序/装置等）。

2.6.4.2　关于非线性相互作用

　　非线性相互作用与线性相互作用是对应存在的。线性相互作用是指各部分作用的总和等于各部分作用叠加（代数和），每一部分的作用都是独立的，且满足数学上的可叠加性。在数学上，动态系统的线性作用项可以表示为一阶微分方程。而非线性相互作用不满足数学上的可叠加性，即系统的整体作用不等于每一部分作用的叠加。

　　对比哲学上的矛盾范畴，相互作用就是矛盾对立面的排斥与吸引，竞争与合作。在线性相互作用条件下，事物或事物内部的诸要素之间的关联比较简单、单一，即系统或系统内部各单元（子系统）之间的关联间协同关系不复杂。而在非线性相互作用条件下，系统内部各单元（子系统）之间的排斥与吸引、竞争与合作，有可能产生整体的涌现性。正是这种非线性相互作用，会导致系统内局部的涨落得以放大、引起突变，从而推动系统演变。

　　在复杂、开放系统的运行过程中，在同一层次上，不同运行单元之间的非线性作用（衔接、匹配、协同等），往往表现为非线性耦合（图 2-8），而这种非线性耦合的"力"来自于多因子性的涨落（例如温度、时间等）和多单元性涨落（例如工序/装置等异质单元）之间的协同。这是由开放系统中存在着多因子性的竞争和合作关系引起的。也就是涨落诱发了序参量的产生，序参量推动了非线性作用或非线性耦合。

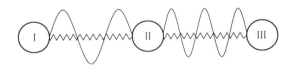

图 2-8　同一层次单元间的非线性耦合

Ⅰ，Ⅱ，Ⅲ—不同单元

　　在复杂、开放系统中存在着不同层次间的非线性相互作用（图 2-9），这种非线性作用主要体现为低一层次的单元对高一层系统的适应性、服从性和高一层次的系统对于低一层次单元的选择性、规范性。不同层次之间的非线性相互作用形式，往往表现为不同异质单元对开放系统整体的适应性、服从性和开放系统整体对不同异质单元的选择性、规范性。

　　开放是系统动态-有序运行的前提，涨落导致有序，非线

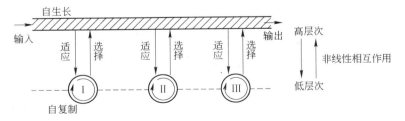

图 2-9　不同层次的非线性相互作用[21]

性作用是有序化的协同机制。

在工程系统中，同一层次单元之间的非线性相互作用和系统-单元之间非线性作用（选择-适应）是开放系统有序化的协同机制，而这种机制的源头则来自单元性涨落和多因子性涨落。

2.6.4.3 关于自组织

复杂的、开放的、不可逆的、远离平衡的系统，具有内在的自组织性，其作用机制源自系统具有多因子性涨落（例如温度、时间等）和单元性涨落（例如不同的工序/装置等），由于不同单元既具有异质性，又可以具有相同的因子，通过单元之间的非线性耦合和/或系统与单元之间的非线性相互作用，可以获得自组织性。

开放系统的自组织性是一种性能。具有自组织性的开放系统，在不同的有序化状态下可以具有不同的自组织化的程度。自组织化程度的提高取决于两个大方面：（1）改善开放系统内部的有序化状态及其自组织机制，例如不同单元确定适度的、合理的涨落机制和提高各单元之间的非线性耦合程度以及系统与单元之间的选择-适应关系；（2）通过外界输入的信息，调控其有序化状态，并促进系统的自组织化程度的改善。进而言之，就是通过外加的信息控制"力"和系统内在自组织的"流"的结合，进一步提高开放系统的自组织化程度。生产流程的自组织现象，具有多种形式，主要有自创生、自复制、自生长、自适应等[22]。

工程设计是为了构建一个人工存在物的事前谋划和实施方案。工程设计过程是通过选择、整合、互动、协同、进化等集成过程，来体现工程系统的整体性、开放性、层次性、过程性、动态-有序性等为特征的自组织特性，又通过与基本经济要素（资源、资金、劳动力、土地、市场、环境等）、社会文明要素、生态要素等要素结合，设计、构筑起合理的结构，进而通过实践运行体现出工程系统的功能和效率来。从这个意义上讲，工程设计必须符合事物运行演变的客观规律。不仅各个单元符合其本身的规律，而且这些单元还要能够有效地嵌入到整体流程中，使流程整体成为具有很高自组织程度的系统，为此要设计流程网络（物质流网络、能量流网络、信息流网络）设计功能结构、时-空结构和信息结构等。

信息是从物质、能量、时间、空间（生命）等基本事实中蕴含和反映出来的表征因素。信息流的自组织与物质流、能量流密切相关，物质流的自组织、能量流的自组织是信息流自组织的基础。反过来，信息流又可以促进或改善物质流、能量流的自组织性程度，即：

（1）在物质流具有自组织性的基础上，通过人为输入的信息流调控作用，可以优化物质流的自组织程度，提高物质流的运行效率，并使物质流动态运行过程中的损耗最小化；

（2）在物质流与能量流之间具有自组织性的基础上（具体体现为物质流网络和与之相应的能量流网络），即通过物质流/能量流协同优化，进一步通过人为输入的信息流调控作用，可以提高能量流的转换效率和二次能源的回收/利用程度，并使物质流/能量流各自运行过程的能量耗散最小化。

信息不具有守恒特征。信息在传输/传递过程中可以被复制和放大，也可能因阻断而损失。这是信息和物质、能量的差别。信息流网络、信息流的调控程序就是在开放系统中物质流、物质流/能量流和能量流的动态、有序运行过程中，为了实现开放系统（流程系统）耗散最小化而建立起来的自组织系统。

2.6.5　临界点与临界现象

制造流程的结构重组，在某种程度上可以看作相变的过程。随着系统远离平衡程度的增加，稳定态失去稳定性，时空对称性突然降低，形成对称破缺。对称性的改变伴随着物质的运动和结构的改变，从一种物相转变为另一种物相，也就是产生相变。相变有两类。第一类相变的特点是热力学势本身连续，而其一阶导数不连续，相变过程伴随有潜热和体积变化，新相可在旧相中生核并且逐渐长大，大多数物理学中的相变属于这种类型。第二类相变是热力学势和它的一阶导数连续，二阶导数不连续，相变过程没有潜热和体积变化，不出现两相共存的生核和长大现象，而是突变发生的；相变没有确定的位置和边界，而呈现若隐若现、此起彼伏、相互嵌套的动态图像。这一类高阶相变也可称之为连续相变，发生相变的点称为**临界点**。临界点是演变轨迹上的奇异点，奇异点是函数曲线上不存在单一斜率的特殊点，在该点处函数不能求导，无法用解析式的状态方程描述。流程结构重组所对应的相变是非平衡态相变，有些类似于高阶相变。

过程的时空对称性破缺可以用序参量来表述。过程变量涨落行为衰减慢的称为**慢弛豫变量**，这是决定系统有序程度的序参量，序参量支配着子系统的行为。在临界点附近，使涨落衰减的恢复力越来越小，因而弛豫时间也就越长。另外，临界点附近不同地点的涨落彼此关联，关联长度逐渐增大，到达临界点时关联长度可以达到无穷大，充满整个系统，从而使新的相、新的结构瞬间涌现出来。

在冶金生产流程中，从宏观尺度上历史地看，也曾出现了一系列的临界现象，而影响了流程的结构、性质和效率。冶金流程的不同的宏观结构、性质、效率是与不同微观（介观）有序状态相联的。例如：氧气转炉取代平炉，连铸替代模铸—初轧机、开坯机，薄板坯连铸—连轧，薄带连铸等工艺和装置的出现，都曾引起了钢铁生产流程中序参量的涨落，导致了宏观流程结构的重新整合、重新构筑。从而，也出现了若干工程效应。

　　在冶金生产流程中，所谓**工程效应**是指在技术进步的过程中，由于某些新工艺、新装置的出现并触及整体流程或区段流程中序参量的临界值，而出现的涉及流程宏观结构、性质、效率变化的效应[23]。

　　在钢厂制造流程中，由某些或某一序参量达到临界值，而激发出的"临界-优化"或"临界-紧凑-连续"的工程效应，使某一工序的某些功能被其他工序取代，某些设备（工序）在生产流程中被淘汰，流程得到简化（见图2-10）。

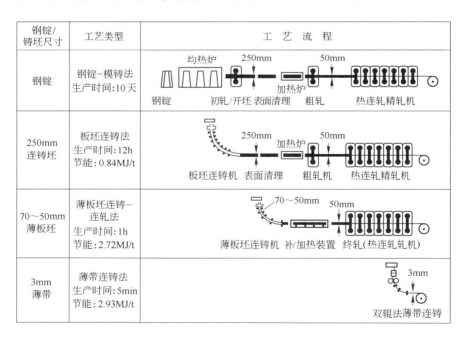

图 2-10　钢铁制造流程的演进与"临界-紧凑-连续"效应[23]

　　例如，连铸机的铸速影响铸机单流生产率以及年产量，必须使铸速达到某临界值，才有可能实现全连铸工艺并获得合适的经济效益。如果连铸机要能代替年产能力 300 万吨左右的初轧机,则大型板坯连铸机的铸坯厚度应在220~300mm之间,这是一个铸坯厚度的临界值。由"临界拉速"和"临界厚度"所构成的"临界流量"就是用全连铸工艺取代初轧机(开坯机)工艺的临界序参量。一旦用全连铸工艺完全取代模铸—初轧、开坯工艺,则钢厂的结构、性质、效率发生明显变化。特别是以重锭-厚坯和初轧、开坯为核心标志的"百货公司式"钢厂被以连铸—连轧为标志的专业化钢厂所取代已成为发展的潮流。可以看出在一个相当长的历史时期内,在钢铁制造流程中,凝固成型工序是关联度很大的工序。

热带轧机铸坯的厚度从250mm(220mm)下降到180mm(150mm)时,仍不能彻底取消粗(荒)轧机。但一旦实现铸坯厚度减薄到50~70mm,则非但可以取消所有的粗(荒)轧机,而且可以实现通过隧道式辊底炉进行长尺铸坯加热—轧制,甚至进行半无头轧制。近终形连铸使得流程的结构进一步紧凑化、准连续化(图2-11)。

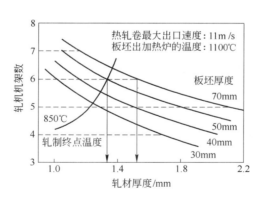

图2-11 板坯厚度临界值与轧制系统的关系[24]

"临界-紧凑-连续"的效果也表现在解决制造流程中某一设备的"瓶颈作用"方面。"瓶颈"现象可能出现在设备容量方面,也可能出现在功效强度方面。例如,氧气转炉的炉龄一度适应不了连铸周期的要求,特别是炉衬热喷补或火焰喷补本身要占用相当长的时间，仍难以实现炼钢和连铸的协调运行。进一步还会影响炼钢车间和轧钢机的协调和节奏。转炉溅渣护炉技术成功地消除了转炉—连铸在连续-协同运行过程中的时间"瓶颈"。转炉溅渣护炉技术使得转炉炉龄可以按照合适的目标来控制。第一步，可以使炉龄保持在连铸机计划维修的时间周期，使两者的维修协调一致的进行。第二步，炉龄应保持到炼钢车间和轧钢机及加热炉的维修周期协调。第三步，还可以考虑实现炼钢车间、轧钢车间和制氧站的生产运行和大修能够协同进行。这些就是关于转炉炉衬寿命的临界值。

　　由以上可见，临界点、临界效应、临界值对于耗散结构的形成，对于动态有序运行，具有十分重要的意义。

参 考 文 献

［1］殷瑞钰. 钢铁制造流程多维物质流控制系统［J］. 金属学报，1997，33（1）：29～38.

［2］Ignacio E Grossmann. Challenges in the New Millennium：Product Discovery and Design，Enterprise and Supply Chain Optimization，Global Life Cycle Assessment［J］. Computers and Chemical Engineering，2004，9（1）：29～39.

［3］殷瑞钰，李伯聪，汪应洛，等. 工程演化论［M］. 北京：高等教育出版社，2011：28～30.

［4］殷瑞钰，汪应洛，李伯聪，等. 工程哲学［M］. 北京：高等教育出版社，2007：9～11.

［5］殷瑞钰，汪应洛，李伯聪，等. 工程哲学［M］. 北京：高等教育出版社，2007：7.

［6］Coulson J M，Richardson J F. Chemical Engineering，3rd ed［M］. New York：Pergamon Press，1977：vii～xii.

［7］Richardson J F，Harker J H. Chemical Engineering Volume 2［M］. 5th edition. Oxford：Butter Worth-Heinemann，2002：xxv～xxvii.

［8］殷瑞钰. 冶金流程工程学［M］. 2 版. 北京：冶金工业出版社，2009：139～146.

[9] 殷瑞钰. 钢铁制造流程的本质、功能与钢厂未来发展模式[J]. 中国科学 E 刊：技术科学，2008，38(9)：1365～1377.

[10] 钱学森. 工程和工程科学[J]. Journal of the Chinese Institution of Engineers，1948，6：1～14.

[11] 哈肯 H. 协同学[M]. 徐锡申等译. 北京：原子能出版社，1984：403.

[12] 郝柏林. 混沌现象的研究[J]. 中国科学院院刊，1988(1)：5～14.

[13] 埃里克·詹奇. 自组织的宇宙观[M]. 曾国屏，吴彤，宋怀时等译. 北京：中国社会科学出版社，1992：31.

[14] 彼得·柯文尼，罗杰·海菲尔德. 时间之箭[M]. 江涛，向守平译. 长沙：湖南科学技术出版社，1999：286.

[15] 冯端，冯少彤. 熵的世界[M]. 北京：科学出版社，2005：36～39.

[16] 孙小孔. 现代科学的哲学争论[M]. 北京：北京大学出版社，2003：92～107.

[17] 宋毅，何国祥. 耗散结构论[M]. 北京：中国展望出版社，1986：13～14.

[18] 颜泽贤. 耗散结构理论与系统演化[M]. 福州：福建人民出版社，1987：79～80.

[19] 颜泽贤. 耗散结构理论与系统演化[M]. 福州：福建人民出版社，1987：72～78.

[20] 埃里克·詹奇. 自组织的宇宙观[M]. 曾国屏，吴彤，宋怀时等译. 北京：中国社会科学出版社，1992：38.

[21] 殷瑞钰. 高效率、低成本洁净钢"制造平台"集成技术及其动态运行[J]. 钢铁，2012，47(1)：1～8.

[22] 许国志. 系统科学[M]. 上海：上海科技教育出版社，2000：196～202.

[23] 殷瑞钰. 钢铁制造流程结构解析及其若干工程效应问题[J]. 钢铁，2000，35(10)：1～7.

[24] Flick A，Schwaha K L. Das Conroll-Verfahren zur Flexiblen und Qualitäts-Qrientierten Warmbanderzeugung[J]. Stahl und Eisen，1993，113(9)：66.

第3章 钢铁制造流程动态运行的基本要素

从钢铁制造流程动态运行的物理本质中可以看出，流程运行过程有三个要素，即"流"、"流程网络"和"运行程序"，现在对这些要素的含义介绍如下。

3.1 制造过程中的"流"——物质流、能量流、信息流

在制造流程中，"流"有三种载体来体现，即以物质形式为载体的物质流，以能源形式为载体的能量流和以信息形式为载体的信息流。

制造流程中的物质流（mass flow）不同于一般意义的物流（logistics）。根据国家标准《物流术语》（GB/T 18354—2006）中的定义，物流是指物品从供应地向接收地的实体流动过程。根据实际需要，将运输、存储、装卸、搬运、包装、流通加工、配送、信息处理等基本功能实施有机结合。根据以上定义可知，物流不涉及物品（物料）的物理和化学变化，物流不涉及生产制造过程。物质流是指制造流程中物质运动和转化的动态过程，该过程中会发生不同的物理转换、化学变化和各类加工制造过程。在钢铁制造流程中既有物质流过程，也有物流过程，例如，用天车吊运钢包，若只考虑钢包的运输和移动，则为物流过程；若同时考虑钢包内钢水中元素的化学反应、钢水的温降和夹杂物上浮等，则为物质流过程。

在钢厂生产过程中，铁素物质流（如铁矿石、废钢、生铁、钢水、铸坯、钢材等）是被加工的主体，碳素能量流（如煤炭、焦炭、煤气、电力等）则作为驱动力、化学反应介质或热介质按照工艺要求对物质流进行加工、处理，使其发生位移、化学和物理转换、形变和相变等变化，并实现生产过程生产效率高、成本低、产品质量优、能源消耗低、过程排放少、环境和生态友好等多目标优化。

钢铁制造流程内的物质流是多因子性质的"流"（例如有化学组分因子、物理相态因子、几何形状因子、表面性状因子、能量-温度因子、时间-时序因子、空间-分布因子等），在这种复杂流程系统内，各单元（工序/装置等）间诸多因子的衔接-匹配、协调-缓冲、甚至遗传-变异等均属于非线性相互作用，这对于形成准连续化、连续化的流程系统（制造流程宏观运行动力学优化的重要表征）具有关键性作用。从某种意义上看，流程优化就是"流"所包含的诸多因子在流程系统内各个网络节点上的耦合（协同），耦合得好，则"流"越靠近所期望的目标态，流程系统的运行效率也就越高。

生产流程中的"流"和线性非平衡区的广义流是不同的概念。"流"和流动也有差异。广义流是指单位时间单位面积通过的质量、能量、动量或电量等的统称。流动是指连续介质（流体）的运动。"流"是泛指在开放系统中有序运行着的各种形式的资源、事件的动态演变。在某些情况下，也可以借助流体流动的概念进行分析。

"流"是泛指在开放系统中运动着的各种形式的"资源"和/或"事件"的动态运行/变化。"流"具有如下特征：

（1）输入/输出的动态-开放性；

（2）动态运行/变化过程的时间性；

（3）输入/输出方向的空间性；

（4）运动过程的无序性、有序性或混沌性；

（5）运动过程可以伴有物质和/或能量之间的转换性；

（6）运动过程可以用"流通量"、"速率"等特征参数来表征。

总之，"流"的基本特征是开放动态性。在钢铁制造流程内，能量流、信息流有时共存在物质流里。钢铁制造流程的演进、演化方向往往体现在追求"流"的准连续化/连续化上。也可以说对钢铁制造流程而言，准连续化、连续化、协同化、紧凑化是具有吸引性的目标，是流程运行的吸引子。因为，这些目标体现了流程中物质、能量、时间、空间和信息的优化，即体现了钢铁制造流程中物质流、能量流在合理的空间、时间范围内协调优化配置与运行。

由于"流"的动态运行行为被准连续化、连续化、协同化、紧凑化等目标所吸引，因此，钢铁制造流程中不同单元（工序/装置等）功能集合的优化，单元间相互作用、相互支持、相互制约关系的优化，流程内单元集、关系集的重构优化是十分现实、十分重要的课题。

从工艺过程上看，钢厂生产流程的实质一方面是物质状态转变和物质性质控制的工艺过程（如物质组成或结构状态的转变与控制，品种与质量的控制，钢材形状尺寸和表面状态的控制、产品性能的控制等）；另一方面则是过程物质流/物流的调控，这种物质流的控制不仅要求物料的输送流通量，而且要求物质流的各主要参数衔接、匹配上的优化，如物质流的物质量参数、温度、时间的合理衔接匹配；相关工序之间输入流通量、输出流通量的匹配，时间节奏的协调与缓冲；物质流输运过程途经的工序、方向、距离和方式的优化，物质流/物流途径及其时间的压缩和紧凑等。这些参数对钢厂模式、投资数量和投入-产出效益甚至对环境的负荷等的影响是至关重要的。

因此，从工程科学角度上讲，钢铁制造流程的特征是物质状态转变、物质性质控制与物质流/物流控制在流程过程系统中的协调优化，属于一类复杂的过程工程。通过一系列工艺技术的进步、装备功能的改进和信息化技术在流程动态运行过程中的调控-优化，才能对钢厂发展模式、投资方向、投资顺序、投资强度等方面起到及时、有效的引导作用。对钢铁制造流程中的物质流而言往往是物质状态转变、物质性质控制与物流控制同时或分别进行的。从总体上看，钢厂物质流过程一般包括了物态转变、物性控制以及物质流矢量性运动等过程。它明显地有别于铁路运输系统、邮政信件分发系统、百货连锁店物流分配系统，也有别于汽车生产线或机械冷加工作业线的物流系统。这种过程物质流方式可归纳为多因子的物质流控制形式（图3-1）。

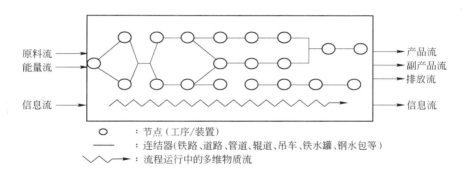

图 3-1　制造流程的概念与要素示意图[1]

作为钢铁生产过程的多因子物质流控制工程，如下参数的衔接、匹配、连续、稳定，均应在考虑之内：

（1）物质流在状态（氧化物状态、金属状态）上和数量上的转变、传递、衔接、匹配；

（2）物质流过程中金属由液态转变为固态，并获得一定几何尺寸的铸坯断面，进而进行断面形状和尺寸的转变、传递、衔接、配合；

（3）物质流在温度和能量上的转变、传递、衔接和节约；

（4）物质流过程中的表面质量、宏观结构、微观组织以及性能的转变、遗传和调控；

（5）物质流（和物流）输运途径和方式的选择、调整、衔接和优化；

（6）物质流在时间节奏上的协调、缓冲、加速。

3.2   物质流与能量流的关系

现代钢铁联合企业是一类铁-煤化工过程及其深加工系统。将钢铁生产流程抽象为铁素物质流输入-输出过程、能量流的输入-输出过程，以及物质流-能量流相互作用过程，有利于剖析物质流（主要是铁素流）、能量流（主要是碳素流）在钢厂生产过程中的动态行为、效果以及两者之间的相互作用机制，为钢铁企业的功能拓展和进一步节能、减排以及消纳废弃物寻求新的突破口。

深入分析研究一下钢铁制造流程中能量流与物质流的行为和关系是有必要的。从物质流为主体的角度上看，在钢厂制造流程中，物质流始终带着能量流相伴而行。但若从能量流为主体的角度上看，在钢厂生产过程中，能量流不可能全部伴随着物质流运动，有部分能量流会脱离物质流相对独立地运行。因此，能量流与物质流的关系却是有相伴，也有部分分离的。相伴时，相互作用、影响；分离时，又各自表现各自的行为特点。总的看来，在钢厂生产流程中，能量流与物质流是有合有分、时合时分的。从全厂性的输入-输出运行途径来看，可以分别形成物质流网络和能量流网络，两者既相互关联，却又并不完全重合（图 3-2 ~ 图 3-4）。

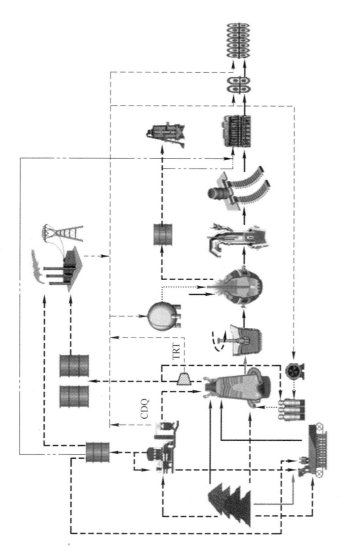

图 3-2　典型钢铁企业物质流及能量流运行网络与轨迹示意图

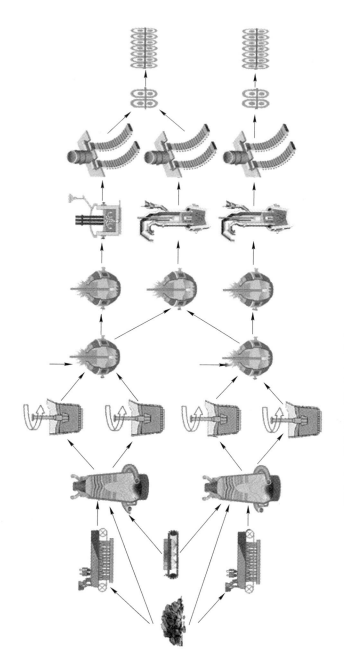

图 3-3 某钢铁厂物质流(铁素流)运行网络与轨迹示意图

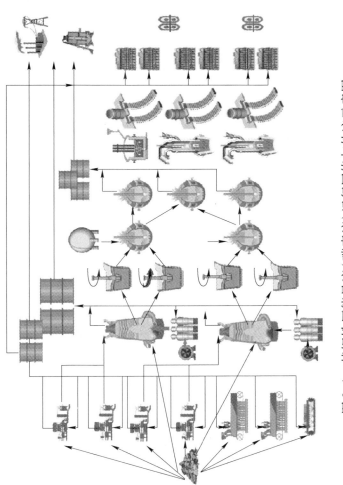

图 3-4 某钢铁厂能量流（碳素流）运行网络与轨迹示意图

　　从局部的工序或装置看，在输入端，物质流和能量流分别输入；在装置内部，则物质流与能量流相互作用、相互影响；在输出端，则往往表现为物质流带着部分能量流输出，同时还有不同形式的二次能量流单独输出。这是因为在工序或装置中，在运行过程中出现剩余能量流输出的现象是不可避免的。例如：在高炉炼铁过程中，在输入端，烧结（球团）矿和焦炭、煤粉、鼓风是分别输入的（即输入的物质流和能量流是分离的）；在高炉内部，烧结（球团）矿和焦炭、煤粉、鼓风相互作用、相互影响，发生燃烧升温、还原反应、成渣脱硫、铁液增碳等过程，完成了液态生铁的生产过程；在输出端，液态生铁和液态炉渣等物质流承载着大部分的能量输出，与此同时大量的高炉煤气带着动能、热能和化学能输出，形式是物质流，而本质上是能量流。同样，在烧结过程、炼焦过程、炼钢过程、轧钢加热炉过程也有类似的现象。

　　因此，人们不仅要注意输入端的物质流和能量流的行为，而且也必须注意输出端的物质流和能量流的行为。

　　在研究钢厂生产过程中的能量行为时，不能停留在封闭条件下质-能衡算的研究上，因为这只是局限为封闭条件下某一状态、某一时刻的质-能衡算，缺乏动态运行的概念，缺乏上游-下游之间的动态关联概念。作为制造流程的行为分析，很有必要进一步确立起开放系统的输入"流"-输出"流"的动态运行的概念。建立起能量输入-输出概念，不仅涉及能量，而且还能联系到能级、时间-空间等因素；涉及能量流的运行程序；利于构建能量流网络（或称能源转换网络），以利于进一步提高能源利用效率和建立相应的信息调控系统。

　　钢铁生产流程中，能量流中包括：碳素化学能、热能、电能、压力能等，其中碳素化学能（碳素流）是主要类型的能源形式。由各类能源介质组成的能量流在钢厂生产流程中既有与物质流（主要是铁素流）相对独立运行的行为，又有相伴而行、相互作用的运行行为。在原料场，铁矿石与煤炭分别储存，构成了铁素物质流和碳素能量流的起始点，在以后的生产工序中，以及工序-工序之间的实际情况则是：铁素物质流在能量流的驱动和作用下沿着给定的流程网络（如总平面图等），动态有序地实现各类物质-能量转换过程和位移输送过程。其中铁素物质流是被加工的主体，能量流的角色是提供动力并且作为化学反应参与者和加热热源等。在生产过程中，能源介质提供的能量大部分伴随着物质流运行，附着在各工序或装置内及输出物质流中。然而，还有一部分能量脱离铁素物质流独立运行，而且几乎每一生产工序都有独立的能量排放流输出。如果能够对各工序各自的能量排放（二次能源）并和附加的、必要的一次能源按一定的“程序”组织起来，并充分有效地利用，就可以构成钢厂内部的能源转换网络——能量流网络（图3-5）。

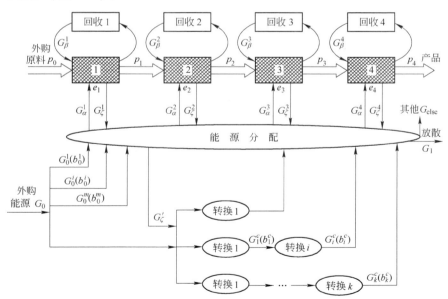

图 3-5　钢铁企业物质流、能量流相互作用示意图(以吨钢为基准)[2]

　　由图 3-5 可以看出钢铁企业内的物质流、能量流之间的相互关系。图中空心粗箭头线代表物质流，单线实箭头线代表能量流；带有数字 1、2、3、4 的方框代表钢铁生产工序（简化为只列出烧结、炼铁、炼钢及轧钢 4 道钢铁生产工序，p_1、p_2、p_3、p_4 及 e_1、e_2、e_3、e_4 分别代表各工序的钢比系数和工序能耗），G_α^1、…、G_α^4 代表各生产工序由外界加入的能量；标有"回收 1"等方框代表生产工序的能量回收装置，如余热锅炉、高炉炉顶煤气余压透平（TRT）、煤气回收装置等，G_β^1、…、G_β^4 代表各生产工序回收自用的能量；标有"转换 i"等椭圆代表能源转换工序，如焦化、发电、制氧、鼓风、给水等。由图 3-5 可知，外购的原料经烧结（球团）、炼铁、炼钢、轧钢等工序直到生产出最终产品的过程，构成了钢铁企业物质流的运行过程。为了推动物质流的转变（表现为物质形态、组织结构、化学组分等的变化）和运输（表现为位移、输送等），外购能源 G_0 大部分进入能源转换网络，产生能源产品能量流（G_1^c、…、G_k^c，其能级分别为 b_1^c、…、b_k^c）；外购能源的一部分（G_0^1、…、G^m）及能源产品能量流与物质流在各个钢铁生产工序内耦合在一起，相互作用：一方面能量流推动物质流高效转变，生产钢铁产品；另一方面实现对输入能量流的高效转换，产生二次能量流（G_ζ^1、…、G_ζ^4 和 G_β^1、…、G_β^4）；这部分能量流与物质流分离运行，进入能源转换网络（能量流网络），成为能量流网络的始端（输入端），而各单元装置以及发电设备等则相应成为能量流网络的终点（输出端）。

　　同时，还有部分能量流依附于物质流在一起流动。除了烧结矿或球团矿的显热因受工艺条件限制有时与烧结矿（球团矿）分离运行外，铁水显热及化学热、钢水显热和凝固潜热、连铸坯显热等均和铁水、钢水及钢坯等物质流耦合在一起而带入到下道工序。由于上料系统和炉顶装置的限制，高炉仍以冷矿入炉，所以烧结矿或球团矿显热难以带入高炉，因此必须利用回收装置，将热矿的显热转换为蒸汽或电力加以利用，这时，物质流与能量流的协同作用表现为热矿显热的充分回收利用。当能量流以依附于物质流而进入下道工序时，物质流与能量流的协同作用表现为物质流所承载的有效能被下道工序充分利用，如转炉利用铁水显热及化学能，加热炉利用连铸坯的显热等。能量流对物质流的作用还表现在对物质流的驱动、位移，如运输烧结矿的皮带靠电力驱动，运输铁水的火车靠电力或柴油驱动，运输钢坯的辊道靠电力驱动等等。当然，能量流对物质流的驱动力不能过大，否则过剩的能量流又可能会导致能量放散（G_1）。

3.3　物质流/能量流与信息流

信息是从物质、能量、时间、空间、生命等基本事物中蕴含和反映出来的表征因素，信息的作用或意义在于能够表征事物的组分、结构、环境、状态、行为、功能、属性、未来走向等。信息必定属于某一确定的事物，被表征的事物称为信源。在客观世界和人脑中不存在与物质、能量、时间、空间、生命相分离的信息。信息要靠一定的物质、能量等形式来承载，承载者称为信息载体。因此，信息流与物质流、能量流密切相关。

在确认信息对物质等信源的依赖性的同时，也应认识到信息与信源的可分离性。信息与信源的可分离性具有重要的意义，即人们可以不直接接触某事物而获取它的信息，可以不改变事物本身而对它的信息进行采集、交换、加工、存取、利用，可以进行跨时空传送等。信息不具有守恒特征。信息在传输传递过程中可以被复制而增多，也可能在获取、加工、发送、接受、译码等过程中由于噪声干扰而损失。这是信息和物质、能量的差别。

获得流程系统中物质流/能量流的信息往往首先要利用各类传感器（sensor），以获得各类信息，然后传播到二次仪器、仪表或计算机经过译码和编程成为信息流模型并对物质流/能量流的行为进行表征和调控。当然也可以利用人工智能、专家系统等信息技术手段加强和改善对物质流/能量流运行的调控，优化物质流的自组织程度，提高运行效率。输入他组织的信息相当于输入负熵流，有利于促进耗散系统有序程度增大。

对物质/能量而言，信息是表征它们的组织结构、状态、行为、功能等属性的，在生产流程的动态运行中，如果物质流/能量流的动态运行不顺，经常出现混沌甚至无序状态，则其信息必然混乱，难以形成动态有序的信息流模型，导致信息技术难以进入制造流程系统进行有效的调控。有价值的信息流、智能调控系统应该甚至必须建立在合理的物质流、能量流流程网络以及相应"流"的动态有序运行的基础上。

可见，对于钢铁企业等流程制造业而言，制造流程动态运行的自组织与他组织功能的获得，就是通过对生产流程中不同层次的物质流、能量流动态运行过程中信息特征参数的获得、处理、反馈，并构成指令（措施），驱使"流"在运行过程中物质、能量、时间、空间等方面的参数，在合理、适度的涨落范围内和非线性相互作用的过程中，提高开放系统的自组织程度，即功能的、空间的、时间的、时-空的有序化程度的提高，使动态开放系统运行过程中的熵产生率减小，形成优化了的耗散结构，得到优化的过程耗散。

在钢厂生产运行过程中，信息流是物质流的行为信息、能量流的行为信息和外界环境信息的反映以及人为输入的他组织调控信息的总和。

3.4 流程"网络"

3.4.1 "网络"是什么

从图论的角度上看,"**网络**"是由"节点"和"线"构成的图形,通过图形形成了某种特定的结构。所以,也可以说:"网络"是"节点"和"线"(弧)以及它们之间关系的总和。"网络"是其运行载体的运动路径和轨迹以及时-空边界。

研究"网络"非常重要,它将涉及诸多方面,例如交通运输业、信息通讯业、流程制造业等产业,以及文化教育、金融财政等方面。在许多产业中,"网络"都是相关运行载体的路径轨迹和时空边界。所谓运行载体包括了交通运输业承运的各类货物和各类人群等,包括了信息通讯方面的各类文字信息、图像信息、声光信息等,包括了各类制造业特别是重化工企业内的物质流、能量流、信息流等,也包括了电力输变分配过程中不同等级的电压、不同流通量的电流等,甚至还包括了金融业内货币、资金流……这些不同类型运行载体的有效运行都需要有必要的、合理的"网络"与之匹配,才能优化其"功能"和"效率"。

因此,在现代世界"网络"是一个具有普适性的概念和"工具",并已经逐步形成结构合理、功能恰当、效率很高的工程实体。

3.4.2 怎样研究"网络"

在流程工程学中,"网络"不仅是概念,并且也是工程实体。

3.4.2.1 "网络"与"流"和"程序"

研究"网络"不仅要研究"网络"本身的结构、功能和效率，而且必须同时研究在其中运行的各类"资源"和/或"事件"，也就是要研究各种不同性质、不同类型的"流"，例如物流、物质流、能量流、信息流、资金流、人流等。这些"流"是以不同特性、不同运行方式通过相应的"网络"动态-有序地运行的。不同特征、不同类型、不同运行方式的"流"将对"网络"的结构与功能提出不同的要求，因此研究"网络"必须要和所承载运行的"流"结合起来研究，不能脱离"流"的性质、要求而孤立地进行研究。

"流"在"网络"中运行的形式是多种多样的，例如可逆的、不可逆的、有序稳定的、随机的、季节的；层流式的、紊流式的；串联的、并联的、串-并联的等。为了适应不同特征"流"的运行效率、安全、稳定、舒适等要求，"网络"的设计、构建和运行要在结构和功能上与之适应，同时还必须注意"流"在"网络"中运行的"程序"。这些"程序"将涉及各种规则、策略以及功能序、空间序、时间序和时-空序等。

由上述分析可以看出："流"、"网络"、"程序"三者构成了特定环境条件下的动态运行系统，这个动态运行系统是有结构、有功能而且是追求运行效率的，是流程工程系统动态运行过程中的基本要素。

3.4.2.2　"网络"的结构和功能

对"网络"的研究而言，首先要研究它的结构和功能，进而分析运行效率。

在认识"流"、"网络"、"程序"三者是流程动态运行系统基本要素的同时，必须深入认识"网络"的整体性、动态性、有效性以及与之相关的层次结构性。

在研究"网络"的结构时，图论和运筹学是有用的方法、工具。由于不同性质、不同类型、不同运行方式的"流"对"网络"的要求不同，因此与之相适应的"网络"结构就不同。例如，在专业化高效率生产的钢铁企业内往往要求铁素物质流网络是一种最小有向树的结构（见图3-6），以适应铁素物质流动态有序、简捷高效、不可逆运行的需求。而其能量流网络则要求有初级回路的结构（见图3-7），以利于一次能源高效转换，二次能源及时回收、充分利用和集成优化利用。所以对钢厂物质流网络、能量流网络提出这些要求，都是源于物质流的运行效率、损耗和能量流耗散优化的要求和效率"最大化"的要求。

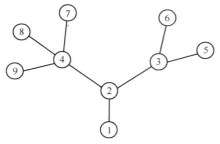

图 3-6   最小有向树网络的示意图

（图由点的集合和连接点集中的
某些点的连线构成）

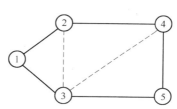

图 3-7   初级回路网络示意图

（初级回路(1、2、4、5、3、1)，简单回路
(1、2、3、4、5、3、1，点3重复，边不重)）

又如在交通运输业，则要求"网络"结构具有通达性、快捷性和运行稳定、安全舒适性等，因此交通运输业的"网络"结构就不同于重化工流程制造企业的"网络"结构，往往属于复杂回路。但是作为"网络"结构的研究工具、方法，都可以用图论、运筹学等数学手段来处理，以求得合理的"节点"个数、"节点"布置和连通线的形状、长短、串联、并联、串-并联关系，以及网络图形特征、达到的时-空边界等。

在研究"网络"的功能时，必须从"流"的性质、类型和运行方式出发来研究。首先是"流"的属性，是物质流、能量流、信息流、资金流还是人流等；继而要根据"流"运行过程的特征，进一步分析"流"的类型，例如是连续流、准连续流，还是间歇流、高频脉动流等。也可以根据"流"运行过程的时间因素特征，将之分为稳定流、随机流和季节流等，对这些不同性质、不同类型、不同运行方式的"流"而言，它们对"网络"的结构、功能的要求是不同的。

3.4.2.3　"网络"的效率

在充分理解特定"流"对"网络"结构、功能要求的基础上，就比较容易对"网络"效率提出清晰的目标。由于"流"、"网络"、"程序"组成了一个动态运行系统，因此对"网络"效率的要求，往往是多目标优化的，这种优化实际上就是在不同环境条件下的多目标选优系统。

在研究"网络"的效率时，必须充分注意效率最大化（简捷、高效）、耗散最小化（能量耗散、物质损耗、信息损失等）、环境友好性（过程排放、环境污染、生态保护等）和安全性（生命财产安全、运行的稳定性和舒适性）。这将涉及最小有向树问题、最短有向路问题、最大流问题、最小费用流问题等方面的应用研究及技术开发[3]。

3.5　流程运行的程序

运行程序是动态系统运行过程中内在自生的和外界输入的一系列信息指令的集成。运行程序与"流"的动态性紧密相关，这种与动态运行的相关性体现在系统内"流"的各类"序"和"量"以及相关"序"和"量"之间动态变化的逻辑关系上。

进一步讲，运行程序体现着各种相关"序"和"量"之间关系的逻辑化整合与协同，是各种相关"序"和"量"特别是序参量之间关系的动态有序化措施的集成方法和结果。

"序"就是按次第区别、排列或按次第来表示其先后、大小的顺次性。也就是说按某种规则或规定对一系列组元（个体）进行排列，称为排"序"。在数学上严格定义了偏序（即通常讲的"序"）的意义，认为"序"是一种具有传递性、反对称性和自反性的二元关系。

在研究运行程序和程序化协同过程中，必然会涉及**序参量**。序参量的概念来自协同学。协同学认为：序参量是子系统间协同作用的结果。任何系统的子系统都有两种运动趋势：一种是自发的无规则运动（如分子热运动），这种运动的趋势只会导致系统混乱、无序；另一种趋势则是通过子系统自身运动的"涨落"和子系统之间的非线性相互作用引起相干和协调运动，这种运动促使开放的动态系统形成特定结构，走向宏观有序。显然，序参量的产生是由于非线性相互作用引起的相干、协调运动在整个系统中占据了主导地位，序参量支配着系统内大量子系统的行为。序参量的基本特征包括：它是由大量子系统在竞争与协同作用中形成的宏观变量，并能进一步支配大量子系统的行为；它贯穿于子系统演化过程的始终；它必须是能够作为度量该系统有序程度的参量；它与其他状态变量之间的关系是役使与服从关系，即满足役使原则（slaving principle）。应当指出，在一个开放的动态运行系统内，序参量可以是一个或是少数几个交替、竞争出现。

可见，运行程序对于系统及其子系统内的"序"、"量"和序参量而言，都具有逻辑相关性、整合协同性和动态有序性。运行程序是利用信息对自组织系统进行调控的一种重要方法、措施。

运行程序作为信息指令，将涉及物质、能量、时间、空间、生命等信息源。因此，有不同类型的程序，例如，以物质为主的程序指令，以能量为主的程序指令，以空间、时间为主的程序指令，甚至以成本为主的指令等。由于运行程序所涉及的系统层次、尺度不同，所以，运行程序具有不同的层次性或不同的尺度范围。不同层次、不同尺度、不同类型的运行程序，也可以集成在一起构成运行程序的网络，这种"软件"与相应的"硬件"结合在一起构成了信息流网络。

3.6　动态有序运行结构内的耗散

　　钢厂动态运行的过程是开放系统内远离平衡的演变过程。从耗散结构理论可知，没有向系统输入的负熵流就不可能维持过程的持久进行，因为系统内发生的熵产生将会使过程走向平衡，亦即走向停止。然而，过多地输入负熵流，也不可能使过程的熵产生转变成负值。相反，过多的负熵流促使熵产生率增大，过程由低熵走向高熵的趋势更大。例如，生命现象作为一种典型耗散结构，通过输入营养、运动使生命体进行新陈代谢，然而不可能避免衰老。过分营养化反而促使高糖、高脂之类的疾病早发、多发。在工业生产流程方面，过多地输入物质和/或能量，会使流程运行偏离动态-有序-协调-连续的运行状态而导致耗散增大。

3.6.1　"流"的形式和耗散

　　生产流程应该是一种开放的、多组元（工序/装置）集成的、动态有序运行的运行过程。为了动态有序的运行过程能长期地、持久地进行，减少其内部耗散，减少熵产生率是关键。参照流体流动，可将动态有序运行的"流"区分为"层流式"运行和"紊流式"运行两种运行方式。"层流式"运行易于使"流"实现有序、稳定的状态，一般而言，其过程的耗散较小。而"紊流式"运行又可分为两类亚状态，即混沌状态和无序状态，运行过程的耗散大，过程中熵产生率高（见图3-8）。

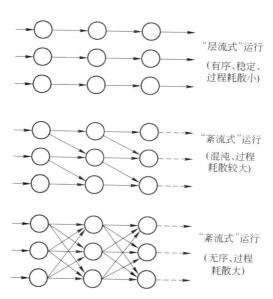

"层流式"运行

（有序、稳定、过程耗散小）

"紊流式"运行

（混沌、过程耗散较大）

"紊流式"运行

（无序、过程耗散大）

图 3-8　生产运行过程中"层流式"运行、"紊流式"运行与耗散

"流"和流动所讨论的对象是有区别的。这里，"流"的划分也仅仅是在形象上借用流动的某些说法，而运动的特性并非全都雷同。"层流式"运行是指运行的"流"没有交叉和干扰，而流体的层流流动是低速流动，流体内部摩擦力大，各流体层之间速度有较大落差。"紊流式"运行是指"流"在运行时发生相互干扰和交叉，有时干扰很强烈，导致运行过程紊乱无序。而在流动方面，和层流相对应的湍流（曾称紊流），是指高速流动的流体中有大量速度脉动，形成大大小小的涡并且处于不断的破裂与合并之中，但整体流动仍是有序的，有明确方向的。为了在术语上表现这种差别，对于"流"，专门称为"层流式"运行或"紊流式"运行，而不应简化成为层流或

紊流。

　　流体的流动：广义流（动量、质量、热量等传递）的发生，都要依靠力（广义力即梯度）的驱动。发生流动现象时，流和力之间存在某些比例关系，因此要涉及场的概念。

　　场是指其物理量在空间和时间中的连续性分布情况。如果某一时间在空间的每个点都对应着某物理量（例如质量、热量、流速、动量等）的一个确定值，在该空间内就存在该物理量的场。不同时间的场不存在变化的情况称为稳定场，稳定场与时间无关。当场中的物理量分布在每个时间点有所不同时，则称为不稳定场。不稳定场中物理量在空间的分布只是瞬间值。场中分布的物理量可以是标量，也可以是矢量。矢量在各空间维上的分量也是标量。在标量场中，物理量沿某一方向的变化率（方向导数）称为梯度。不稳定场中，只能确定某个时间点的梯度（瞬间梯度）。广义流和梯度（广义力）呈某种正比关系。

　　制造流程中，"流程网络"（平面图、立体图）和"运行程序"可以比拟为"场"。但这里"场"是不连续的，可以理解为空间区域本身也属于场内，而函数值的分布具有突变性和不均衡性。不连续的函数不存在导数，不可能再用梯度作为驱动力。制造流程中工序之间的非线性相互作用、非线性耦合作用可比拟为驱动力，例如高炉出铁对流程下游冶金过程呈现推力，连铸机多炉连浇呈现出对流程上游冶金过程的拉力和对流程下游形变-相变过程的推力等。在"力"和"场"的作用下，"流"作不同形式的流动——动态运行。"力"、"场"、"流"的动态行为决定了流程的耗散。

　　异类的力和"流"之间还存在干涉、耦合现象。在近平衡区内（封闭系统）按照 Onsager 倒易关系

$$\sigma = \frac{\mathrm{d}_i S}{\mathrm{d}t} = \sum_{k=1}^{n} J_k X_k \quad (k = 1, 2, \cdots, n)$$

$$J_k = \sum_{i=1}^{n} L_{ki} X_i$$

$$L_{ki} = L_{ik}$$

所以 $\qquad$ $$\frac{d_i S}{dt} = \sum_{i,k=1}^{n} L_{ik} X_i X_k$$

式中 $\quad$ σ——单位体积介质的熵产生率，$W/(m^3 \cdot K)$；

$\qquad$ X_k——不可逆过程中第 k 种广义热力学"力"；

$\qquad$ J_k——不可逆过程中第 k 种广义热力学"流"或速率；

L_{ki}，L_{ik}——线性唯象系数，又称为相关系数；

$\qquad$ n——独立的广义流或力的数目。

"流"的相干、耦合使熵产生率加大。推广到非线性区（开放系统），这种相干、耦合促进熵产生加大的情况也可能存在。例如，由于平面图不合理，引起物质流的不通畅将会增大散热量，使热流耗散增多；又如由于连铸机-加热炉距离过大，或是能力不匹配，导致冷坯落地，进而导致减慢"流"的速度，会引发加热炉能耗增加和某些铸坯的二次氧化加重。这些都表征着运行过程中"流"的形式对流程动态运行过程耗散的影响。

3.6.2 运行节奏和耗散

生产流程中各个工序/装置中发生的事件是不同质的，它们运行和演变的速率、节奏呈现出很大的差别。为了运行顺畅，除了"流"的运行路线不应受到干扰之外，还应该使多工序/装置运行的时间周期和频率能够相互协调。因此，需要制定生产过程的时钟推进计划来规定、预测和控制动态运行过程中事物的发展和演变过程。

对于冶金生产而言，时钟推进计划一般是以"分流量"（分钟级的流量）——铁素物质流每分钟进行的"物质流通量"作为控制基础的。也就是"流"的运行应该遵循"分流量相等"的原则。既不是"秒流量相等",也不是"小时流量相等"。流程中的多数工序/装置（连轧机除外）宏观运行的流通量精度实际上不需要控制到秒流量相等的精度,工序之间流通量的秒流量相等对生产的运行也不具有实质意义。小时流量对流程的动态有序、协同-连续运行又过于粗放、松弛,实现"小时流量相等"对冶金流程的运行而言不意味着"流"在连续、稳定运行。还应指出,这里讨论的流通量是一种宏观上的流量;铁素物质流在前进途中要经历一系列物理化学变化,特别是在流程的上游阶段。这些变化对流量的影响不在上述宏观流量——流通量的研讨之中。

由于冶金流程是由异质、异构的相关单元（工序/装置）集合而成的,为了使它们能够互相衔接、匹配、协调运行,往往会使一些运行过程"时间弹性"相对较大的工序/装置作为柔性缓冲单元,以维持流程能整体连续运转。但是,如果某些工序动态运行过程的"时间弹性"过大,也会增大流程动态运行的耗散。因此,对流程内各工序/装置而言,应该有各自优化的运行节奏（合理"涨落"）,以实现流程整体能长时期动态有序运行。

除了生产过程各工序/装置的运转节奏、运行时间周期以外,流程中各工序/装置的维修时间周期也应协同起来,如果不能互相协同,或者维修质量不佳,在运行过程中发生意外事故,必然也影响流程整体的动态运行的节奏和效率,导致运行过程耗散的增加。

3.6.3　工序功能分布和耗散

钢铁冶金生产技术的进步,往往导致生产流程内不同单元工序功能集重新的分配和改变,使各单元工序的功能合理化,进而使各单元工序之间合理衔接和匹配，从而促进生产流程向动态-有序、连续化/准连续化的方向发展。

冶金流程中许多单元工序的功能往往是多元的，而且某些功能也可能在多个工序中实现。例如，脱硫功能，在烧结、高炉、铁水预处理、炼钢、钢包精炼等工序中都有可能实现。一般地说，铁水预处理工序对完成脱硫功能最有利。但随着对所生产钢的品质要求，原料条件等因素的变化，脱硫功能在钢铁生产流程中的优化分配需要根据具体情况作出相应的对策，因为局部优化并不等于全局优化。在不同条件下，优化各单元工序的功能集和某些功能在不同工序之间的分配，以及工序之间关系的协调优化，无疑会降低流程动态运行过程中的耗散。

3.7 时间在钢铁制造流程中的表现形式及其内涵

在钢厂制造流程中特别是专业化、高效率生产的"连续-紧凑型"钢厂流程中，各工序/装置在时间因素上的协调是至关重要的，因此时间在制造流程中的具体表现形式越来越丰富。为了促进流程动态运行过程的协调和便于调控，时间的表现形式已不仅仅是简单地表现为某些过程所占用时间的长短，而是以时间点、时间域、时间位、时间序、时间节奏、时间周期等形式表现出来。分析这些时间表现形式，对于建立起钢厂生产过程的信息调控系统具有重要的意义。为了实现制造流程的连续化和准连续化，必须将时间作为目标函数来研究，分析它在钢铁制造流程各单元工序间协调（集成）过程中的含义。实际上，钢铁制造流程正在不断地从整体上向"连续化"的方向发展，制造流程连续化的内涵比一个单纯的连续反应器要复杂得多。例如，在研究钢厂生产过程的智能化调度时，必须通过研究各类影响因素及其影响机理，使工厂生产系统在满足各方面要求（或不同边界条件）的情况下，达到生产过程时间缩短并改善工序之间时间的连续性（包括热连接的要求等）和协调性，使生产效率最高。这里，时间就是作为目标函数出现的。若着眼于钢铁制造过程中的温度变化规律，工序处理时间和传搁过程时间显然要对铁素物质流（如铁水、钢水、铸坯、轧件等）的温度变化有很大影响，此外，输送、处理、等待等过程的时间会呈现出某种随机自变量的性质。可见，时间在钢厂制造流程中既具有自变量，又具有目标函数的两重性。

就某一工序/装置而言，其时间过程值是由化学、物理冶金过程时间，辅助作业时间和输送、装卸、等待（缓冲）时间所组成的。其具体表现形式为工序的时间点（开始或离开的时刻）、过程时间域（如化学/物理转换过程时间的长短和起止时间范围等）和时间节奏（工序作业时间、流程周期时间的节律性等）等的调控。

就前后工序或相邻工序之间的关系而言，则表现为时间序的安排，时间位的"嵌入性"调控，时间域的衔接、缓冲和相互协调范围以及缓冲协调范围的长程性/短程性（相邻两工序之间的时间协调为短程性调控，三个或更多工序直到整个流程系统的时间协调属于长程性调控），输送的时间过程，等待时间的长短和时序安排等。

关于流程中所涉及的一些时间概念及其数学表示法在《冶金流程工程学》中已有叙述[4]，现简述如下：

时间点：制造流程中的铁素物质流（如矿石、废钢、铁水、钢水、钢坯、轧件等，下同）所对应的某个工序 o 中某操作 k 的起止时刻，表示为 $[t_{ks}^o, t_{ke}^o]$，见图 3-9a。时间点的含义不仅表现在某工序内，而且在铁素物质流流经各工序的过程中都有时间点的概念，见图 3-9b。在实际生产过程中，也存在作业计划时间点与实际作业时间点之间的差别。

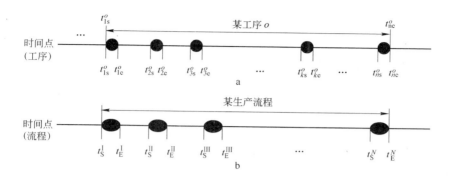

图 3-9 时间点示意图

a—某工序 o；b—某生产流程

$t_{1s}^o, t_{2s}^o, t_{3s}^o, \cdots, t_{ks}^o, \cdots, t_{ns}^o$—某工序 o 第 $1,2,3,\cdots,k,\cdots,n$ 个操作的起始时间点；

$t_{1e}^o, t_{2e}^o, t_{3e}^o, \cdots, t_{ke}^o, \cdots, t_{ne}^o$—某工序 o 第 $1,2,3,\cdots,k,\cdots,n$ 个操作的终止时间点；

$t_S^I, t_S^{II}, t_S^{III}, \cdots, t_S^N$—某生产流程第 $I,II,III,\cdots,N$ 个工序的起始时间点；

$t_E^I, t_E^{II}, t_E^{III}, \cdots, t_E^N$—某生产流程第 $I,II,III,\cdots,N$ 个工序的终止时间点

时间序：在实际生产过程中，对不同产品而言，为了获得理想的技术经济指标（质量、成本、效率等），铁素物质流流经各工序的时间需要按照工艺流程的顺序进行顺次排列，形成流程合理途径中的时间序。时间序包含某工序 o 内若干个操作的时间排列序次，和生产流程中若干个工序的排列序次两个概念，见图 3-10。用数学方法可以描述如下：

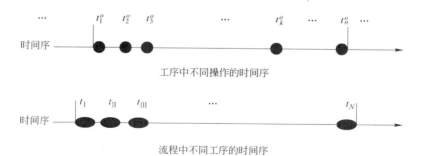

图 3-10 时间序示意图

$$\{t_1^o, t_2^o, t_3^o, \cdots, t_k^o, \cdots, t_n^o\}$$

$$\{t_{\mathrm{I}}, t_{\mathrm{II}}, t_{\mathrm{III}}, \cdots, t_N\}$$

式中　$t_1^o, t_2^o, t_3^o, \cdots, t_k^o, \cdots, t_n^o$——某工序 o 中第 1，2，3，$\cdots$，k，
　　　　　　　　　　$\cdots$，n 个操作的时间序次；

　　　t_{I}，t_{II}，t_{III}，$\cdots$，t_N——某制造流程中第 Ⅰ，Ⅱ，Ⅲ，
　　　　　　　　　　$\cdots$，N 个工序的时间序次。

时间域：铁素物质流处于某工序 o 的时间过程一般由工艺操作（处理）时间、若干辅助操作时间以及输送、等待、缓冲等时间组成。所谓时间域就是上述过程时间的总和，表示如下：

$$t_{\mathrm{SE}}^o = \Sigma t_{se}^r + \Sigma t_{se}^a + \Sigma t_{se}^w + \Sigma t_{se}^{\mathrm{buf}} + \Sigma t_{se}^t$$

$$[t_{\mathrm{S}}^o, t_{\mathrm{E}}^o]$$

式中　t_{SE}^o——某工序 o 的时间域，min-min；

　　　Σt_{se}^r——某工序 o 中的工艺操作时间，min-min；

　　　Σt_{se}^a——某工序 o 中的辅助操作时间，min-min；

　　　Σt_{se}^w——某工序 o 中的等待时间，min-min；

　　　$\Sigma t_{se}^{\mathrm{buf}}$——某工序 o 中的缓冲时间，min-min；

　　　Σt_{se}^t——某工序 o 中的输送时间，min-min；

　　　t_{S}^o——某工序 o 时间域的起始时间点，min；

　　　t_{E}^o——某工序 o 时间域的终止时间点，min。

工序时间域具有双重含义，既包括某工序起止时间点，又包括某工序中不同类型过程时间长短（图 3-11）。另外，时间

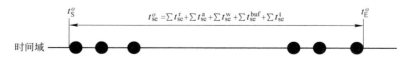

图 3-11　某工序时间域示意图

域的概念也可扩展到几个工序甚至更大范围。

时间位：从时间域的定义可以看出，由于辅助操作、等待和缓冲时间的存在，某工序的工艺操作（处理）时间在相应的时间域内应具有合理的嵌入"位置"，而且这个嵌入"位置"的合理性将直接影响整个制造流程的调控或优化，由此需要提出"时间位"概念。数学表示是较为复杂的：

$$t^r_{SE} = t^r_E - t^r_S$$

$$t^r_{SE} = \Sigma t^r_{se}$$

$$t^o_{SE} = \{\Delta t_{BE}, t^r_{SE}, \Delta t_{AF}\}$$

$$[t^r_S, t^r_E]$$

式中　　t^r_{SE}——某工序内的工艺操作时间域，min-min；

t^o_{SE}——某工序的作业时间域，min-min；

t^r_S——某工艺操作的开始时间点，min；

t^r_E——某工艺操作的结束时间点，min；

t^r_{se}——某工序内某一工艺操作的时间域，min-min；

Δt_{BE}——工艺操作前的辅助、传送、等待及缓冲时间，min；

Δt_{AF}——工艺操作后的辅助、传送、等待及缓冲时间，min。

上式中的 Δt_{BE}、Δt_{AF} 和 t^r_{SE} 相对数值的大小，直接影响 t^r_{SE} 在某工序时间域 t^o_{SE} 中所处的位置（图3-12）。因此，时间位存在三重含义，即铁素物质流经历某工序的工艺操作过程时间的长短、工艺操作时间的合理位置及其起止时间点。

时间周期、时间节奏：铁素物质流在制造流程内所有工序经历的时间过程（包括工序工艺加工作业时间，辅助作业时

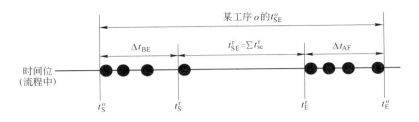

图 3-12 时间位示意图

间，输送时间，等待和（或）缓冲时间等）谓之时间周期，
表示如下：

$$t_c = t_{SE}^I + t_{SE}^{II} + t_{SE}^{III} + \cdots + t_{SE}^N$$

式中 t_c——时间周期，min；

$t_{SE}^I, t_{SE}^{II}, t_{SE}^{III}, \cdots, t_{SE}^N$——工序 I，II，III，$\cdots$，N 的时间域，
                    min。

    若干个生产时间周期连续进行时，若各时间周期相等或近
似，就会构成时间节奏，即：

$$t_c^i \approx t_c^{ii} \approx t_c^{iii} \approx \cdots \approx t_c^N$$

    这样，生产流程就形成规则有序的时间节奏。

    图 3-13 表示这两种时间概念。

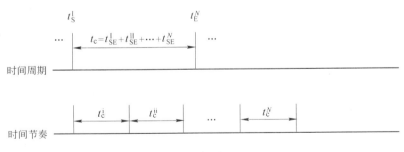

图 3-13 时间周期、时间节奏关系示意图

    当然，时间周期、时间节奏这类表现形式，除了表现在整
个制造流程的运行过程中以外，也可以出现在制造流程中的某

一工序、某一区段（车间、分厂）的范围内。

3.8 制造流程动态运行的内容和目标

3.8.1 认知思路

对于冶金、化工等流程工业而言，在相当长的时间阶段，主要运用牛顿力学和经典热力学的理论来认知各类现象，往往停留在孤立地、简化地、分割地分析、研究问题，这已经不能适应工业发展的现实需要，特别是某些理论体系的前提与生产流程的实际运行情况也不尽一致，因此时代呼唤着要研究与流程工业运行相符合的开放的、动态的复杂过程的理论问题。以三个物理系统层次的理论来认识冶金流程中的各类事物，尤其需要用开放系统耗散结构理论、吸收系统论、协同论、工程演化论等理论，以学科交叉为手段，以冶金、化工等工业的生产流程（流程工程）为研究对象，将物质位移的过程、能量转换过程、原子/分子间反应的过程、工序/装置层次的过程、车间/区段层次的运行过程和全厂性生产流程层次上的运行过程相互嵌套集成，通过选择-整合、互动-耦合构建成动态-有序、连续/准连续-协同运行的动态系统，形成一种优化的耗散结构，促进全厂性生产流程运行中过程工程的优化。

换一种角度看，也许应该这样讲：对流程工程认知而言，已经或正在进入一种综合集成优化的进程中，局部的、静态结构的关联性并不是它的主题，主题乃是多个层次上的、自组织的力学和热力学关联性。从本质上看，应该把流程工程理解为诸多不同性质、不同时-空尺度的过程以及诸多过程之间所形成的动态相关的嵌套结构，而且把这些过程与结构集于一体的耗散结构。

流程工程的进化、发展进程可以理解为对物质和能量逐步地有序化、高效化组织的过程，使流程形成优化的结构，使能量耗散"最小化"，过程排放"最小化"，物资消耗合理化，进而导致相应信息化的过程。

3.8.2 学科研究内容

如果将流程工程学作为一个学科分支进行研究，则如下几个方面的研究有待进一步深化：

（1）动态-开放的冶金生产流程的物理本质研究；

（2）冶金生产流程中铁素物质流的状态、性质、流动和物质流网络、运行程序的研究；

（3）冶金生产流程中能量流的状态、功能和转换机制、效率研究，并形成与物质流网络相互优化的能量流网络和运行程序；

（4）冶金生产流程动态运行过程中空间因素的研究，包括：各类过程的空间尺度、空间位置、运行方向以及不同过程空间层次的结构等；

（5）冶金生产流程动态运行过程中时间因素的研究，包括：各类不同过程的时间点、时间域、时间位、时间序、时间周期、时间节奏以及这些时间因素之间的动态结构关系等；

（6）钢厂工程设计的理论与方法研究：建立动态-精准设计的理论、方法和工具等；

（7）钢厂动态运行的规则、仿真和信息化调控的方法、工具研究等。

3.8.3 战略性研究目标

为了对动态-开放的冶金等流程工程构建优化的耗散结构，建立工程科学层面上的理论基础和框架，以此为基点，推进到工程设计的理论和方法创新，指导冶金等流程制造企业的结构重组和制造流程运行的调控优化，实现提高冶金质量、能源效率、生产效率，降低生产成本、降低环境负荷等多目标优化。作为冶金工程研究的战略性、普适性研究目标，应包括如下内容：

（1）低成本、高效率洁净钢生产体系研究（包括薄板型、中厚板型、建筑长材型、钢管型、合金钢长材型、不锈钢板材型等）；

（2）能量流网络构建与网络系统优化；

（3）钢厂制造流程动态-精准设计的理论与方法及其案例研究；

（4）新一代专业化、高效率生产钢厂的模式优化研究；

（5）流程动态-有序、连续-紧凑运行的信息特征与计算机仿真研究。

参 考 文 献

[1] 殷瑞钰. 冶金流程工程学[M]. 2 版. 北京：冶金工业出版社，2009：151.

[2] 王建军. 钢铁企业物质流、能量流及其相互关系研究与应用[D]. 沈阳：东北大学，2007：91.

[3] 刁在筠，刘桂真，宿洁，等. 运筹学[M]. 3 版. 北京：高等教育出版社，2009：198~216.

[4] 殷瑞钰. 冶金流程工程学[M]. 2 版. 北京：冶金工业出版社，2009：205~209.

第4章 钢铁制造流程动态运行特征及分析

从表观上看，制造流程是上、下游多工序串联/并联构成的。然而，究其内在本质则是多工序、多因子、多层次、多尺度的协同集成与动态运行。多工序之间的多因子、多尺度、多层次的协同、集成，不仅包括了物质、能量的流动和转换/转变，而且还包括了相应的流动和转换/转变在不同层次、不同工序之间的时间-空间上的有序、有效"嵌入"关系，并将形成制造流程的静态结构和动态运行结构，而结构特征对于制造流程系统动态运行的功能与效率有着重要的影响。因此，有必要对钢铁制造流程的动态运行的特征进行分析研究。

4.1 流程动态运行的研究方法

4.1.1 视野和理念的变化

从工程科学视野来看，研究新一代钢铁制造流程是将研究的视野从传热、化学反应、相变、形变等单元过程或炼铁、炼钢、轧钢等单元工序作为研究重点，转移到以流程整体系统及其动态运行为研究开发的核心。也就是从基础科学、技术科学层次上的研究，发展到工程科学层次的研发，并以工程科学来集成基础科学和技术科学已有的研究成果，再以工程科学层次上冶金流程工程学的研究成果，反过来对基础科学、技术科学提出新的研发命题，并进一步集成优化。

从理念上来看，冶金流程工程的理念是：从传统的"以原子/分子为中心"的小尺度的物质结构、性质、行为研究为重点，发展到主要以"流程系统为中心"的大时空尺度的物质流、能量流、信息流以及环境-生态等多目标集成优化的研究为重点；并以此为顶层设计的指导思想，反过来对不同具体的物质、能量、信息问题或工序/装置的结构、功能、效率及其时-空安排的合理性提出新的命题和方向。

也可以说，流程动态运行的视野和理念从以原子/分子尺度的"点"时-空域扩展到以工序/装置尺度的"位"时-空域，再贯通为以工厂/车间尺度的"流"时-空域，见图4-1。

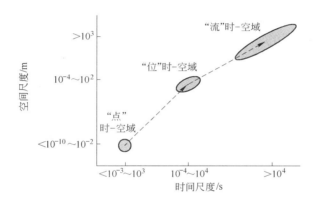

图4-1 制造流程中不同层次的时间-空间尺度示意图

流程工程强调系统整体优化、流程整体的集成和创新，并不一定都是完全基于单元过程、单元工序的发明创造。流程整体优化是建立在静态结构（包括流程网络结构、功能结构等）的科学合理性基础上的，强调运行过程中效率-调控-多目标优化的可实现性。而流程整体的集成和创新主要是基于流程系统内各工序/装置功能的优化以及相互依存和支撑性，运行逻辑的协同和统一性以及技术规范性的要求。当然，某个单元过程、单元工序的改革和创新，也会导致对流程运行产生重大影响。这时就必须对与之相关的过程和上、下游工序/装置作出适应性的变革。总之，对钢铁制造流程的运行控制而言，要具体落实到流程系统的动态-有序、协同-连续运行的可实现性和稳定性上。

4.1.2 研究流程工程的方法

从思想方法、理论基础、基本程序和步骤等方面看，研究流程工程的方法应包括如下诸方面：

（1）从概念上强调以流程总体优化为主要目标，不是片面地、孤立地追求局部的最先进性和前沿性，而是注重追求适应时代背景的总体流程的优化；当然，在某些特定情况下，也不能忽视局部的"瓶颈性"突破，使总体流程呈现出新的要素-结构-功能-效率等多目标优化；

（2）充分注意流程系统的复杂性，不能仅仅用数学解析、数学模型进行预测。人们所熟悉的用初始条件和边界条件来求解的方法是和决定论紧密相关联的；而在复杂的系统中，机遇（概率）和必然（决定性）是相辅相成的，随机性和必然性共同控制着演变过程；

（3）以定性、定量为基础的、科学的系统集成为主要手段，先进行总体集成优化（顶层设计优化），再应用其概念、原则、规律反馈到局部（工序/装置）的解析-优化和局部与局部之间的协同-优化。通过局部与流程之间的解析-集成和集成-解析，相互反馈，不断提升水平，调整并优化流程的整体结构；

（4）重视流程整体动态运行的协同优化，包括工序关系协同-优化，开发工序之间界面技术，促进流程动态运行结构的创新与再创新；

（5）重视"软件"工程化和工程模式化；

（6）在工程设计方法上，从工序/装置的结构设计和静态能力粗略估算推进到以实现流程动态-有序、协同-连续运行为重要目标的动态精准设计；

（7）在理论上，注重基础科学、技术科学和工程科学之间在微观-介观-宏观层次上的相互嵌套、关联与集成、统一。

4.2 流程系统动态运行与结构优化

在认识工程活动特别是流程系统动态运行及其工程设计问题时，结构的构建、优化、升级是一个重要内涵，也是工程设计水平的重要体现，设计创新往往与结构优化、结构升级有着密切的关系。因此，讨论和认识"结构"问题非常重要。

4.2.1 流程系统与结构

流程是一种整体系统，但流程不是加和性整体，而是具有涌现性的非加和性整体。流程的这种涌现性是通过流程的结构、功能体现出来的。结构是流程整体出现功能性涌现的基础。结构是流程（整体系统）内各组成单元（工序/装置）之间相对稳定的、有一定规则的联系方式的总和。而流程内组成单元之间相互联系（作用）的方式是多种多样的，有化学的、物理的、空间的、时间的；还有持续的联系和瞬间的联系；确定性联系和不确定性联系等。广义地讲，流程（整体系统）内组成单元之间的一切关联方式的总和，叫作流程的结构。

在流程制造业的设计过程和运行过程中，人们熟知生产制造过程中的化学的、物理的关联（如物质转变、能量转换关系等）及其形成的功能结构，也比较注意空间结构的合理安排（如平面布置图等），而对流程整体动态运行过程的时间结构（如流程动态运行过程时间节律的描述、安排和调控等）研究、设计往往不够深入，甚至被忽视。实际上，在流程制造业的生产过程中，物质状态转变、物质性质调控和物质流运动都是在时间过程中动态地进行的（而时间之矢是不可逆的），因而时间结构对于开放的、非平衡的动态过程系统——制造流程——而言是十分重要的。

由此，可以推论，制造流程的结构还可以分为硬结构与软结构。流程内诸多组成单元（工序/装置等）的功能选择、空间排列、框架建构属于硬结构，一旦选定，很难改变；而时间参数、时间节律的相互协同、相互制约和运行路线，特别是信息关联，则属于软结构。

长期以来，从事流程制造业的人们往往重视硬结构设计、选择，而对软结构研究、优化不够重视，因而对动态运行过程中的软结构问题缺乏深入的理解。在实践中，硬结构的设计、调整、重建、改造不是经常发生的；而软结构的改变、调控、优化却都是经常发生的，其中各类信息的作用越来越重要，特别包括时间信息的动态调整、优化。在流程制造业的生产运行和管理、调控过程中，信息通过信息流、信息网络、信息程序等形式调控并优化物质流、能量流的软结构，从而影响流程内各组成单元的关联和功能。

研究流程的结构主要是要把握好流程的构成关系和运动关系，这些关联关系反映出大量的信息。流程内组成单元之间必然会有发生关联关系的静态框架（网络）和动态运行关系——运行程序。

流程作为整体系统必然有其与外部环境的联系，这种联系对于形成流程（整体系统）的规定性是重要的、必要的。外部环境的变换会或多或少地影响流程，改变流程与外部事物的联系方式，因此也往往会影响流程的功能、效率等[1]。

王众托指出："结构可以理解为系统内部各个组成要素之间在空间或时间方面的有机关联和相互作用顺序"[2]。因此，所谓结构，是指系统内各要素之间在一定环境和条件下所形成的有机联系和相互作用的方式及其组织形式。结构的内涵不只是系统内各要素之间静态的数量关系，更主要的是组成系统的各要素质量的先进性、组织的合理性、动态协调性及其内在的活力状况。

4.2.2 钢厂结构的内涵和结构调整的趋势

作为一种典型的企业结构，钢厂结构是指企业内部各要素之间合乎社会经济发展规律、技术进步规律、企业组织规律、市场竞争规律等方面相对稳定的内在联系和作用方式。形成企业结构的基本要素包括市场、资金、土地、工艺技术、产品大纲、经济规模、资源条件、能源条件、运输条件、劳动者素质以及环境状况等。企业结构与其各个要素之间是相互联系、相互作用的，结构对企业整体功能和素质起着决定性的作用，它可以使各要素有效地协同运行，形成整体的综合优势；但也可能由于结构不合理导致各项要素不能有效地协同运行，使企业难以形成整体优势。企业结构一旦形成，就会在一个时期内具有相对的稳定性和独立性。作为市场竞争的行为主体，企业自身的产品组成、工艺流程、装备水平和能力、合理经济规模、从业人员的群体素质和组织结构等就决定了企业的竞争力。同时，企业之间的市场竞争也在很大程度上推动着钢铁工业的产业结构变化，甚至产业状态的变化。因此，钢铁工业产业结构优化的基础在于钢厂结构的优化。产业结构与企业结构是相互关联的，但又是处在不同层次上的结构问题，不能完全用产业结构的某些指标（例如板管比等）来评价不同的企业。当今国际上新一轮钢厂结构优化的目标是一种以质的更新为前提的结构均衡，追求的是充分发挥钢铁制造流程的三个功能，追求其在循环经济中合理的角色，由此实现多目标（群）的整体优化。

从 20 世纪 80 年代以来的国际钢铁工业的发展趋势看，在不同的条件下，某些企业在结构优化的过程中也会伴随着规模、数量的跃升，以及产品结构和企业经营范围的变化。例如，有些企业从生产长材为主转向生产扁平材；有的企业会在结构调整过程中由臃肿庞杂的超大规模的"百货公司"式经营转向精干的有竞争力的适当规模化经营和多业态经营；有些大型联合企业的产品结构调整为专业化生产扁平材，放弃长材生产或是将长材工厂分离出去，独立经营等。而且，许多钢铁企业不仅重视低成本、高质量、高效率，而且重视自发电等能源转换功能和消纳、处理废钢、废塑料、废轮胎、城市污水等大宗废弃物。在日本，有的钢铁企业甚至发展到与发电企业一起建立超大规模的、面向社会的"共同火力"发电等。有的则停止钢铁生产规模的扩张，将资金投入到与钢厂产品链、能量链、知识链、资金链相关的产业中去。这是一类涉及钢厂结构调整的演变，其趋势如果进一步发展，将导致钢铁工业层面上的产业结构演变。

4.2.3　流程宏观运行动力学机制和运行规则

对钢厂生产流程中不同工序/装置运行方式的特点进行分析，可以看出不同工序/装置运行过程的本质和实际作业方式是有所不同的。例如，粉矿烧结的运行过程大体是连续的，但总是有一部分筛下矿是要返回的；高炉炼铁运行过程大体上是连续的，但铁水输送方式是间歇的；转炉（电弧炉）炼钢运行过程是间歇的，钢水输出过程也是间歇的；连铸过程是准连续的……如果进一步对整个钢厂生产流程的协同运行过程进行总体性的观察、研究，则可以看出不同工序/装置在流程整体协同运行过程中扮演着流程宏观运行动力学中的不同角色。从生产过程中物质流的时间运行过程来看，为了使时钟推进计划的顺利、协调、连续地执行，钢厂生产流程中不同工序和装备在运行过程中分别承担着推力源、缓冲器、拉力源等不同角色，见图4-2。

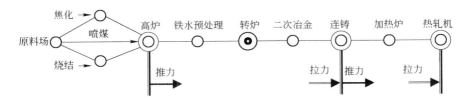

图4-2 钢厂生产流程运行动力学的主要支点及其示意图[3]

经过研究，不难得出这样的认识，为了使各工序/装置能够在流程整体运行过程中实现动态-有序-协调-准连续/连续运行，应该制订并执行以下的运行规则：

（1）间歇运行的工序/装置要适应、服从准连续/连续运行的工序/装置动态运行的需要。例如，炼钢炉、精炼炉要适应、服从连铸机多炉连浇所提出的钢水温度、化学成分，特别是时间节奏参数的要求等。

（2）准连续/连续运行的工序/装置要引导、规范间歇运行的工序/装置的运行行为。例如，高效-恒拉速的连铸机运行要对相关的铁水预处理、炼钢炉、精炼装置提出钢水流通量、钢水温度、钢水洁净度和时间过程的要求。

（3）低温连续运行的工序/装置服从高温连续运行的工序/装置。例如，烧结机、球团等生产过程在产量和质量等方面要服从高炉动态运行的要求。

（4）在串联-并联的流程结构中，要尽可能多地实现"层流式"运行，以避免不必要的"横向"干扰而导致"紊流式"运行。例如，炼钢厂内通过连铸机—二次精炼装置—炼钢炉之间形成相对固定的、不同产品的专线化生产等。

（5）上、下游工序/装置之间能力的匹配对应和紧凑布局是"层流式"运行的基础。例如，铸坯高温热装要求连铸机与加热炉—热轧机之间工序能力匹配并固定-协同运行等。

（6）制造流程整体运行一般应建立起推力源-缓冲器-拉力源的动态-有序、协同-连续/准连续运行的宏观运行动力学机制。

4.2.4 动态运行与流程结构优化的关系

把流程作为一个过程工程的整体系统来认识，既要求把一切对象（反应装置、工序、平面布置图等）作为一个整体系统来认识，更要求把系统整体的动态运行（活动）作为整体系统来规范，包括对流程动态运行制订他组织的规定、规范。力求最大限度地发挥流程的工程效应。这些工程效应包括整体性、涌现性、层次性、开放性、过程性、动态性等。

钢铁制造流程的动态运行是以良好的流程整体结构优化为基础的。长期以来，人们普遍只重视流程的静态结构和单体工序/装置的优化，而忽视了动态运行对流程整体优化的影响。实际上，动态运行和结构优化两者是互相影响、相辅相成的。从工程的角度上看，工程设计和工程运行是将工程系统相关的技术要素和非技术要素（土地、资金、资源、市场、劳力等基本要素）集成起来，通过动态运行实现工程整体所要求的各项目标。集成的内涵包括了对各要素的判断、权衡、选择、整合、互动、协同和演进（进化）等方面的含义。集成不是将各类要素简单地堆砌、机械地捆绑在一起，而是为了形成一个要素-结构-功能-效率优化的系统，使其实现动态-有序、协同-准连续/连续运行，使流程运行过程中的耗散"最小化"。

前文已经讨论过，与流程动态运行的概念有关，必须建立起"流"、"流程网络"和"运行程序"的概念。工程问题的基本事实是："一切皆流"、"一切皆动"、"一切皆变"。"流"是一种动态过程，是时间不对称亦即不可逆的演变/流动过程。在"流"的动态运行过程中包涵了多层次、多工序、多尺度、多因子性的动态集成特点。多层次意味着结构关联，多尺度涉及物质、能量以及它们的时空概念等几个方面，多工序、多因子性则随工程的类型、产业的特点而变；"流"的动态运行过程用"还原论"、"割裂"、"分解"等观念、方法不能完全有效地解决实际问题。

流程动态运行应包括铁素物质流动态运行、能量流动态运行以及与它们相应的信息流运行。在早期的钢厂运行实践中，往往以钢铁产品的生产为目标，忽视以碳素流为载体的能量流的高效转换和充分利用，这在现代钢铁制造流程的整体优化中是不合适的。铁素物质流和碳素能量流应该是相互影响、相互促进的，两者的动态有机结合往往构成了钢厂生产流程整体优化运行的特征。

同时，流程动态运行中，工序与工序之间的关系及其相互衔接的界面和控制技术不是孤立的、虚无的，它们也是流程整体的一部分。在一定程度上讲，工序之间的关系、工序之间的关联结构有时甚至比单体工序/装置更加重要。

要进一步优化钢铁生产流程，就应该十分注意研究和开发界面技术，解决生产过程中的动态"短板"问题，促进生产流程整体动态运行的稳定、协调和高效化、连续化。

第二次世界大战前的钢铁企业，由于炼铁、炼钢、铸锭、初轧（开坯）、热轧等主体工序基本上是各自依据自身的节奏分别运行，上、下游工序之间往往处于相互等待的状态，而工序间的动态关系与参数匹配很少受到关注，因此工序之间的关系较为简单、僵化，主要是输入、等待、储存、转换/转变、再输出的简单连结。例如，在高炉出铁—混铁炉—平炉—模铸

—初轧/开坯—热轧过程中，其中，经过多次升温、降温、再升温，反复进库又出库，反复吊运输送等工艺步骤，呈现出工序之间相互等待、停顿，随机组合，导致了生产过程时间长，能量消耗高，生产效率低，而且产品质量不稳定，钢厂占地面积大，经济效益差，环境负荷大等问题。

第二次世界大战以后，钢铁生产流程中出现了氧气转炉、连续铸钢、大型宽带连轧机、大容积高炉、大型超高功率电炉等一系列对钢厂生产流程关联度大的共性-关键技术，这些共性-关键技术对钢厂生产流程的结构和流程运行动力学产生了巨大的影响。例如，氧气转炉、连续铸钢、宽带连轧机等，实现了以连铸为中心的动态运行和高温热连接，使生产节奏加快，连续化程度提高；大容积高炉使得流程网络中的"节点"数减少，使物质流、能量流的流通量加大等。在此基础上，这些共性-关键技术的发展和在生产流程中集成-组合应用，引起了各工序功能集合的演变，进而要求对整个生产流程中各工序/装置的功能集合进行重新分配或分担，并使钢厂生产流程中工序之间的关系集合发生变化。工序/装置功能集合的解析-优化和工序/装置之间关系集合的协调-优化，为钢厂生产流程中各工序/装置的重新有序化和高效化提供了技术平台性的支持，并推动流程中工序集合的重构-优化。在这些工序功能集合、工序关系集合的演进和优化的过程中，引起了钢铁生产流程中一系列界面技术的演变和优化，甚至出现了不少新的界面技术，并在不同生产区段中形成了新的有效组合。这一系列界面技术的出现和有效组合直接影响到钢铁生产流程的结构，包括工艺技术结构、装备结构、平面（空间）布置结构、企业产品结构等重大变革和演进。

界面技术是在单元工序功能优化、作业程序优化和流程网络优化等流程设计理论创新的基础上开发出来的工序之间关系的协同-优化技术，包括了相邻工序之间的关系协同-优化或是多工序之间关系的协同-优化。

在现代钢厂中，由于工序间界面技术的不断演变和进步，如炼铁—炼钢界面、炼钢—二次冶金—连铸界面、连铸—加热炉—热轧界面、热轧—冷轧界面，特别是薄板坯连铸—连轧工艺流程的发展，使钢厂的总平面布置呈现出不少新的特点。高炉—转炉之间的平面布置，总的趋势是要求高炉—转炉的距离尽可能短，铁水输送时间尽可能快，铁水罐数量尽可能少，而且空罐返回—周转速度尽可能快。与此相关，混铁炉已经属于被淘汰之列，鱼雷罐车也应受到质疑。由于全连铸生产体制在全球的确立，全连铸炼钢厂和热轧厂之间紧凑化、连续化程度提高。因此，从铁水预处理直到热轧机之间的长程的高温热连结工艺得到不同程度、不同类型的开发，引起了平面布置（空间布置）上的变化，即：

（1）炼钢厂与热轧厂之间的距离缩短，甚至发展到主要以辊道保持相互连接。

（2）炼钢厂内连铸机与热轧机之间生产能力相互匹配，甚至正在形成一一对应或是整数对应的格局，而不能有备用的连铸机。

（3）连铸机与加热炉之间不仅是距离缩短，而且输送方式逐步演变成为辊道输送（或辅以天车转运）为主；而铁路输送方式逐步被淘汰。

建立界面技术的目的是为了促进流程系统动态-有序、连续-紧凑地运行，界面技术的形式大体可以分为：物流运行的时/空界面技术、物性转换的界面技术和能量/温度转换的界面技术等。

界面技术就是要将制造流程中所涉及的物理相态因子、化学组分因子、温度-能量因子、几何-尺寸因子、表面性状因子、空间-位置因子和时间-时序因子以动态-有序和连续-紧凑方式集成起来，实现多目标优化（包括生产效率高、物质和能量损耗"最小化"、产品质量稳定、产品性能优化和环境友好等）。

考虑到钢铁制造流程中的铁素物质流和碳素能量流的动态运行，在单体工序优化的基础上，注重用界面技术来协调工序之间的关系。由此出现了流程动态运行与流程结构之间的相互依存关系。

4.3　流程的自组织与信息化他组织

4.3.1　系统的自组织与他组织

从逻辑上看，组织一词是"属"的概念，自组织、他组织是"属"下面的"种"的概念。流程系统作为工程实体，是诸多单元工序/装置组织起来的群体。即有组织的群体。其组织力来自系统内部的是自组织，组织力来自系统外部的是他组织。哈肯的表述是："如果系统在获得空间的、时间的或功能的结构过程中，没有外界的特定干预，我们便说系统是自组织的"[4]。类似的，如果系统是在外界的特定干预下获得空间的、时间的或功能的结构的，我们便说是他组织的。"外界的特定干预"就是他组织作用。他组织过程是自上而下进行的，具有某种强制性、自觉性是人工他组织的特点。

开放的、不可逆的、远离平衡的复杂流程系统，具有内在的自组织性，其作用机制源自系统具有多因子性"涨落"（例如温度、时间等）和单元性"涨落"（例如不同的工序/装置的运行等）。由于不同单元具有异质性，通过单元之间的非线性相互作用和动态耦合，或者系统与单元之间的非线性相互作用，出现涌现效应获得自组织性。开放、涨落、非线性相互作用、反馈、涌现等机制是系统获得自组织性的诸多机制。自下而上式、自发性、涌现性是自组织的必备的和重要的特征。

对系统产生自组织性而言，开放且远离平衡是形成"动态-有序"结构的前提，集中地体现在从外部环境输入足够的"负熵"（例如输入能源/物质及信息），使系统运行过程保持有序状态。由于流程系统的组成单元具有异质性，开放系统中的异质性单元都各具适度的、合理的"涨落"程度，并通过同一层次异质单元之间的竞争-合作关系，产生不同类型的非线性相互作用和动态耦合关系。系统与单元之间也具有非线性相互作用关系，体现为开放的流程系统对不同异质单元的选择性和不同异质单元对开放系统的适应性。

在流程系统中，同一层次单元之间的非线性相互作用和动态耦合，或者系统-单元之间非线性相互作用（选择-适应），是开放系统有序化的协同机制，而这种协同机制的源头则来自单元性"涨落"和多因子性"涨落"。然而，也应该注意到"涨落"具有两重性，即建设性和破坏性并存。合理的、适度的"涨落"诱发向新的动态-有序结构演化；反之，过度的、不合理的"涨落"也会使原来动态-有序结构的稳定性减弱，甚至失效。研究单元工序/装置的合理、适度"涨落"，在于促进流程运行过程耗散结构优化。没有"涨落"，就没有系统的非线性相互作用的关联效应放大和序参量的形成，也就没有向新的有序结构进化的可能。

4.3.2　钢铁制造流程中的自组织现象

钢铁企业的制造流程，是一类开放的、远离平衡的、不可逆的复杂过程系统，其自组织性（动态-有序、协同-连续运行）源自性质不同过程的集成。

这类复杂过程系统具有诸多功能不同的组成单元、复杂的结构和复杂的运行行为。它的动态运行过程具有多层次性（原子和分子、场域及装置、区段过程、整体流程）、多尺度性、有序性和混沌性（功能、时间、空间等方面）、连结-匹配（静态）、缓冲-协调（动态）等方面的含义。这类复杂过程系统追求具有动态有序的结构并追求以协同-连续（准连续）-紧凑方式运行，以期实现流程运行中耗散过程的优化。

在钢铁制造流程这类开放的复杂系统中，通过调控各工序/装置的适度和合理的"涨落"——非线性作用/动态耦合——实现自组织化有序运行等步骤，获得所谓的"弹性链/半弹性链"谐振效应[3]（图4-3）。这种"弹性链/半弹性链"谐振效应实际上就是远离平衡的开放系统在他组织手段控制下自组织程度优化的体现。

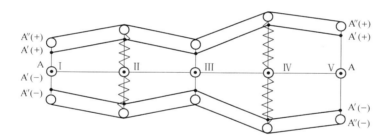

图4-3 电炉流程运行的"弹性链/半弹性链"
稳定谐振状态及其不同类型[4]

A-A—设定的一般状态；A'(+) – A'(–)—正常柔性调控范围；
A"(+) – A"(–)—极限柔性调控范围

4.3.3 流程集成过程中的自组织与他组织

流程设计及其动态运行是为了构建一个人工实在体系的事前谋划和实施过程。流程工程设计过程是通过选择、整合、互动、协同、进化等集成过程，来体现工程系统的整体性、开放性、层次性、过程性、动态-有序性等为特征的自组织特性，又通过与基本经济要素（资源、资金、劳动力、土地、市场、环境等）、社会文明要素、生态要素等要素的结合，设计、构筑起合理的结构，进而体现出工程系统的功能和效率来。从这个意义上讲，流程工程设计和动态运行就蕴含着他组织的意义。也就是要把相关的要素，在其相互之间具有自组织性的基础上，设计出一个具有他组织特性的系统（例如设计流程网络、设计功能结构、时-空结构等），并且进一步设计出在其实际动态运行中进行他组织控制的程序（和边界）以及有关的管理方法，即设计出不同单元（要素）、不同层次的运行程序，以进一步提高流程系统在其运行过程中的组织化程度。这种组织化程度是工程系统自组织性的外在体现，它有别于自组织性，组织化程度是在他组织手段控制、管理下，流程系统自组织性动态有序化、协同连续化所表征的具体外在表达。

4.3.4 信息/信息化对自组织和他组织的作用

信息是从物质、能量、时间、空间、生命等基本事实中蕴含和反映出来的表征因素。信息具有如下特征[5]：

（1）信息具有表征性。信息的作用或意义在于能够表征事物或对象的组分、结构、环境、状态、行为、功能、属性、未来走向……凡信息必定属于某一确定的事物，被表征的事物或对象称为信源。

（2）信息具有与信源的可分离性。所谓信息指的是能够表征事物、具有可信性而又从被表征的事物中分离出来栖息于载体上的东西。信息与信源的这种可分离性具有极为重要的意义。人们可以不直接接触某事物而获取它的信息，可以不改变对象自身而对它的信息进行采集、变换、加工、存取、利用，可以进行跨时空传送。

（3）信息具有非物质性。世界是物质与非物质的对立统一。信息就属于非物质，世界是物质与信息的对立统一，非物质的信息作为物质的一种属性而存在于物质之中。

（4）信息对物质的依赖性。作为非物质的信息不能离开物质而单独存在……一切信息作业，包括采集、固定、传送、加工处理、存储、提取、控制、利用、消除等，都是针对携带信息的物质载体施行的，都要消耗能量。

（5）信息具有不守恒性。物质的根本特征是不生不灭，能量的根本特征是守恒，都不具有可共享性，而信息具有可生灭性，同一信息可以任意复制，为人们共享；信息也可以在获取、加工、发送、接受、译码等过程中损失甚至湮灭。

认识流程动态运行过程无疑是一种信息活动，认识过程包含通信过程，从通信考虑认识动态运行过程中的各项活动过程，可以引出对活动过程机制的许多新理解，但把认识活动过程归结为一种通讯系统是片面的。认识过程是一个完整的信息作业过程，包括信息获取、收集、表示、传递、加工处理、储存、提取、控制和消除等各个环节，其核心环节是信息的获取、表示、加工处理，而非通信。所谓认识流程动态运行过程的规律，核心是认识流程运行过程中的信息表示、加工处理的规律。这必须建立在理解流程动态运行的物理本质并构建起植根于流程运行要素及其优化的运行网络、运行程序和物理模型的基础上，即所谓制造技术—制造流程转型演化（高度有序化）的基础上。

信息流的自组织/他组织与系统内物质流、能量流的行为和过程密切相关，物质流的自组织性、能量流的自组织性是信息流自组织化/他组织化的基础。反之，向系统输入与其物质流、能量流有关的信息，促进其有序化，就是向系统输入"负熵"。其相互作用关系大体如下：

（1）在物质流具有自组织性的基础上，通过人为输入信息流作为他组织调控手段,可以提高和改善物质流的自组织程度,提高物质流的有序化运行效率,并使物质流动态运行过程中的(物质、能量)损耗最小化;

(2)在物质流与能量流具有自组织性的基础上(具体体现为物质流网络和与之相应的能量流网络),使得物质流/能量流协同优化,进一步通过人为信息流输入的他组织调控作用,优化组成单元的合理涨落范围和相互非线性作用、动态耦合关系,可以提高能量流的转换效率和二次能源的回收/利用程度,并使物质/能量流各自运行过程的能量耗散最小化。

信息是非物质性的且不具有守恒特征。在传输传递过程中可以被复制而增大,也可能因阻断而损失。这是信息和物质、能量的差别。信息流网络、信息流的调控程序就是在开放系统中物质流、物质/能量流和能量流的动态-有序运行过程中,为了实现开放系统(流程系统)耗散最小化而建立起来的他组织系统。

信息自组织化与他组织功能的获得,就是通过对物质流、能量流动态运行过程中信息特征参数的获得、处理、反馈,构成他组织指令(措施),驱使、强迫"流"在运行过程中物质、能量、时间、空间等方面的参数,在合理、适度的"涨落"和非线性相互作用/动态耦合的过程中,提高开放系统的有序化组织程度。流程系统及其组成单元功能的、空间的、时间的有序化程度的提高,使开放系统实现稳定的动态耦合,进而实现稳态过程的耗散"最小"。

4.4 物质流动态运行与时空管理

4.4.1 时间动态调控与动态运行 Gantt 图

Gantt 图起源于项目时间管理(time management of items),

又称进度管理（schedule management），是指项目实施过程中，对各阶段的进展程度和项目最终完成的期限所进行的管理。在 20 世纪上半叶，项目进度安排的主要工具是 Gantt 图（又称横道图）。Gantt 图的编制方法是将各类项目活动时间在横坐标上列出，不同项目活动则在纵坐标上列出。图中的横道线表示某项活动从开始到结束所占用的时间域，同时标明开始时间或结束时间的时间点。图中还显示了不同项目活动的时间关系，供不同项目活动（在时间坐标上的）协调安排，解决工程建设（或生产）过程中时间冲突、时间先后（时间序）、时间周期（节奏）等方面的优化问题。简单 Gantt 图的示意图如图 4-4 所示[6]。

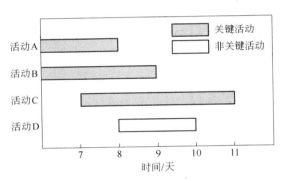

图 4-4　Gantt 图示意图

　　流程制造业（化工、冶金、建材等）的生产流程动态运行的物理本质属于连续系统，而非离散系统。连续系统是指系统中的状态变量随时间连续地变化；流程制造业（流程工业）希望实现生产制造过程尽可能长时期的连续化运行。为此必须设计好流程系统的运行过程动力学（system dynamics，SD）及其运行规则，因此，需要将流程系统中不同工序/装置的运行过程恰当地安排在时间轴上，进行时间序上的集成优化，并通过匹配-协同等措施，使之尽可能地长期连续化。

利用动态运行 Gantt 图的方法将有助于流程系统的动态-有序、协同-连续地运行，并实现多目标优化。

动态 Gantt 图是一种多层次、多工序、多因子的动态集成运行图，并且各工序/装置的运行过程都将涉及物质-能量-时间-空间-信息等要素的全方位综合优化。特别是力求通过人为的信息化他组织手段改进流程系统有序化运行的程度。动态运行 Gantt 图体现了流程系统宏观尺度上的运行过程动力学，其中也包括了不同事物运行的途径、机理、限制性环节和速度。

如何解读钢铁制造流程中的动态运行 Gantt 图？

动态运行 Gantt 图体现着单元操作-工序/装置-生产流程之间跨层次事物之间的相互选择/适应关系，以及某些集成优化现象的"涌现"。动态运行 Gantt 图对同一层次的事物则突出地体现在多工序、多因子以时间为耦合轴的动态-有序、协同-连续集成运行过程。

对钢厂全流程或是二级厂（车间）的生产流程而言，就是要通过编制动态可控的动态运行 Gantt 图，将相关的、功能不同的、不完全同步的工序/装置的动态运行过程相互协同起来。实现全流程运行的协同化、连续化、稳定化[7]。

具体而言：

（1）动态运行 Gantt 图在控制工序/装置的工艺过程及其操作要领上，体现为：

1）化学成分、温度、物流量输入/输出的合理选择和优化控制；

2）工艺过程中时间因子的合理安排和时钟推进计划的设定和协调；

3）上、下游工序/装置之间物质-能量输入/输出的矢量性规定。

（2）动态 Gantt 图指导和协调生产流程动态运行的调度、

控制、规则与指令，体现为：

1）间歇运行的工序/装置的运行要适应并服从连续运行工序的运行规则（例如以连铸为中心的运行原则）；

2）多工序/装置"层流式"运行的策略，应减少横向干扰，使物流动态匹配、协同（例如不同产品的专线化高效率生产等）；

3）连续运行的工序/装置的运行规则对相关间歇运行的工序/装置提出优化选择和规范的要求（例如间歇工序/装置的时间点、时间位、时间域以及某些功能性的要求等）。

（3）动态 Gantt 图指导平面图、物质流/能量流网络的设计优化或技术改造的方向，体现为：

1）物流路径设计以简捷化、紧凑化、稳定化为原则；

2）物流动态运行要求有序化、协同化、稳定化安排；

3）物质流网络与能量流网络之间实现相互关联并优化；

4）物质流网络-能量流网络-信息流网络之间相互关联并合理化。

4.4.2 洁净钢概念与高效率、低成本洁净钢生产平台

钢厂生产流程的基本目标是高效率、低成本地生产洁净的钢铁产品，为用户服务。

"洁净钢"应理解为：当钢中的非金属夹杂物或其他有害杂质直接或间接地影响产品的加工性能或使用性能时，该钢就不是"洁净钢"；而如果钢中的非金属夹杂物和有害杂质的数量、尺寸或分布对产品的加工性能、使用性能都没有不良影响，则这种钢就可以被认为是"洁净钢"[8]。"洁净钢"是以适应用户的加工、使用过程的要求为目标，是一种材料工程的概念。不同产品在其不同的加工过程和使用过程中，所要求的质量、性能以及与之相应的洁净度是不同的。对于用户方而

言，不同商品钢材（包括高端产品与大宗商用产品在内）都分别地有相应的洁净度要求，包括经济洁净度要求，都会有与之相关的"洁净钢"的含义。因此，不同类型、不同用途"洁净钢"的洁净度是不同的、甚至是分层次的。

高效率、低成本洁净钢生产"平台"是基于"洁净钢"概念的工业化、大批量、稳定、及时供货的概念，不同于实验室对"纯净钢"研究的含义，也不能局限在产品研发、试制的水平上。高效率、低成本洁净钢平台既重视"结果"——产品的质量、性能与功能，更重视生产过程的动态运行过程中的效率和成本。为了使"结果"与"过程"联系起来综合优化，需要重视构建起能批量、稳定、及时供货且有成本竞争力的作业线——这将导致产品的专线化生产；专线化生产并不意味着某条作业只生产一种产品，而是可以兼容地、高效率地、低成本地生产某些相关产品，专线化不意味着产品单一化。当然，作为一个钢厂，也可以有几条相互不干扰、可以兼容生产的专门化生产线。

高效率、低成本洁净钢生产平台集成技术是一种涉及要素-结构-功能-效率优化的普适性共性技术群，不仅适用于 IF 钢、硅钢、管线钢等所谓高端产品，而且对建筑用棒/线材等大宗产品也具有实用价值。高效率、低成本洁净钢生产平台将涉及产品的经济洁净度、产品的批量稳定性、生产过程动态集成优化——时、空概念与信息调控，特别是生产过程的效率和成本等工业生产中的基本问题[9]。

高效率、低成本洁净钢平台集成技术不仅重视批量供货的产品质量、性能，而且强调企业的效率优化、成本优化，着眼于企业的综合竞争力。这不仅涉及现有钢厂的生产经营，而且也将引导新建钢厂和已有钢厂技术改造中的设计优化。当然，还将涉及冶金工程科技研究的领域——过程工程及其动态运行优化，同时，也将引导动态-精准设计的理论、方法的创新，推动新一代钢厂的设计、建设和运行。高效率、低成本洁净钢制造集成技术实际上是冶金过程工程与材料工程的结合点。因此，可以说是一种集成性的战略性技术体系。

由于不同用途钢材所经过的加工过程或使用状况不同，相应的经济洁净度不同、成本/价格要求不同，批量规模也不同，因此，生产不同类型商品钢材的洁净钢平台也会有不同的模式。例如，主要类型有：

（1）薄板型的洁净钢制造平台；

（2）中厚板型的洁净钢制造平台；

（3）普钢长材型的洁净钢制造平台；

（4）合金钢长材型的洁净钢制造平台；

（5）无缝钢管型的洁净钢制造平台；

（6）不锈钢平材型的洁净钢制造平台等。

构建不同类型的洁净钢制造平台，既要遵循共同的概念和理论，又必须体现不同类型产品生产过程的特点和产品要求。

洁净钢制造平台是诸多技术模块的优化以及相互协同-集成的动态运行系统，这种动态运行系统构造过程将涉及工程设计、生产运行以及相应的管理体制。从过程工艺技术的优化与集成的视角上看，洁净钢制造平台的内涵应该包括一系列基础性支撑技术和动态-有序的物流运行集成技术，即：

（1）解析-优化的铁水预处理技术（和/或废钢/各类固体金属料的分类、加工技术）；

（2）高效-长寿的转炉（电炉）冶炼技术；

（3）快速-协同的二次冶金技术；

（4）高效-恒速的连铸技术；

（5）优化-简捷的"流程网络"技术；

（6）动态-有序的物流运行技术。

可以认为，上述 6 项技术中前 4 项技术属于基础支撑型技术，而优化-简捷的流程网络技术（例如合理的平面布置图等）和动态-有序的物流运行技术则是集成技术。

4.4.3 高效率、低成本洁净钢生产平台与动态运行 Gantt 图

在洁净钢生产平台的动态运行过程中，动态运行 Gantt 图体现着制造流程中物质流的自生长与其诸多构成单元工序/装置运行过程中物质流的自复制之间的选择与适应关系。其中：较低层次的各工序中物质流自复制过程，从表面上看，它们之间的时间过程是不同步的，当然转化速率也是不同的，因此，不仅要调整好各工序动态运行过程中的物质流自复制时间过程的协同关系，而且必须解决好工序之间的时间/温度/流通量等基本参数的衔接、缓冲、协同关系，其中包括了工序之间的输送方式、输送速度和时间/空间关系（平面图等）。这样才能将诸多工序动态运行过程中物质流的自复制过程集成为制造流程中宏观运行物质流的连续自生长过程，而且要在服从流程宏观运行物质流连续自生长的前提下，反过来指导各工序动态运行过程中物质流的自复制过程的优化。

在低成本、高效率洁净钢生产平台体系中，特别是在炼钢厂内，从输入的高温铁水到输出的高温铸坯，实际上就是高温液态的铁素物质流的动态运行过程，其目标是希望动态-有序、协同-连续地实现尽可能多的多炉连浇，即稳定的、高效率的连续自生长的形式。然而，铁水预处理工序、炼钢工序、二次冶金工序等装置的运行特点恰都是周而复始的、间歇的自复制形式；为了满足液态的铁素物质流的连续自生长程序，要对各工序/装置动态运行物质流的自复制程序作出选择（或导向），而各工序装置物质流的自复制程序则也应该适应多炉连浇——流的自生长的需求。这样就会形成间歇运行服从连

续运行的规则（原则）和连续运行指引间歇运行的"层流式"运行规则。

炼钢厂动态运行 Gantt 图的具体编制步骤为：

（1）以恒拉速（高拉速）为出发点和主要目标，编制连铸机多炉连浇的时间程序表，给出时间域、时间点、时间节奏和"流通量"；

（2）试编制"间歇"工序/装置各自的时间域、时间点、时间位、时间节奏和"流通量"；

（3）研究分析各工序/装置之间输送、等待、缓冲时间和温度的变化范围，并使各工序/装置之间能形成一定的弹性匹配——非线性动态耦合（非线性相互作用）；

（4）进一步研究连铸多炉连浇（即上位的宏观运行的铁素物质流）与间歇运行的工序/装置（即下位的局部铁素物质流）之间的优化、匹配、缓冲、协同关系，促进尽可能长时间地稳定连浇，并实现炼钢厂生产流程的动态-有序、协同-连续运行；

（5）优化物流路径，争取物流输送路径"最小化"、"层流式"和"稳定化"运行。

炼钢厂动态运行 Gantt 图的编制与实施，将促进加快各工序的生产节奏，促进炼钢厂生产的准连续化；缩短辅助时间、等待时间、间断时间；有利于降低出钢温度、提高铸机拉速等。设计、编制、推行炼钢厂动态运行 Gantt 图是推行高效率、低成本洁净钢生产平台的有效措施。

在研究新一代钢铁制造流程的过程中，应用动态运行 Gantt 图的方法还可以动态-精准地研究其产能大小，例如图 4-5 为 $BOF_{De-Si/P}$-BOF_{De-C}-CAS-CC 流程动态运行的 Gantt 图。

同理可以设计、安排好 $BOF_{De-Si/P}$-BOF_{De-C}-RH-CC 流程动态运行的 Gantt 图等。

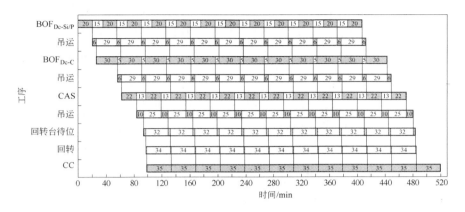

图 4-5 某大型钢厂转炉至连铸动态 Gantt 图

4.4.4 钢厂生产过程物质流的"层流式"或"紊流式"运行

钢铁企业的各个生产工序及单元装置按照一定的"程序"连结在一起，构成钢厂的总图，并体现为一定的流程网络。工序及单元装置之间的连结方式不同，流程网络结构也有所不同。生产工序或生产单元装置之间的连结方式主要有两种，即串联连结方式和串-并联连结方式。

4.4.4.1 串联连结方式——"层流式"运行

串联连结方式是指一个生产工序（或生产单元）的输出流是下一个生产工序（或生产单元）的输入流，而且对每一个生产工序或单元装置而言，物质流只是顺流向通过一次，这是一种"层流式"运行方式。所谓"四个一"的短流程钢厂即是典型的运行实例，如图 4-6 所示。

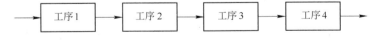

图 4-6 电炉短流程的串联连结示意图

工序 1——一台电炉；工序 2——一台精炼炉；工序 3——一台连铸机；

工序 4——一套棒材连轧机

4.4.4.2 串联-并联连结方式与"层流式"、"紊流式"运行

在钢铁联合企业的流程网络中，并联方式经常与串联方式结合使用。其中串联方式常常是工艺过程的主干，并联方式往往是单元装置层级上的复制、加强方式。如高炉-转炉长流程钢铁企业采用两台烧结机并联运行、两座高炉并联运行，而烧结—高炉之间串联-并联运行的例子如图4-7所示。

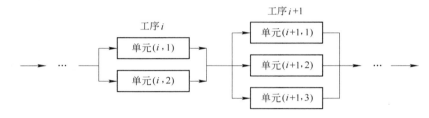

图4-7 钢铁联合企业内烧结机-高炉之间的串-并联连结示意图

工序 i—烧结机1，烧结机2；工序 $i+1$—高炉1，高炉2，高炉3

一般情况下，钢铁联合企业生产流程的网络结构在上、下游工序之间表现为串联连结，而在同一工序内部的各单元装置之间表现为并联连结。钢铁企业生产流程的网络结构是构建钢铁制造流程匹配-协同的"流"的静态框架，"流"的匹配-协同应体现出上、下游工序之间的协调运行以及多工序之间运行的协同性、稳定性。若仔细观察串联-并联连结方式的各相邻工序、各生产单元装置之间可能出现的各种物质流匹配关系，则整个钢铁生产流程的物质流运行方式可类比为"紊流式"、"层流-紊流式"或"层流式"等不同的运行模式，不同运行方式可抽象为如图4-8～图4-10所示的形式。

在"紊流式"运行的网络模式中，相邻工序及各生产单元之间物质流向是随机连接的，输入、输出的物质流都是波动的，物质流运行的随机性很强；在"层流-紊流式"运行的网络模式中，相邻工序及单元装置之间的部分物质流流向由于生产波动而交叉连接，生产单元装置之间输入、输出的物质流是

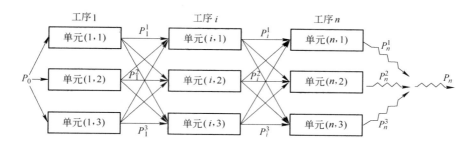

图 4-8 钢铁制造流程随机不稳定匹配-对应的"紊流式"运行网络模式

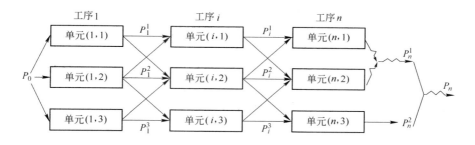

图 4-9 钢铁制造流程"层流-紊流式"运行网络模式

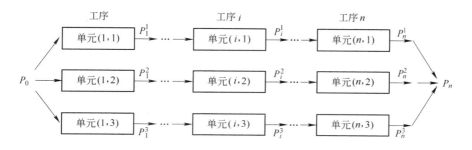

图 4-10 钢铁制造流程动态-有序、匹配-对应的
"层流式"运行网络模式

相对稳定的,但物质流运行的可控制程度比较难;在"层流式"运行的网络模式中,相邻工序及各生产单元之间具有对应的物质流匹配连接关系,各生产单元装置输入、输出物质流

的流向和流通量都是比较稳定的和可控的，是比较"理想"的物质流运行模式，体现了物质流动态-有序、协同-连续运行。在大多数情况下，钢铁制造流程在其设计和运行过程中，应尽可能建立起"层流式"协同运行的概念，避免"紊流式"随机连接运行。在外界条件如市场、供应链发生变化时，也可能暂时或局部形成"层流-紊流式"运行模式，但应尽量减弱其影响范围。这是实现高效率、低成本、高质量运行的现代设计观念，也是有效地解决钢铁制造流程中非稳定性现象的重要措施之一。

当工序间的平面布置和物流输送方式一定时，宏观运行物流的运输能耗主要取决于物质流在工序间运行的时间过程和时间节奏，而这与流程网络中工序间的连结方式密切相关。在简单串联连结方式下，工序之间的对应匹配关系明确，物质流运行的运输时间、等待时间都较短，生产效率和运输功消耗易于优化。在串-并联连结方式下，如果工序之间形成——对应的匹配关系，则和串联连结方式相比，物质流运行的运输时间、等待时间相差不大，生产效率仍然高而且运输功耗增加不多；如果工序之间的物质流/物流采用多对多的"紊流式"随机匹配关系，和串联连结方式相比，由于物质流运行之间的相互干扰，运输时间特别是等待时间将大幅增加，生产效率因之降低，而运输能耗也随之增加。

4.5 钢铁制造流程中的能量流功能、行为与能量流网络

钢铁制造流程动态运行的物理本质可以简述为：物质流（主要是铁素流）在能量流（主要是碳素流）的驱动和作用下，按照设定的"运行程序"，沿着特定的"流程网络"作动态-有序运行，是实现铁素物质流和碳素能量流在全流程范围

内流动并转变/转换的过程。

4.5.1 对钢铁制造流程物理本质和运行规律的再认识

钢铁制造流程作为一类开放系统，而且是远离平衡状态下的开放系统，其动态运行的要素是"流"、"运行程序"和"流程网络"，其目标是铁素物质流和碳素能量流通过网络化整合与程序化协同，从相对"混沌"地运行进化逐步地走向动态有序地运行，特别通过相关信息流的他组织作用对其进行调控，使之达到更高程度的动态-有序化运行，进而实现多目标优化。因此，应该系统研究"流"、"运行程序"和"流程网络"的优化问题。钢铁界长期以来的研究工作主要侧重钢铁产品制造功能，即偏重于对铁素物质流运行规律的研究，而把能量作为物态转变、物性控制的外部条件；即使研究能耗问题，也往往只是局限在一个反应、一个相变/形变过程中的能耗或是一个工序、一个装置中的能量行为和能耗，忽视对能量流行为、能量流网络的整体性和系统性研究。实际上，在钢厂生产过程中，能量也存在"流"、"运行程序"和"流程网络"问题，对此，有待深入开展研究工作。

在重视铁素物质流动态-有序、协同-连续运行的同时，应该进一步追求在铁素物质流动态-有序运行过程中，能量流的高效转换、利用和及时、有效回收等方面的优化问题；特别是在能量流的高效、有序化运行和网络化及时回收利用过程中，有可能引发钢铁制造流程整体技术的再提升和钢厂功能的拓展。

基于以上认识，可以对新建钢厂的总图布置、主要工艺路线的确定、关键工序/装备新技术的采用及能源系统的控制等提出指导性原则，也可结合大量现有钢厂的实际运行状况，发现制约钢厂三个功能充分发挥的关键环节，提出已有钢厂持续改进的措施和步骤。

4.5.2 过程能量流研究方法与特点

对于钢厂制造流程过程中能量流行为的研究，必须从静态的、孤立的物料平衡-热平衡计算的方法中走出来，建立起输入-输出，且有"涨落"的动态性模型。因此，和研究铁素物质流一样，对能量流的研究也必须建立"流"、"运行程序"、"流程网络"的概念，并以此来研究开放的、远离平衡的、不可逆过程中能量流的输入/输出过程以及其中的转换机制；也就是要从静态的、孤立的某些点位上的质-能衡算走向能量流在流程网络中的动态运行的全过程研究。[10]

研究"流"的输入-输出特点，必然要涉及节点和连结器（线/弧）以及它们所组成的空间图形（流程网络），也必将涉及"流"的动态运行的"程序"，特别是时间程序。建立能量流输入-输出的概念，不仅将涉及能源的量，而且还涉及能阶、时间-空间等因素，涉及能量流的运行程序，这样才有利于构建起优化的、包括二次能源在内的能量流网络，也有利于进一步提高能源利用效率。

4.5.2.1 钢厂能量流输入-输出特点及"涨落"现象

钢厂中的能量流在经过不同的工序节点时有不同的载体形式，其输入-输出的状态有多种不同的表现形式，能量的种类（燃料种类、煤气、蒸汽、自发电的回用、物质流显热等）、品质（煤气种类及热值、蒸汽温度及压力、物质流温度等）、数量等特征参数会随着在钢厂生产流程中时-空域的不同而存在差异性。此外，能量流在不同"节点"的状态参数还不可避免地存在着动态"涨落"现象，因此，很难用静态的、相互割裂的方法去准确描述这种动态变化的特征和规律，必须用结构合理、兼容性好、容错能力强的网络化技术，来构建起能量流网络，最大限度地发挥各种能源介质（一次能源、二次能源等）的综合潜力，实现整个系统的高效率利用和低成本运行。在构建能量流网络时，需结合不同品质的煤气、蒸汽、物质的潜热、显热等能源介质特点和所产生的地点及时间，制定出不同的相互作用耦合机制和恰当的回收使用方案。

4.5.2.2 单元工序静态质-能衡算方法的局限性

从上述分析可以看出，当把一个完整的动态运行的钢铁生产流程作为研究对象时，仅仅对所有单元工序/装置分别做出各自物料平衡-热平衡计算（质-能衡算），很难对全流程整体的能源利用率和效益做出准确评价。姑且不论所研究的钢铁生产流程在结构、配置、工艺布局上是否存在设计缺陷，当对各工序做静态质-能衡算时，往往只能以"割裂"的方式得出各个局部工序运行过程能耗的计算结果。在这个计算结果中，对每个单元工序（或装置）所产生的二次能源的利用效果或利用率的数据是缺失的，当这些二次能源连接到不同的能源使用用户时，其能量转换效率会出现差异。以转炉煤气为例，当用作燃气热源时，其使用效果可简单用热效率计算（还须结合不同加热炉燃烧技术和烧嘴特点）；当作为无灰分燃料用来生产优质石灰时，除了能保证获得一定的热效率外，还会带来附加的优势（所生产的石灰含硫低，可以提高后续的铁水或钢水脱硫过程的效率，减少石灰消耗及铁水温降）。而当全厂的煤气/蒸汽管网系统设计存在缺陷或处于非正常生产状况时，煤气/蒸汽的放散将不可避免，这种能量的损失也是单元工序质-能衡算结果中所不能反映出来的。

可见，对钢厂生产过程中能量流的研究，应该用开放系统能量流输入-输出的动态模型，而动态模型的开发，必须在建立起"流"、"运行程序"和"流程网络"等概念后才能顺利建模。

4.5.3　钢厂中的"能量流"与"能量流网络"

4.5.3.1　钢铁制造流程动态运行过程中能量流的行为

从钢铁制造流程的现代设计、动态运行和信息化调控的角度分析，必须建立起"流"的动态运行概念，并使"流"的行为进行动态-有序、协同-连续地规范运行，这就必然会涉及"流"的空间途径（例如平面图、立面图等）即"流程网络"和时间过程（例如动态作业表等），主要体现为"运行程序"。"流"和"运行程序"、"流程网络"的优化组合、协同集成，就可以实现流程运行过程中物质、能量"耗散"的最小化。

（1）物质流、能量流、信息流在钢铁制造流程中的角色。钢铁制造流程中，"流"有三种载体来体现：以不同物质形态为载体的物质流，以不同能量形式为载体的能量流和不同信息类型为载体的信息流。

物质流是制造过程中被加工的主体，是主要物质产品的加工实现过程；能量流是制造加工过程中驱动力、化学反应介质、热介质等角色的扮演者；而信息流则是物质流行为信息、能量流行为信息和外界环境信息的反映以及人为调控信息的总和。在制造流程的动态运行过程中，总体上看，物质流/能量流/信息流相伴而行、相互影响。

（2）能量流与物质流的关系。从物质流为被加工主体的角度上看，在钢厂制造流程中，物质流始终带着能量流相伴而行。但若从能量流为主体的角度上看，在钢厂生产过程中，能量流并没有全部伴随着物质流运动，有部分能量流会脱离物质流相对独立地运行。因此，能量流与物质流的关系却是有相伴，也有部分分离的。相伴时，相互作用并实现物质状态转变、物质性质控制和物流运行过程；分离时，又各自表现各自的行为特点。总的看来，在钢厂生产流程中，能量流与物质流是有合有分、时合时离的。

进一步分解到从局部的工序/装置看，在输入端，物质流和能量流分别输入；在装置内部，物质流与能量流相互作用、相互影响；在输出端，往往表现为物质流带着部分能量输出，同时还可能有不同形式的二次能量流脱离物质流分离输出。这是因为在工序/装置中，有必要的能量过剩，才能保证工艺、加工过程中的效率，因此有剩余能量流的输出是不可避免的。

因此，不仅要注意物质流、能量流输入端的动态性、矢量性行为，而且也必须注意研究它们输出端的动态性、矢量性行为，以便为构建钢厂的能量流网络奠定基础。

4.5.3.2 能量流网络的构成

所谓"网络"，是由"节点"和"连结器"按照一定的图形整合起来的系统，对钢厂生产流程而言，这是一个具有物质-能量-时间-空间-信息构成的动态系统。再细分，则可以进一步解析为物质流网络和能量流网络甚至包括信息流网络。其中能量流网络也是由"节点"和"连结器"等单元按一定图形构建而成的运行系统，即"能量（包括能源介质在内）-空间-时间-信息"构成的动态运行系统。

在钢厂内部，能量有一次能源（主要是外购的煤炭）和二次能源（如焦炭、电能、氧气、各类煤气、余热、余能等）等形式。这就分别形成了能量流网络的始端"节点"（如原料场、高炉、焦炉、转炉等），这些能源介质沿着输送路线、管道等连结途径——"连结器"，到达能源转换的终端"节点"（如各终端用户工序及热电站、蒸汽站、发电站等）。当然，在能量流的输送、转换过程中，需要有必要的、有效的中间缓冲器（缓冲系统）——例如煤气柜、锅炉、管道等，以满足能量从始端节点与终端节点之间的动态运行过程在时间、空间、能级、品质等方面的缓冲、协调与稳定。

由此不难看出，钢厂内部可以构建起能源始端节点—连结器—中间缓冲系统—连结器—能源终端节点之间按一定图形所构成的能量流网络（能源转换网络），并且实现某种程度的闭环，例如钢厂只买煤、不买电、不用燃料油等。

另外，需要强调的是"只买煤、不买电、不用燃料油"的概念与"有多少剩余煤气发多少电"是概念不同的。后者必然导致大量小锅炉、小发电机的出现，必然会发生煤气的放散，而且采用小容量发电机时，发电效率低，上网困难。"只买煤、不买电、不用燃料油"的含义，意味着充分利用所有的剩余煤气、蒸汽等二次能源，必要时配合补充粉煤燃烧，使得以采用大锅炉、大发电机的热电系统，热机效率高、电能的单位能耗低，而且甚至可以考虑与电力公司合办更大规模、更高效率的"共同火力电厂"，这样环境效益好、经济效益好。采取有多少剩余煤气、蒸汽发多少电的消极平衡措施，很难提高二次能源的转换效率。因此，对建立钢厂能量流网络而言，确定合理的、稳定的、能量转换效率高的使用"终端"是很重要的。鉴于电是一种比较通用的能源形式，钢厂二次能源的有效利用往往采用发电的途径。不同容量发电机的发电效率有着明显的不同（见表4-1），这将导致对发电方式、发电装置的合理选择。

表4-1 不同煤气发电机组的发电能耗与发电效率（不包括热电联产）

发电机容量/MW	纯烧高炉煤气的锅炉发电方式		掺烧煤气的燃煤锅炉发电方式		用CCPP方式	
	发电能耗(标煤)/kg·(kW·h)$^{-1}$	发电效率/%	发电能耗(标煤)/kg·(kW·h)$^{-1}$	发电效率/%	发电能耗(标煤)/kg·(kW·h)$^{-1}$	发电效率/%
3	0.540	22.8	—	—	—	—
6	0.520	23.6	—	—	—	—

续表4-1

发电机容量/MW	纯烧高炉煤气的锅炉发电方式		掺烧煤气的燃煤锅炉发电方式		用CCPP方式	
	发电能耗(标煤)/kg·(kW·h)$^{-1}$	发电效率/%	发电能耗(标煤)/kg·(kW·h)$^{-1}$	发电效率/%	发电能耗(标煤)/kg·(kW·h)$^{-1}$	发电效率/%
12	0.500	24.6	0.480	25.6	—	—
25	0.450	27.3	0.440	27.9	—	—
50	0.425	28.9	0.420	29.3	0.293	42
100	—	—	0.400	30.7	0.273	45
110	0.410	30.0				
125			0.375	32.7		
150			0.350	35.1	0.267	46.0
300	—	—	0.330	37.2	0.256	48.0
350	—	—	0.320	38.4	—	—

更进一步分析，由于能量回收和转换技术在不断进步，对余能、余热的回收利用范围不断扩大，则相应的始端"节点"/终端"节点"范围也会随之不断扩大，相应的"连结器"也随之增加或延伸。这样就会构成不同层次的能量流网络。例如：回收的余热介质是500~600℃时，可以构成该条件下的能量流网络；如果回收余热介质扩展300℃甚至150℃时，则扩展成另一层次的能量流网络。可见，钢厂的能量流网络是有层次的，在实施过程中应考虑分层次推进，在设计概念和设计方法中应该有清晰的认识。

目前，国际高炉—转炉—热轧生产流程的优秀企业，也还有38%左右的二次能源没有随着铁素物质流一起流动。为了充分利用钢厂生产过程输入的一次能源和能源转换过程中产生的二次能源，应该作如下通盘思考：

（1）以输入-输出的模型研究钢厂能量流与物质流的关系，以及其中能量流的行为；

（2）以功能-效率优化为目标，研究一次能源、二次能源使用顺序；

（3）以连续实时调控和近"零"排放为目标，以图论等方法，通过信息化调控手段，研发钢厂"能源转换网络"（能量流网络），建设能源管控中心；

（4）开发钢厂生产流程中有关铁素物质流运行过程中的节能减排技术；

（5）研究二次能源充分利用条件下不同钢铁制造流程的极限能耗量值；

（6）研究钢铁制造流程的结构、效率与吨钢 CO_2 排放量的关系……

4.5.4　钢铁制造流程中能量流的宏观运行动力学

钢厂生产过程中，铁素物质流的运行轨迹构成了物质流网络——集中地体现在钢厂的总平面图上。实际上总平面图中不仅体现了优化的物质流网络，同时也体现了与物质流网络相关联的能量流行为与能量流网络。这是由于在钢铁生产过程中能量流与物质流既有相互关联的关系，又有相对独立运行的状况。**能量流既伴随物质流在物质流网络中运行，同时与物质流分离的能量流，又在能量流网络中相对"独立"运行。**

独立运行的能量流在能量流网络中的动态运行过程中，也存在宏观运行动力学。这是钢铁制造流程能量流设计和过程调控的总策略的重要内容之一。由于始端节点的能量流具有相对不稳定性（如各类煤气、蒸汽的发生点、发生量、能级水平等），而终端节点（如发电机等）对输入的能量流则要求高度稳定，因此，必须要有中间缓冲器（发挥储存、缓冲、调节能量流系统的作用），这样钢厂生产流程中的能量流也就形成了能量流网络，并具有"推力"—"缓冲"—"拉力"构成的宏观运行动力学的作用机制（见图4-11）。

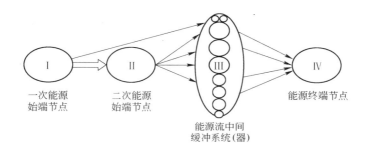

图 4-11　钢厂制造流程中的能量流及其宏观动力学示意图

这种能量流宏观动力学系统的运行目标，是维持能量流网络的"动态-有序"、"协同-高效"地运行。确保实现能量转换效率高，能量流运行过程的"耗散"最小化和煤气等含能介质"零排放"。

如上所述，在能量流网络中，"缓冲"功能对于能量流的利用效率和"零排放"是十分必要的，因为不稳定输出的始端和高效、稳定运行的终端之间要实现"动态-有序"、"协同-高效"地运行，所以必须要有合理的管网系统、容量合理的缓冲"气柜"和必要的一次能源补充等中间缓冲手段。由于钢厂二次能源中蒸汽、煤气发电是一种重要的形式，因此必须重视发电机容量与效率的优化选择，一般不宜选择过小、过多的小发电机组。

4.5.5　能量流网络与能源中心

中国钢厂在节能方面，已经经历了如下几个主要阶段，即20世纪80年代的单体节能及与之相应的系统节能，90年代的工序/装置结构重组和流程整体优化的系统节能。进入 21 世纪以来，通过"三干"（干熄焦、高炉干法除尘、转炉干法除尘）、"系统节水"、"发电"等措施，逐步进入到全面深入地充分开发钢铁制造流程的"能源转换功能"时期，现在应该进入深化节能的第四阶段，即充分发挥钢铁制造流程的能源转换功能，推动建立钢厂能量流网络，即能源调控中心的建设，进一步推动全面节能减排，实现清洁生产，达到更高层次的系统节能。

4.5.5.1　关于能源调控系统与能源中心

确立能量流、能量转换"程序"和能量流网络概念是构建钢厂能源调控系统的理论框架；建立能源调控系统应分别建立起包括各类能量流、能量流"节点"（包括始端和终端等）、能量流"连结器"和能量流中间"缓冲系统"以及包括合理的网络图形在内的能量流网络。在此基础上分别选择能源转换装置（能量流节点）的合理容量、合理个数、合理位置，并集成为"初级回路"，进而构建起动态物理模型和动态调控模型。这是能源调控系统的实体构成。

作为能源调控系统的实体——能源管控中心应是一个生产实体单位，不仅是一般的职能部门。能源管控中心本身是有设备、有装置、有管网系统，有信息调控系统，需要 24h 连续实时地持续运行、监测、调控、维护和预报"前景"的。能源中心的功能应是连续实时地控制、协调整个钢厂的"能源转换网络"并预测、预报可能出现的未来状态，与物质流调控中心一起，提出对应的对策。

4.5.5.2　构建钢厂的能量流网络，推广能源管控中心

构建钢厂能量流网络是推广能源管控中心的基础，在构建能量流网络时，要确定如下概念、机制和目标、方向：

确立能量流运行的"推力"—"缓冲"—"拉力"协调

机制；

　　确立高效率、低成本转换概念，尽可能利用大锅炉—大发电机组，也应包括钢厂与电力公司合办"共同火力电厂"的方式；

　　确立能源介质"零排放"目标，煤气、氧、水等介质的接近于零排放；

　　确立社会废弃资源循环利用和再资源化、再能源化的努力方向。

参 考 文 献

[1] 苗东升. 系统科学精要[M]. 2 版. 北京. 中国人民大学出版社，2006：22～25.

[2] 王众托. 系统工程[M]. 北京：北京大学出版社，2010：4.

[3] 殷瑞钰. 冶金流程工程学[M]. 2 版. 北京：冶金工业出版社，2009：236.

[4] 哈肯 H. 信息与自组织[M]. 成都：四川教育出版社，1988：29.

[5] 苗东升. 系统科学精要[M]. 2 版. 北京：中国人民大学出版社，2006：30～32.

[6] [美] Harold Kerzner. 项目管理——计划、进度和控制的系统方法[M]. 7 版. 杨爱华等译. 北京：电子工业出版社，2002：576.

[7] 殷瑞钰. 中国工程院化工、冶金与材料学部第 8 届学术年会报告：过程工程与制造流程的动态运行. 哈尔滨，2010. （内部资料）

[8] 国际钢铁协会. 洁净钢——洁净钢生产工艺技术[M]. 北京：冶金工业出版社，2006.

[9] 殷瑞钰. 高效率、低成本洁净钢"制造平台"集成技术及其动态运行[J]. 钢铁，2012，47(1)：1～8.

[10] 殷瑞钰. 论钢厂制造过程中能量流行为和能量流网络的构建[J]. 钢铁，2010，4(4)：1～9.

第5章 钢厂的动态精准设计和集成理论

钢铁工业现在面临的挑战是多方面的，有来自自然方面的，例如资源短缺、气候变化的压力；有来自社会方面的，例如环境污染、人口增长的压力；有来自经济方面的，例如资金利率高低、融资渠道等；有来自市场方面的，例如供需关系、价格因素、新产品的需求等；有来自工艺技术方面的，例如能源使用效率、生产效率、质量的稳定性……要解决这些复杂环境下的复杂命题，必须从战略层面来思考钢厂的要素-结构-功能-效率问题，这种要素-结构-功能-效率必然关联到全厂性的生产流程层面上的问题，以及与此相关的各工序/装置层面和不同产品层面上的相关问题。显然，必须看到解决问题要从生产流程的结构优化及其设计等根源上着手。从时代宏观环境的需要出发，以要素-结构-功能-效率优化为基础，做出正确的选择与适应。即钢厂的生产流程和产业链的构建与延伸要适应自然、社会、经济、市场和工艺技术不断变化、不断进步的时代性趋势。优化生产流程和产业链的要素-结构-功能-效率，必然导致生产流程对工序/装置的合理化选择、协同化集成；各种工序/装置的要素-结构-功能-效率也必须能适应生产流程的结构-功能-效率优化和产品市场的合理定位。产业链延伸、企业间物质和能量的相互有效、有序利用也是未来钢厂的发展趋势，并有可能在一些地区形成以钢厂为核心的工业生态园区。

这样的问题不是解决一个技术、一个产品等技术科学层次的问题就能够解决的，而是要从全行业、全过程等工程科学层次来解决，**特别是要有新的设计理论和设计方法来指导**。人们往往直观地认为市场上的竞争是产品的竞争，特别是产品质量、产品结构的竞争，然而究其根源，应该上溯到工艺流程设计、工序功能设计、工序装置设计、生产工艺过程动态设计、生产流程动态运行规则设计等一系列工程设计问题。实际上，**设计已成为市场竞争的起点。所有工程都离不开设计，设计是元工程。设计应是创新体系中的重要组成部分，工程设计应体现多层次、多因素的优化集成**，是一种多目标优化的体系，也是决定产品竞争力及与环境友好程度的根源之一。

　　钢厂的生产运行基于全厂性的工程设计，从现在的观点来看设计不仅要为建设提供图纸和有关参数，还要为今后钢厂的生产运行设计出其动态运行规则、运行程序等内容，而后者是现有的传统的静态设计方法所欠缺的。

　　本章论述了设计的传统与现状，讨论了设计理论及手段的发展进程，说明了工程设计创新的必要性及新时代对动态精准化设计的需求。在此基础上论述了钢铁厂设计的理论、设计方法和我国钢厂设计的现状，阐述了钢厂设计理念从孤立的、静态的估计和制图发展到动态精准（化）的变化，重点阐述了钢厂动态精准设计理论的核心思想和步骤，以指导钢厂动态精准设计，从而促进钢厂结构优化，实现新一代钢铁制造流程的集成创新。

5.1　设计的传统与现状

　　设计与工程有关，往往被称为工程设计。然而，就设计本身而言，也有一个工程与流程问题，这可以看成是设计工程。

　　设计工程属于元工程之一。即不同类型的物质性工程都有一个设计过程，设计涉及诸多类型的工程，例如机械制造工

程、土木建筑工程、矿山工程、冶金工程、化学工程、纺织工
程、水利工程、交通运输工程、通信工程等。

5.1.1　如何认识设计

一切工程都由理念、设想、规划及设计开始，设计在工程
的构建和运行过程中都有着举足轻重的影响，工程在设计阶
段，也存在"流程"问题，这与工程在施工阶段、生产、制
造阶段一样都有作业（运行）流程，这些流程都具有一系列
系统特性，如整体性、层次性、开放性、有序性、动态性、协
同性等。

设计（作业）流程中，往往会遇到理想目标与现实可行
性的矛盾，需要经过权衡、选择、互动、协同、演变、集成等
过程，才能确定适合该工程具体条件下的目标群和构建、运行
的步骤、过程；其中充满着挑战，需要知识、智慧，并充满着
创新机遇。因此，在设计工程中包含着诸多创新因素。

从元工程的视角上看设计工程，或从知识角度上来认识设
计工程，可以把设计工程理解为：设计工程是各类相关知识的
集合体及其相互联系和演变，设计应该是源于知识的获取、运
用、组织和集成。设计创新包含了获取、运用、集成、创新各
类相关知识的智慧，并在工程载体的全生命周期中发挥作用，
因此极具挑战性、时代性。

对设计工程的认识可能存在两种不同的思路：

（1）设计是对具体工程提供建造方案和工程图纸以供建
造之用，然后，再由建造出的工程实体去运行。

（2）设计不仅是为具体工程的建造提供方案与图纸，而
且要设计出该工程动态运行的路径、规则和程序来，要设计出
工程整体动态运行的结构来，要设计出运行的效率来，并设计
出完善的功能来；亦即不能将设计局限于工程制图和提供建造

方案上，而是要从工程的需求开始—经过工程设计、构建和运行—回归到满足工程需求。从工程哲学的视野上看，设计是工程本质和工程过程的结合，设计对工程本质的认识是过程主义的工程本质观。

设计工程的目的，是为了设计、构建出一个要素-结构-功能-效率优化的工程集成体（往往表现为人工存在物），而这个人工存在物必须是可以动态-有序、协同-持续、有效-稳定地运行并实现其价值的；这种价值是包含着多目标优化，而绝不是单一目标的优化。

设计工程包涵着思维活动，应该从思维与现实的关系上去认识和把握设计的本质，也就是说，设计思维与现实世界关系的核心是：通过"设计"，为设计中的人工存在物的构建与运行提供合理的、可行的依据，设计工程的内涵应是构想和解决问题的过程及其结果。

设计工程应是一种对未来要实现工程系统的构建、运行的"设想"、"预见"、"预演"和"评估"过程，不但需要从技术环节和战术的角度上解决具体问题，更应该从工程整体的要素-结构-功能-效率方面和战略层次上的价值方面解决全局性、方向性问题。需要注意的是，不能将设计工程简单地理解为画图和不顾环境条件孤立地、局部地计算技术装备的能力。

因此，设计（工程）要面向"未来"，而不应简单复制已有的事物；设计（工程）要引导"未来"，而不应保持"现在"；设计（工程）过程中有原始创新，更多的是集成创新。因而，设计需要有理论指导，设计的方法也应随着理论的发展而不断更新。

5.1.2 设计理论与设计方法概况

设计理论和方法是随着工业社会的发展而逐渐发展起来

的。根据设计工作所针对的对象不同，可以区分为工程设计、产品设计、艺术设计等不同类别。流程制造业所讨论的设计主要是工程设计。装备制造业以产品设计为主。多数装备产品以商品形式在市场中销售（例如汽车、电视机、机床之类），为了提高竞争力，需要不断通过产品设计带动装备更新换代。文化艺术设计（如动画）则是属于另外范畴的设计，主要是"美"的设计。当然，在工程和装备设计中也需要有工程美学的思想。工程设计和装备设计有着密不可分的关系，为了实现工程期望的目标，必须有可靠的装备作为基础。而某一种关键工程装备的创新改进，也往往会影响整个工艺流程的变革。

　　长期以来，国内有一种认识认为："设计就是出图"，"设计革命、现代设计就是甩掉图版，就是数字化设计"。他们将计算机软件 Auto CAD，Applicon CAD，Pro/ENGINEER 等作为设计理论的前沿科学。在国外，也有人说：设计是一种方法，当前要解决的主要是计算机、软件和通信问题。最近，**美国先进工程环境**（AEE）的研究报告[1]，就持这种观点。毫无疑问，计算机辅助设计的迅速发展，有助于使装备的制造和设计有机地联系起来，有助于使产品的升级换代更加高效和迅速。但这是不全面的，没有对工程设计系统的本质性认识，没有对设计活动的科学描述，没有关于设计工程系统动态运行规律的理论研究，就很难确切地弄清楚什么样的硬件和软件能够满足现代工程的要求。设计工作软件能快速进行计算和绘图，便于各种方案的比较，但对于设计对象物理本质特性的认识，仅仅依靠软件计算难以做到。例如，关于连铸机设备的设计，我国有一段时期强调批判"傻、大、黑、粗"，这种影响下设计的连铸机大多机架偏于轻巧美观；虽然新的连铸机能正常运行，但工作一段时间后，机架受热变形，连铸机难以长期正常运转，于是在一些生产管理者的心目中，产生了连铸工艺不可靠，必须有模铸作为后盾的观念。由此可见，仅仅依靠设计软件代替不了设计理论。当然，设计理论需要通过工程设计、工程运行和工程管理实践中的成功范例和失败教训作为基本素材，并利用基础科学、技术科学特别是工程科学的最新成就加以分析、研究和总结，概括出新的认识——新的理论。特别是对于流程制造业的工程设计，不仅要注意各关键环节的装备设计和功能研究，还要注意设备-设备之间，工序-工序之间的相互作用关系和界面技术，这些关系往往是非线性相互作用的，解决好这些相互作用关系不能仅仅应用适用于简单系统的、传统的决定性理论思维，还要注意到机遇（几率）和可能。

当前已进入全球经济一体化的时期，其特点之一是：企业之间竞争已从产品（商品）的市场竞争提前到设计的竞争，甚至提前到了设计理念的竞争。这是因为产品要有新的性能、合理的功能，一般总要采用别的产品、别的企业还没有用过的新知识，而所有相关的新知识，首先是通过设计进入产品的。所以，可以说在全球经济一体化的条件下，设计是市场竞争的始点，设计要体现多种因素的优化集成，而且体现了多目标优化的复杂系统的综合竞争。

现实问题是：当前我国大量的工程投资项目在其设计过程中，没有意识到这正是研究建立工程设计理论和新的设计方法的大好时机。因此，对工程设计工作而言，难免出现了不少的低水平重复，甚至是大量地"复制落后"，这将影响我国未来数十年的制造业水平，值得引起各界重视。进一步而言，要建设创新型国家，如果没有创新的工程理念、创新的工程设计理论，将大打折扣，有些方面甚至是不可能的。**新世纪正呼唤着人们关注工程设计理论、设计方法创新。**

5.1.3 中国钢厂设计理论与方法现状

自清末洋务运动时期以来，每一个希望中国富强的中国人，无不期望中国有自己的强大钢铁工业。然而从汉冶萍公司建立直至中华人民共和国成立的 1949 年，中国钢铁工业发展走着曲折道路，发展极为缓慢，钢铁厂的工程设计则完全依靠外国人，没有中国自己的钢厂设计能力。中国自己的钢厂工程设计能力，是从 20 世纪 50 年代学习苏联开始的。1953 年在鞍山组建黑色冶金设计院，开始形成中国自己的钢铁厂工程设计力量。随着钢铁工业的发展，中国的钢厂工程设计能力也迅速壮大，已经可独立设计出诸如大型炼铁高炉、顶吹转炉炼钢车间、方坯连铸机、小方坯连铸机等项目的工艺和设备；而且和中国的研究人员共同努力，创造性地解决了综合利用钒钛磁铁矿资源、制造优质钢铁材料和回收钒、钛金属的攀枝花钢铁联合企业的全套设计任务。但是，长期以来设计工作仍然停留在静态的或局部的单体技术设计方法上，即将工程系统分割成若干单体技术单元，分别孤立地进行单元技术的设计，对单体装备的能力进行独立的静态估算，再利用工序之间的简单连接，形成一种堆砌起来的、粗放的生产流程。这种粗放、静态设计的特点，还在于各工序/装置只从本工序的局部出发，并分别留出不同的富裕能力，即停留在本工序范围内提出静态要求，很少提出上、下游工序之间动态、有序、协调、集成运行方面的要求，用这种设计方法构建出来的钢厂生产流程和工艺装备，在实际运行过程中往往出现前后工序的能力不能动态匹配，工序/装置功能不优化、不协调，物流运行过程中的时间-空间关系紊乱，物质收得率低，能源消耗高，产品质量不稳定，信息难以顺畅等问题。

　　改革开放政策实施以后，通过多年钢厂设计经验和消化吸收国外的先进技术，设计单位在不断总结经验、改进设计方法、提高设计水平，大多数的工程设计都在继承传统的基础上有所提高，但由于总体设计方法实际上仍处于分割的静态设计的水平上，因此虽然单个工序的设计不少已达到国际先进水平，但钢厂整体设计仍是各工序/装置设计的简单叠加，没有认识到钢厂制造流程应该具有动态-有序、协同-连续/准连续运行的本质，特别是缺乏"流"在开放系统中动态-有序、协同-连续/准连续运行的理论概念；缺乏构建钢厂物质流、能源流、信息流网络的理论和方法；未能形成整体流程的设计理念和方法，未有成熟的整体设计分析工具。也就是说，传统的经验设计方法在当今的工程设计中还占据主导地位，由此带来的后果是工程设计在理论和方法上难以有突破性的创新，只能是停留在传统设计方法的基础上进行有限的局部改进。

传统钢厂设计方法只考虑钢铁产品及其产量本身，一般着眼点放在产品的范围、产量规模和工艺、装备的构成上，缺乏对钢厂整体动态运行结构、功能、效率的系统性设计。因此，对于整个钢厂的工程设计而言，就需要对制造流程层次上的学问进行研究，因为流程层次的学问既关联到原子、分子尺度上的理论认识问题，又要涉及某一装置、某些场域方面的技术问题，这是一类时-空尺度较大、边界条件和现象性质更为复杂的问题，而且还要考虑到工序-工序之间、装置-装置之间协同-匹配等优化关系。在这种多层次、多尺度、多因素现象的动态运行研究过程中，不难发现：对于某个冶金反应器而言的最优化条件，不一定是适合整个冶金生产流程的最优化条件，所以其研究成果将涉及钢厂制造流程（生产流程）的结构调整和优化，并引导钢厂模式的发展方向。也就是说，没有对工程设计系统的本质性认识，没有对设计活动的科学描述，没有关于设计工程系统动态运行规律的理论研究，就很难确切地弄清楚什么样的硬件和软件能够满足现代钢厂工程设计的要求，也就很难准确地对各工序功能合理地划分，很难对关键装置提出最优的设计参数。

　　进入 20 世纪 90 年代以后，全球钢铁企业面临的挑战，已不单是产品质量、性能问题，也不应是盲目追求产量规模问题；而是产品成本、产品质量和性能、过程综合控制、过程排放、环境、生态以及资源、能源的选择优化和循环利用等多目标群的综合优化。要认识、解决这类多目标群综合优化的挑战，必须从整体上研究钢铁制造流程的本质、结构和运行特征，才能做好旨在实现多目标优化的顶层设计。

　　进入 21 世纪后，我国在钢厂工程设计方面，已经具备了现代钢铁企业的流程设计、工艺设计、设备设计等方面的能力，而且我国钢铁工业正在经历从单纯追求数量到主要追求质量、追求效率和拓展功能、和谐发展的转变过程，围绕工艺创新、产品创新、节能减排、环境友好等领域提出的设计要求越来越高，同时在海外市场，与国外大型设计公司的竞争日趋激烈；应用传统的设计理念、理论和方法难以满足钢铁产业结构调整、升级的需求，也难以在国际竞争中占有优势。这就需要从大的思路及工程本质的研究上提出新的设计理论和方法，以促进整个行业设计水平的提高。

　　综上所述，钢厂工程设计的最主要命题是解决好整体流程的结构、功能和动态运行过程上的多目标优化；解决好流程中工序/装置之间动态-有序、协同-连续/准连续问题，并形成物质流网络、能量流网络和信息流网络；解决好工序、装备和信息控制单元本身的结构-功能-效率问题。为此，必须吸收系统学、耗散结构理论、协同学等方面的最新理论成就，并结合现代信息技术的成就和环境-生态观念形成的过程工程科学，以此作为钢厂工程设计的理论基础之一。可见，现代钢厂工程设计理论是一门复杂的学问，工程设计理论需要通过工程设计、工程运行和工程管理等实践中的成功范例和失败教训作为基本素材，利用基础科学、技术科学特别是工程科学的最新成就加以分析研究、总结，概括出新的认识——新的工程设计理论和方法。

5.2 关于工程设计

工程是人类有组织、有计划地利用知识将各种资源和相关要素创造和构建人工实在的实践活动。工程是以选择、集成、构建为特征的实践活动，工程是体现价值取向的。

现代工程一般是经过对相关技术进行选择、整合、协同而集成为相关技术模块群，并通过与相关基本经济要素（例如资源、资本、土地、劳动力、市场、环境等）的优化配置而构建起来的有结构、有功能、有效率、持续地体现价值取向的工程系统、工程集成体。工程功能的体现应包括适用性、经济性、效率性、可靠性、安全性、环保性等价值。工程体现了相关技术的动态集成运行系统，技术（特别是先进技术）往往是工程的基本内涵。

5.2.1 工程与设计

5.2.1.1 工程的本质

工程的本质可以被理解为利用知识将各种资源与相关基本经济要素，构建并运行一个新的存在物的集成过程、集成方式和集成模式的统一[2]。

这可以从三个方面解析：

第一，工程体现了各种要素的集成方式，这种集成方式是与科学相区别、与技术相区别的一个本质特点。

第二，工程所集成的要素是包括了技术要素和非技术要素（主要是各类基本经济要素）的统一体，这两类要素是相互配合、相互作用的，其中技术要素构成了工程的基本内涵，非技术要素（主要是各类基本经济要素，例如资本、土地、资源、劳动力、市场及环境等）也是工程不可或缺的重要内涵。两类要素之间是相互关联、相互制约、相互促进的[3]（图5-1）。

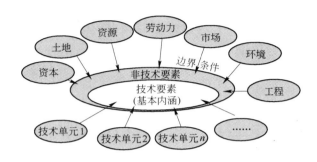

图5-1 工程活动的要素及其系统构成[3]

第三，工程的进步既取决于基本内涵所表达的科学技术要素本身的进展，也取决于非技术要素所表达的一定历史时期社会、经济、文化、政治等因素的状况。

5.2.1.2 工程活动与工程设计

工程活动体现着自然界与人工界要素配置上的综合集成和与之相关的决策、设计、构建、运行、管理等过程。工程活动特别是工程理念体现着价值取向。工程的特征是工程集成系统动态运行过程的功能体现与价值体现的统一。

社会、经济发展不能脱离物质性的工程活动，物质性的工程是经济运行的重要载体。物质性的工程活动有两端，一端是自然（包括资源等）与相关的知识，另一端是市场与社会（图5-2）。工程是人类立足自然，运用各类知识，将各种自然资源和相关基本经济要素进行优化配置，集成、构建为一个工程系统，从而实现市场价值（经济效益）和社会价值（和谐发展、可持续发展）。

工程是直接生产力，而且是各类相关技术和相关经济要素的动态集成系统。科学发现、技术创新一般都要通过工程这一

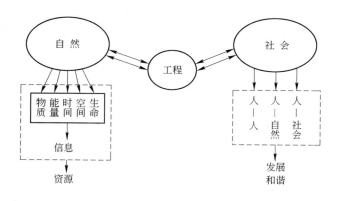

图 5-2　工程与自然、社会的关系[2]

动态集成系统，转化为直接生产力，进而通过市场、通过社会体现其价值（包括增值、就业、利润、文明进步、环境友好等，图5-3）。

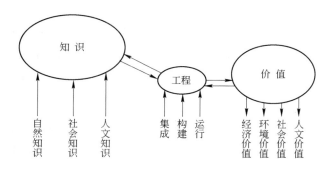

图 5-3　知识通过工程产生价值[2]

科学、技术要与社会、经济接轨，必须高度重视工程化、产业化这一集成、构建环节，否则可能事倍功半，或是远水解不了近渴。

在工程化、产业化过程中，工程设计是选择、集成、构建及至动态运行的重要环节，也可以看成是将科学、技术转化为直接生产力的"惊险一跳"。但长期以来，科技工作中没有把工程设计放在重要位置，没有把设计理论和工程管理理论看成为科技的组成部分，或者至少是没有"聚焦"起来研究过。致使绝大多数的工程设计、工程建设处于因循守旧，就事论事，简单堆砌、拼凑，缺乏系统创新的状态。也许可以说，工程设计缺乏创新的理论和创新的方法，工程设计的创新和理论化仍处在"无组织漫流"状态。

在科技工作的战略布局中，要高度重视工程和工程设计，要高度重视将科学、技术的研发成果通过有组织、有目标的集成、构建使之工程化、产业化并形成现实生产力；同时必须将工程设计的理论、方法提高到工程科学、工程哲学的层面上深入研究，进而获得新的认识、新的概念、新的理论与方法以利于推动工程设计创新。

5.2.2　工程设计创新观

工程设计承载了将科学发现、技术创新等成果转化为现实生产力的知识集成和构建过程（图5-4）。在这集成过程中，既有工艺技术、装备技术、检测技术和调控技术等方面的合理选择和创新性集成，又有产品功能设计及其外观设计等方面的创新体现。工程设计必须体现诸多技术要素、技术单元（工序/装置等）的动态集成，以确保工程系统在动态运行过程中

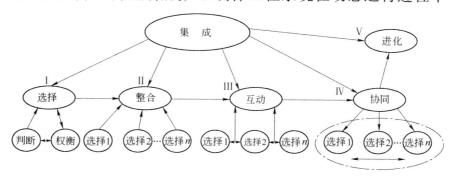

图5-4　工程设计中的集成与进化[2]

的整体有序性、有效性和稳定性。与此同时，工程设计还应给人以"美"的感受，体现工程与艺术的融合与和谐。工程设计的过程中贯穿着解决问题，发现新命题，发现各类需求甚至可能引导消费和生产。

正是由于工程设计是将研究、开发成果通过选择、整合、互动、协同等集成、构建过程，以及演化过程，而转化为现实生产力、直接生产力的过程，因此，工程设计中充满着集成创新和工程系统的演进。

选择是工程设计中一个重要的关键（"选择"概念中内在地包含了"淘汰"的含义[2]，此处主要是指"选择"语义中所包含的"选取"的方面），其涵义应包括市场选择、产品系列选择、技术要素选择、工程系统的优化选择、资源要素配置关系的合理化选择……在工程设计中这些"选择"是建立在判断和权衡的基础上的（例如市场判断、技术判断和功能权衡、价值权衡等），因此，如何在各类选择的环节上进行正确的判断（有时还要进行缜密的权衡），成了工程设计的基点和关键，也许可以说判断、权衡、选择是工程和工程设计演变、进化的出发点。在诸多选择的过程中，存在着延续（遗传）、改变（变异）和进化（升级换代、跃迁）等现象。选择既要强调可靠性，更要体现创新性。这最终也将在很大程度上体现于经济的投入和产出的优化上。

由于工程设计从总体上看是设计一个工程系统，必须重视系统的特征——整体性、层次性、关联性、动态性和对外界环境变化的适应性。因此，在诸多"选择"判断的基础上，对诸多技术因素和基本经济要素进行有效整合十分重要，以期达到资源配置的优化。

工程设计中的"整合"主要是对技术因素而言的。也就是要通过使技术因素之间形成交集-并集关系，实现系统优化和创新，并强调要将工程总体作为创新的目标。工程设计中的技术创新的目标越来越趋向于通过工程系统中的诸多技术创新的知识链组合，进一步进行网络化整合（空间性网络、时间性网络、功能性网络等），使之形成新的价值的创造来源。

基于技术创新链的网络化整合，是一种动态集成运行的创新观。这种动态集成运行创新观不仅要网络化地整合各种技术因素，包括上、下游工序之间串联/并联的不同单元或过程，也包括了纵向的不同层次、不同时-空尺度的单元或过程之间整合，还要通过动态运行过程中的互动来促进不同因素间动态运行关系的合理化、最佳化。

强调技术因素要合理、有序地互动的观点，是为了进一步使诸多因素间互动的协同化、合理化，并作为整个工程系统层面上创新、进化的核心。技术因素的互动，组成单元功能的协同，促成富有成效的关联性，这是工程设计中动态创新观的基本特征。也可以进一步说：工程整体不仅是由组成它的技术因素以及技术因素之间的互动决定的，工程整体的要素、结构、功能、效率还受工程整体层面与不同技术单元（过程）所构成的局部单体层面之间的互动关系影响。

在这里，有必要进一步讨论一下单项技术或单元技术创新与工程整体创新之间的关系。技术创新，特别是单项技术/单元技术的创新往往是对市场需求变化、市场环境变化进行局部反应的创意，但往往也是局部性的创意。而要对市场需求、市场环境变化做出整体的、全局性的反应，应该通过一系列、一整套的工程创新体系来做出战略性反应动作，才能取得总体的、持久的效果。在实践过程中，特别是企业的技术改造中，这种关系往往被忽视。因为，工程整体、企业结构等战略性选择往往是隐形的、深层次的问题，不易在短期内察觉。对于这类问题的正确认识应该是：局部的单元技术/单项技术的"灵感"创新是必要的、重要的，而且往往是工程整体系统优化的"引爆点"，但是，在思考工程设计时，特别是条件成熟时，必须进化到工程整体系统创新的层次上，才能实现企业结构或工程整体的跃迁性进化——所谓"升级换代"。

总之，工程设计的创新必须重视动态的技术创新观，必须要有动态集成的观念，必须要有不断追求工程整体进化的眼光。

5.2.3 工程设计与知识创新

工程设计应该包括不同单元技术设计及其相互关系的集成过程，以及与之相应的基本经济要素的合理配置。在工程设计过程中集成的内涵应包括判断、权衡、选择、整合、互动、协同和进化（演变、演进）。

制造业是国民经济的重要组成部分，是实体经济的重要体现。制造业大体上可以分为流程制造业（例如冶金、化工、建材、食品加工等）和装备制造业（例如机械、汽车制造等）。随着时代的进步，可以清晰地看到，制造业的竞争，从形式上看是产品的竞争，而实际上则是源于设计的竞争。如果说设计是制造的灵魂，那么创新（特别是集成创新）则是设计的灵魂。

设计应是知识含量很高、很集中的过程。设计的知识涉及多层次、多单元、多因素、多目标等复杂性、系统性问题。设计师不仅需要基础科学、技术科学层面上的知识，更需要工程科学层面上的新知识。新世纪工程设计新知识的一大特点是动态的集成、精准的集成。工程设计整体性的新知识来自不同单元技术知识的积累和进化，同时也需要集成知识的积累和经过工程科学、工程哲学层次上的研究、领悟使之升华（进化）。

单元技术知识主要与某一专业学科有关，而集成知识则在很大程度上与行业关联（因为涉及产品对象、生产过程、市场规模、资源以及运输物流等）并与一些"横断性"的学科关联（系统论、控制论、信息论和协同论等）。这些知识要在工程设计实践中恰当地、灵活地、创新地应用、积累和集成、进化，形成设计群体和设计师的知识源。

工程设计的新知识应包括新理念、新理论、新概念、新方法、新工具（手段）等方面。

在工程设计理论创新过程中，要分清楚什么是理念，什么是理论，什么是方法，什么是工具（手段）等不同层次的知识，才能有全面清晰的轮廓。

理念和工程理念都属于一般性的哲学概念。也许可以简括地说理念意味着理想的、总体性的观念，理念中凝练着诸多具体的观念。例如，"天人合一"、"和谐发展"的理念和"征服自然"的理念之间意味着不同的世界观、系统观、价值观等。工程理念贯穿于工程活动的始终，是工程活动的出发点和归宿，是工程活动的灵魂。工程理念必然会影响到工程战略、工程决策、工程规划、工程设计、工程构建、工程运行、工程管理、工程评价等等（图 5-5）。

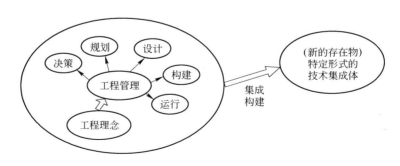

图 5-5　工程理念与工程（过程）的关系

工程理念不是凭空产生的，它是在人类实践特别是工程实践的基础上产生的。人类的工程实践不断进行，不断发展，工程活动的理念也不断变化、不断创新；应该说工程理念带有历史性、时代性。

　　工程理念的发展与创新是现实与理想的辩证统一，可能条件和追求完美的统一。工程理念中必须有理想的成分和理想的光辉。同时，也必须立足于现实的知识基础和基本要素的基础上进行创新性的集成、建构而凸显其先进性。

　　工程设计的概念是工程理念的具体反映，这是工程设计创新的关键，这要从相关学科的理论进步和工程运行过程中已经涌现或即将涌现的动态-集成现象中（包括经验等）去发掘。工程设计的新方法则要从使不同单元技术知识之间形成关联关系（例如诸如技术因素之间形成交集、形成并集等）的过程中去寻找。在这些"发掘"、"寻找"的过程中，信息化、智能化是重要的方法、工具。

　　设计实体的竞争力在于开发出适应时代进步、时代需求的工程理念和与之相关的新知识，包括新理论、新方法和新工具等，并能正确地应用，才能实现工程设计的创新。看来，**新世纪工程设计知识的核心是要反映工程整体运行过程中的动态-集成、协同-精准，对钢厂设计而言，应该以动态、精准的工程设计为标志，其中信息化、智能化将日益凸现其重要性。**

5.2.4　工程设计与动态精准

　　工程设计的任务是将工程系统相关的技术要素和基本经济要素（土地、资金、资源、市场、劳力等基本要素）集成起来，实现工程整体所要求的各项目标。集成的内涵包括了对各要素的判断、权衡、选择，各相关要素之间的整合、互动、协同，也包括了使工程系统整体的结构优化、功能演进（进化）等方面的含义。

　　从知识角度上看，工程设计的任务是要将有关技术，根据时代进步的要求进行判断、权衡、选择，吸收先进的，淘汰落后的，并进一步将诸多先进因素整合在一起，进而构想、研究这些先进技术（因素）之间的互动关系，最后在整体协同优化的要求下调整、重构所有各类互动关系，确定各技术单元的关键参数，形成在动态-有序运行过程中优化的"交集"和"并集"，形成要素-结构-功能-效率优化的关联系统。这些过程应该突出地体现在概念研究、顶层设计过程中。也就是说在概念研究过程中，要确立动态-有序、协同-连续的原则、在顶层设计阶段要树立起动态-精准的观念，要有集成动态运行的工程设计观。同时，还应体现多目标综合优化的理念。而传统的工程设计往往停留在静态的或局部的单元技术设计方法上（例如局限在画静态结构图，估计其产能、功能等）；即在设计方法上先将工程分成若干个单体技术单元，然后各自分别地、孤立地进行单体技术设计，最后将这些静态的单体技术单元堆砌、捆扎、连接起来，就算完成了工程设计。这种设计实际上是静态的、分割设计方法，由于是各自进行静态-分割地进行孤立的局部设计，因此，在工程整体投入运行时，就往往在实际运行过程中出现动态的"短板"效应，其效率、效果、效益都会存在这样那样的矛盾和问题。**这说明在工程设计过程中，不仅要防止静态的"短板"效应，更要重视并研究工程整体运行过程中动态的"短板"效应。**

动态的工程设计应该首先站在工程科学的层次上进行概念研究、顶层设计。工程动态设计的建模就是要从动态-协同运行的总体原则和多目标优化出发，对符合时代进步需要的先进的技术单元进行判断、权衡、选择，再进行相互之间的动态整合，研究其互动、协同的关系，形成一个动态-有序、协同-连续/准连续的工程整体集成效应。工程动态设计的建模和信息化、智能化调控的配合是防止各类"短板"效应并实现动态-

有序、协同-连续/准连续化运行的重要方法。

在概念研究中，必须体现流程系统整体动态运行过程中的"三要素"，即"流"、"流程网络"和"流程运行程序"。在顶层设计中，要求要素优化、结构优化、功能优化和效率优化，甚至涌现出工程系统的功能演变（进化）。也可以说，**流程的工程设计就是要把各有关的技术单元（要素的选择、优化）通过在流程网络化整合和程序化协同（结构的形成与优化），使"物质流"、"能量流"、"信息流"的流动过程在规定的时-空边界内动态-有序、协同-连续/准连续化运行，实现卓越的工程效应，达到多目标优化，并形成新价值的来源。**

从工程科学的知识层面上看，工程设计的创新研究，必须重视针对一般情况下或特定情况下的多因子、多尺度、多单元、多层次、多功能组合的整体模型研究；即不仅要看到影响工程整体的各种因素，还必须研究这些因素（单元、工序等）间的关联互动关系。动态的工程设计观不仅重视单元之间的1-1互动关系，而且还有相类似却又不同于"1-1"关系的"2-2"互动关系，"多-多"互动关系，必须通过工程系统整体的合理整合和有效互动，实现工程系统整体动态-有序地协同运行。通过工序-工序之间互动和系统工序集合的互动优化，体现工序功能-工序功能之间协同优化，建立起动态-有序、衔接-匹配、连续-紧凑的物质流关联、能量流关联和信息流关联；这是流程工程设计动态精准化的基础，要把选择-整合-互动-协同-进化作为动态精准设计的核心技术内涵。**动态精准设计必须建立起"流"的概念，必然要涉及"流程网络"和"运行程序"。**"流程网络"是不同技术单元之间互相关系的空间框架甚至时-空框架，而"运行程序"则包括了功能序、空间序、时间序和时-空序以及有关的运行信息、规则和策略等，当设计方案确立后，特别是总平面布置确定后（这意味着静态的空间结构框架已经固定了），在实际运行过程中，动态化运行程序则更多地体现在时间程序和时间分配上。为了保证动态-有序、协同-连续/准连续运行，必然要求各工序（装置）及其所涉及的各种不同的参数、因子（例如化学组分因子、物理相态因子、形状/尺寸因子、温度、能量因子、空间/位置因子等）都应在运行的时间轴上实现非线性耦合。这些都将涉及信息流、信息流网络和运行程序。

流程工程整体不仅由组成要素（单元、工序等）以及要素间互动所决定，流程工程整体还受到工程整体系统自身与各要素之间互动的影响。这就是说，要素与要素之间互动，是不同于要素（工序或单元等）与流程整体之间的互动关系的。必须强调指出：动态-有序、协同-连续/准连续的互动必然要归结到工程整体层次上，而不仅是要素（单元或工序）层次上。流程工程设计必须保证工程整体系统能够成年累月不间断地高效、稳定、安全运行。

流程工程整体的协同-连续/准连续运行，在特定情况下，特别是当关键技术、关键工序、关键参数得到突破并能有效地"嵌入"流程工程系统中时（例如全连铸钢厂），将产生对流程工程整体的"激发"作用或"唤起"作用（例如全连铸钢厂将使转炉、连轧机的效率充分发挥出来等）。从理论上讲，即通过整体协同系统中某一或某些序参量的"激发"、"唤起"作用，有可能使系统整体能力获得充分"释放"或出现新的"涌现"；或者也可能"解放了"其他单元、因素、工序等的潜力。这是动态工程设计创新的一种新超越的形式，也是值得高度关注的一种工程集成创新因素。

5.3　钢铁厂设计理论与设计方法

钢厂设计是典型的流程工程设计之一。作为工程设计的理论概念，钢厂的工程设计不能停留在对制造流程工艺过程中各单元工序的工艺表象和装备结构设计上，而更为重要的是要深刻地认识到钢厂生产过程中动态运行的物理本质。钢厂动态运行过程的物理本质是：在一定外界环境条件下，**物质流（主要是铁素流）在能量流（主要是碳素流）的驱动和作用下，按照设定的"运行程序"，沿着特定（设定的）的"流程网络"做动态-有序的运行，实现多目标优化**。从热力学角度上看：钢铁制造流程是一类开放的、非平衡的、不可逆的、由相关的异质功能的单元工序通过非线性相互作用关系所构成的复杂系统，其动态运行过程的性质是耗散结构的自组织。可见，**要进行动态精准的工程设计必须建立起"流"、"流程网络"和"运行程序"的概念。这是钢厂动态运行的三个基本"要素"**。

5.3.1 钢厂设计理论、设计方法创新的背景

我国钢铁工业的发展长期以来基本上是以简单的产能扩张为主。研发工作往往侧重于局部领域的个别理论、个别材料或单体技术研究，局限在某一细节、某一单元操作的研究上。虽然取得了不少的成果，但不少优秀的研究成果不能"固化"在工艺、装备的更新换代上，不能稳定、有效地"嵌入"并融合在钢厂日常生产流程的动态运行中，因而很难对钢铁工业或钢铁企业的整体结构优化起到根本性的推动作用，致使许多钢厂存在着整体结构混乱、运行不稳定、产品质量不稳定、能耗高、成本较高、生产效率低、污染严重等许多问题。究其深层次的原因，主要还是由于长期以来对钢厂生产流程及其要素-结构-功能-效率的系统研究不够。在工程设计方面局限于单元工序/装置，忽略工序间匹配优化和流程结构优化的整体协同效应；在理论方面主要是着眼于在化学反应解析、局部/装置解析的"还原论"基础上，失之于专注微观问题的研究，

片面追求单体工序或单一装置中的强化，而缺乏从整体上研究钢铁制造流程优化和进化的概念。现在已经认识到单元工序或装置的优化仅能解决钢厂生产过程中的局部、个别问题，而对全局和整体结构不一定能产生根本性的影响；而流程的优劣、结构合理与否，将综合影响产品的成本、质量、生产效率、投资效益、过程排放与环境效益等技术经济指标，并直接关系到企业的生存与发展。可见，对钢厂市场竞争力和可持续发展而言，流程是"根"。当然也是钢厂工程设计的"根"。

现实问题是钢厂的设计方法一直延续着五十多年前向前苏联学习的思路，即对不同工序装备的能力进行静态估算，然后画装备结构图，在此基础上再经过上、下游工序之间的简单连接，形成一种堆砌起来的、粗放的生产流程。其特点是：考虑各工序装备时，只从本工序的局部出发（即停留在本工序范围内提出静态要求，很少提出上、下游工序之间动态、有序、协调、集成运行方面的要求），不同工序/装置又分别留出不同的富裕能力；各工序装备能力的"富裕系数"随着设计者（或不同工序用户）的主观愿望而不同（甚至只是为了产能规模的凑零凑整），而各工序之间的连结方式又往往只是堆砌性的静态连结，缺乏时-空概念的优化分析和比较，缺乏动态运行的协同计算，用这种设计方法构建出来的钢厂生产流程和工艺装备，在实际运行过程中往往出现前后工序的能力不匹配、功能不协调、信息难以顺畅、可控。因此，其运行效率、产品质量、生产成本、投资效率是很难优化的，**从而往往造成钢厂生产流程建成之时，即是技术改造之始。**

必须强调，钢厂的总图布置与钢铁生产流程的动态-有序、协同-连续运行有着密切的关系。工厂总图布置的设计技术实际上是一种规划全厂物料流、能源流、人流和信息流的技术，是一种组织人和物在工序繁杂的各类装置间均衡、有序和高效流动的技术。工厂总图布置合理与否，直接影响到企业的生产效率和效益。工厂总图布置不仅仅是某一车间、某一工序/装置的优化布置问题，更重要的是全厂生产工艺流程的优化，做到物质-能量-时间-空间-信息相互协调，使物质流-物流在能量的驱动下，在信息流的他组织调控下，以最小的能耗、物耗、最短的路径和最简便、快捷的方式流动运行。

因此，工厂总平面布置和车间平面布置的有效组合、优化，可使企业最大限度地、长时期地保持高效、经济运行，是企业生存、发展的重要基本条件之一。

钢厂设计不仅要设计好各个生产环节的装备能力和功能，而且必须考虑在生产流程整体协同运行前提下的不同工序/装置的个数、能力和合理的空间位置。也就是既要考虑结构合理优化前提下的装置大型化、高效化，也必须考虑"流程网络"中的"节点"数、"节点"位置以及"节点"之间的连接线（弧）以便使铁素物质运行的总平面图、平面图形成"最小有向树"的图形。这在某种程度上已经对设计理论和设计方法的创新提出了迫切要求。同时，在新世纪的历史条件下，人们会问，钢厂生产流程的功能是否只是生产钢铁产品？流程运行必然会有过程排放，会不会同时造成污染？钢厂是否还有新的经营增长点？钢厂怎样进一步从污染环境到环境友好？钢厂如何融入循环经济？等等。这实际上是在追问钢厂未来的社会-经济角色应该是怎么样的。这是时代发展对钢厂设计理论提出的新命题。

对于钢厂生产的动态运行过程而言，生产流程具有内在的自组织性，而这种自组织性应该通过信息化的他组织使"流"的动态-有序、协同-连续/准连续地运行，才能有效地体现出来。应该看到，对钢厂的生产过程（流程）所涉及的科技问题而言，既呈现出高度分化，又呈现出高度综合的两类趋势。

即一方面体现出已有学科不断分化、越分越细，相应的新理论、新领域不断产生；另一方面则是不同学科、不同领域之间相互交叉、结合，以致出现了若干"横断"学科，如系统论、控制论、协同论、耗散结构理论等，使得科学技术向综合集成的整体优化方向发展，也出现了新理论、新领域。这两种趋势相辅相成、相互促进，引起并推动着冶金流程工程学的发展，这也将引起钢厂流程工程设计理论的创新。

所谓"先进的制造（生产工艺）流程"应该是可以有效、有序、连续、紧凑地动态运行的结构。静态的工序/装置排列，不能体现出"流程"的全部内涵，不能体现出动态-有序、协同-连续/准连续运行的内涵，特别是不能体现出流程系统的动态性、协同性、紧凑性和连续性。因此，**"流程"设计必须立足于动态运行的基础上**，也就是要使物质流、能量流在特定设计的时-空边界范围内，在特定设计的信息流的运行程序驱动下，实现高效、有序、连续地动态运行。它追求的是物质流（主要是铁素流）在能量流的驱动和作用之下，在各个工序内和各工序之间进行动态-有序的运动；追求的是使间歇运行的工序（例如炼钢炉、精炼炉等）、准连续运行的工序（例如连铸机、连轧机等）和连续运行的工序（例如高炉等）都能按照流程协同运行的"程序"协调地、动态-有序地运行；进而追求流程运行的连续化（准连续化）和"紧凑化"。

钢厂生产流程的运行，可以从开放系统的耗散结构理论得到启示，流程动态运行过程的性质是一种耗散结构的自组织过程。流程运行最基本的目标是动态-有序、协同化、紧凑化和连续化，追求的是流程运行过程中能量耗散"最小化"、物质产出优化（产品收得率、废弃物排放量的优化），物质流、能量流空间结构的合理化和时间过程的合理化，从而实现各项技术-经济指标和环境负荷的多目标优化。

建设具有国际先进水平的现代化钢厂、改造现有钢厂和淘汰落后生产能力将是未来一段时期的主要任务。针对新世纪钢铁企业面临的新形势，要避免"低水平重复"，真正实现国际先进水平的现代化钢厂设计与建造，很有必要对设计理论、设计方法进行深入的、更新性的研究，设计方法应当建立在能够动态-有序地描述物质/能量的合理转换和在合理的时-空网络中协同-连续地运行的流程设计理论的基础上，并努力实现在全流程物质/能量动态-连续地运行过程中各类工艺参数、各种信息参量的动态精准设计，甚至实现计算机虚拟现实。

5.3.2　钢厂设计的理论、概念与方向

理论是探求道理，反映事物的本质和运动的规律，意在将某种自然的规律揭示出来，供人们去遵循。绘制蓝图，意在刻画一种意识中的应然状态（合理状态），让人们去实施。

常言道："格物致知"、"学以致用"。所谓："格物致知"就是要通过深入、系统的研究，知道客观事物、客观世界的物理本质和基本运行规律。所谓"学以致用"，就是要在"格物致知"的基础上，结合不同的具体条件，将这些规律合理地、有针对性地应用于设计和生产运行等实践过程中，以构建新的存在物（例如新的工程体系等）或改造旧的存在物（例如老企业、老工艺、老装备、老产品等）。

对钢厂设计而言，应该用什么眼光去"格物"呢？这必然要提出设计的理论基础是什么，或者说什么是设计理论？这是一个值得刨根问底、反复追问的问题，具有科学意味（工程科学），也有实用价值。

钢厂属于流程制造业，它的生产过程是一类制造流程；**其特征是：**由各种原料（物质）组成的物质流在输入能量（包括燃料、动力等）的驱动和作用下，按照特定设计的工艺流

程，经过设定的工序/装置进行传热、传质、动量传递并发生物理、化学转化等过程，使物质发生状态、形状、性质等方面的变化，改变了原料中原有物质的性质、形状等参数，而输出期望的产品物质流。流程制造业的制造工艺流程中，各工序（装置）的功能是相关的，但又是异质的，其加工、作业的形式是多样化的；其功能包括了化学变化、物理转换等，其作业方式包括了连续作业（例如高炉等）、准连续作业（例如连铸机、连轧机等）和间歇作业（例如炼钢炉、精炼炉等）等形式。

　　钢厂的生产流程，从表面上看是一系列工序简单串联/并联的形式，然而这是一种表象性的机械存在形式。**从实质上看，无论是流程还是工序/装置，它们的存在都是为了动态-有序的生产运行，而它们以及它们之间的运行过程都是不可逆过程，即不是为了达到静止的平衡目的。因此，流程必定意味着动态运行，制造流程的价值体现也在于动态-有序、协同-连续/准连续地运行。**从钢厂生产流程的动态运行看：由一系列工序/装置构成的流程，不是一系列工序简单相加，而是不同工序之间的功能的集成，并使不同工序/装置之间形成"交集"（例如物质通量、温度/能量参数、时序/时间等参数的"交集"），这些"交集"体现了流程内相关工序之间相互关联、相互影响、相互作用等函数关系，也就是形成动态运行的"结构"。其中，就蕴含着"流程网络"结构和工序之间的界面技术。当然，流程的动态运行还受到流程系统环境（外界的影响，例如市场、价格、资源供给等）的影响。

　　在以往的钢厂流程设计中，其概念往往是：

$$F = Ⅰ + Ⅱ + Ⅲ + \cdots + N \tag{5-1}$$

式中　　　　　　F——生产流程；
Ⅰ，Ⅱ，Ⅲ，$\cdots$，N——生产工序编号。

而且，在不少情况下各工序的实际动态容量（能力）不等，即：

$$I \neq II \neq III \neq \cdots \neq N$$

在设计过程中，各工序的容量（能力），以往都是孤立地从各工序自身出发，估算其静态能力并加上一定富裕能力（例如作业系数等）来确定的。由于各工序（装置）分别由不同专业人员来设计，静态能力估算和富裕能力亦有不同，如此，则钢厂生产流程内各工序的静态容量（能力）不仅不可能充分发挥，而且还必然导致各工序之间很难实现动态-有序地协同运行，从而导致物质、能量消耗高，过程时间长，占用空间大，信息难以贯通，生产运行效率低，当然投资效率也低，还会引起环境负荷的增加。究其根源，实际上是设计方法立足于各工序/装置的静态估算和不同富裕系数的假定。

看来，很有必要将钢厂设计的理论建立在符合其动态运行过程物理本质的基础上，即生产流程的动态-有序运行中的运行动力学理论基础上，这不仅符合流程动态运行的客观规律，而且有利于提高各项技术-经济指标，有利于节省投资金额、提高投资效益和环境效益。

在新世纪的钢厂设计过程中，将设计钢厂的理论，从以流程内各工序的静态能力（容量）的估算和简单叠加推进到以流程整体动态-有序、协同-连续/准连续运行的集成理论上来是必然的，而且在方法上是有可能做到的。其概念是：

从 $F = I + II + III + \cdots + N$ 转变为：

$$F = I \quad II \quad III \quad IV \cdots (N-1) \quad N \qquad (5\text{-}2)$$

其中各工序动态运行的容量（能力）：

$$I = II = III \cdots (N-1) = N$$

式中　　　　　　　　　F——生产流程；

Ⅰ，Ⅱ，Ⅲ，…，N——生产工序编号；

　　　　　　　　　∪——工序功能并集；

　　　　　　　　　∩——工序间功能的交集。

即以流程整体动态-有序-协调-连续/准连续运行的集成理论为指导的钢厂设计的核心理念是：在上、下游工序动态运行容量匹配的基础上，考虑工序功能集（包括单元工序功能集）的解析优化，工序之间关系集的协调-优化（而且这种工序之间关系集的协同-优化不仅包括相邻工序关系、也包括长程的工序关系集）和整个流程中所包括的工序集的重构优化（即淘汰落后的工序装置、有效"嵌入"先进的工序/装置等）。

　　再从生产流程运行的物理本质上抽象地观察，**由性质不同的诸多工序组成的钢厂制造流程的本质是：一类开放的、远离平衡的、不可逆的、由不同结构-功能的单元工序过程经过非线性相互作用，嵌套构建而成的流程系统。在这一流程系统中，铁素流（包括铁矿石、废钢、铁水、钢水、铸坯、钢材等）在能量流（包括煤、焦、电、汽等）的驱动和作用下，按照一定的"程序"（包括功能序、时间序、空间序、时-空序和信息流调控程序等）在特定设计的复杂网络结构（例如生产车间平面布置图、工厂总平面布置图等）中的流动运行现象。**这类流程的运行过程包含着实现运行要素的优化集成和运行结果的多目标优化。

　　从钢厂生产过程的特点看：钢厂生产流程蕴含着三个层次的科学问题，即：基础科学问题（主要是研究原子/分子尺度上的科学问题），技术科学问题（主要是研究场域/装置尺度上的科学问题），工程科学问题（主要是研究流程/工序之间动态运行的科学问题）。在钢厂的生产运行过程中，这三个层次上的问题是相互交织、耦合-集成在一起的。因此，对于钢厂设计理论而言，必须对这三个层次上的科学理论都有历史的、深入的认识，特别是要使三个层次的动力学机制（原子/分子层次、工序/装置层次和流程层次）能够动态-有序地相互嵌套集成在一起，并使连续运行、准连续运行和间歇运行的诸多工序（装置）协调地集成运行，追求整个流程准连续/连续地集成运行。可见，钢厂设计遇到的理论问题是一个从"原子"到"流程"这样存在着不同时-空层次的问题都要在工程设计中得到合理安排并解决好动态-有序、协同-连续/准连续地运行的工程科学命题（图5-6）。

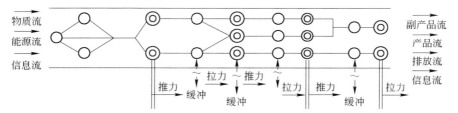

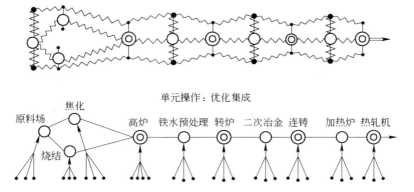

图5-6 制造流程-单元工序-单元操作之间集成-解析关系[4]

所谓在原子层次的合理安排，这涉及单元操作与工序安排、装置设计，都要使之优化，亦即要将分子、原子尺度的反应合理地嵌入到工序/装置中去，例如：脱硫反应在烧结、高炉、铁水预处理、炼钢炉、二次冶金等不同工序的合理安排与分配，在主要考虑脱硫效率、成本和稳定性而不讲究硫化物夹杂物形态控制的条件下，采用铁水脱硫预处理是合理的。又如炼钢过程中脱硫反应与脱磷反应在热力学条件上的矛盾；脱碳反应与脱磷反应存在热力学矛盾；这些矛盾在冶金反应热力学层次上看，即从原子、分子层次（基础科学层次上）看是固有的，但是从流程层次看，通过铁水"三脱"预处理的工艺流程进行解析-集成就可以得到合理的解决。也就是说，对于冶金过程若仅考虑原子、分子层次的问题，单独孤立地追求单一反应强化，例如强调分配系数，则将导致流程层次上的时间节奏和温度出现不协调、不合理；而从流程层次上考虑，则可促使多个反应之间的协调优化，即时间、温度、成分和流量四个参数的匹配，本质上是追求不同工序功能的解析与优化。

所谓工序（装置）层次上的合理安排，则涉及各工序（装置）动态运行过程的不稳定性（涨落性），以及由此引起的工序运行之间的非线性相互作用和动态耦合问题，例如：炼钢炉、精炼炉、连铸机三个单元装置运行的优化以及它们之间为了实现多炉连浇的需要，必须有相互之间的非线性相互作用和动态耦合（匹配与协调）。同理，电炉之所以能够嵌入到全连铸流程中，正是由于其功能在工序层次上得到合理安排才得以实现的，即将原来电炉老三段式的冶炼功能（装料熔化期、氧化期和还原期）分解，还原期功能由 LF 精炼炉来完成，电炉生产时间周期由老三段式的 180min 以上缩短至 45~60min，从而可以与连铸机多炉连浇匹配。反之，平炉由于冶炼周期时间过长，不能嵌入多炉连浇的全连铸流程而最终被淘汰。随着流程动态运行过程中非线性相互作用和动态耦合的需要，出现了某些装置被淘汰（如连铸多炉连浇的动态运行导致平炉淘汰）或某些功能（装置）被重新安排而出现新的工序装置等（如铁水预处理工序和二次精炼工序的新增等）。

所谓"流程"层次上的合理安排，首先涉及的是功能序的合理安排，例如在铁水"三脱"预处理过程中，是选择先脱硅、再脱硫、后脱磷，还是先脱硫、再脱硅、脱磷；又如转炉—高速连铸之间的精炼装置，在生产低碳铝镇静钢时是选择RH精炼，还是LF精炼等。功能序的安排，必然联系到空间序的合理安排（例如总平面布置图，车间立面图等）。然而，从"流程"整体动态-有序运行的要求来看，只有功能序、空间序的合理安排还不够，必须要有时间序、时间节奏等时间因素的合理安排，甚至时-空序的合理安排，才能实现整个流程系统的动态-有序、协同-连续/准连续运行，才能使信息流有效地贯通并调控好物质流、能量流的优化运行，以实现准连续化、紧凑化，达到过程耗散的"最小化"。

从钢厂生产过程动态运行要素分析看，钢厂生产流程的运行实际上存在着三个基本"要素"：即"流"、"流程网络"和"运行程序"。因此，在动态、精准的设计过程中，无论是设计的主导思想，还是设计方法都应建立在这一认识的基础上。

其中："流"是泛指在开放的流程系统中运行着的各种形式的"资源"（包括物质、能源等）或"事件"（例如氧化、还原反应，传热、传质、传动量，形变、相变等）；"流程网络"实际上是为了适应将开放系统中的"资源流"通过"节点"（工序/装置等）和"连结器"（包括输送器具、输送方式和输送路径等）整合在一起的物质-能量-时间-空间结构。这个"流程网络"要能够适应"流"的运行规律，特别是要适应生产过程中物质流动态-有序、连续-紧凑的运行规则。"运行程序"则可看成是各种形式的"序"和规则、策略、途径等的

集合，实际上也体现了优化的信息流程序和动态运行规则。

经过对钢铁生产流程动态运行的分析研究，可以看到在钢厂中：铁素物质流的动态运行过程体现为钢铁产品制造功能；能量流（主要是碳素流）动态运行过程体现着能源转换功能；铁素物质流和能量流的相互作用过程除了实现钢铁制造的多目标优化以外，还可以进行大宗废弃物的消纳-处理-再资源化功能。也就是说，钢厂应该也完全有可能具备三种功能，即：（1）钢铁产品制造功能；（2）能源转换功能；（3）废弃物（企业的、社会的）消纳-处理-再资源化功能。这就意味着在设计理念和设计内容上必须拓展钢厂生产流程的功能，即从钢铁产品制造的单一功能，扩展到上述三个功能，再通过三个功能的发挥，获得新的产业经济增长点，并逐步融入未来的循环经济社会（图5-7）。

5.3.3　钢厂设计方法的创新的路径

钢厂工程设计具有如下特点：

（1）钢铁生产制造流程具有复杂时-空性，复杂质-能性、复杂的自组织性、他组织性等特点，并体现为多尺度、多层次、多单元、多因子、多目标优化；

（2）钢铁厂工程设计是围绕质量/性能、成本、投资、效率、资源、环境等多目标群进行选择、整合、互动、协同等集成过程和优化、进化的过程；

（3）钢铁厂工程设计是一个在实现不同单元工序优化的基础上，通过集成和优化，实现全流程的系统优化的过程；

（4）钢铁厂工程设计是在一个实现全流程动态-精准、连续-高效运行的过程指导思想统领下，对各工序/装置提出集成、优化的设计要求；

（5）钢铁厂工程设计创新要适应时代潮流，从单一的钢

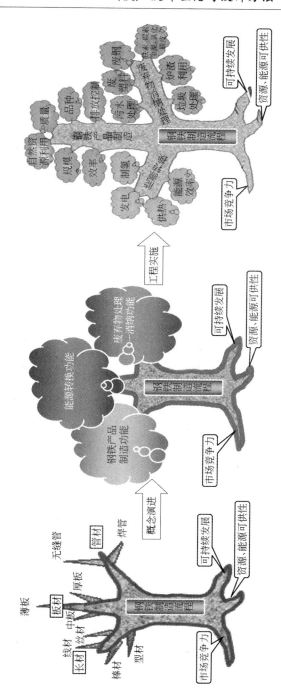

图 5-7 钢厂生产流程功能的演变趋向[5]

铁产品制造功能进化到钢厂实现三个功能的过程。

　　因此，钢厂设计不仅是为了绘制工程建设的蓝图，而且更应着眼于钢厂动态的生产运行，这就进一步要求这些工序/装置能够动态-有序、协同-连续/准连续地运行，设计方法要进一步推进到符合动态-有序、协同-连续/准连续运行规律和规则的水平上。也就是说，**设计方法应当建立在描述物质/能量的合理转换和动态-有序、协同-连续/准连续运行的过程设计理论的基础上，并努力实现全流程物质流/能量流动态运行过程中各种信息参量的动态精准、可控稳定，并进一步发展到计算机虚拟现实。**

　　当前，应该消除一些关于设计方法的消极"定见"。有些人认为，"设计历来就是这样的老方法，符合传统，也很好"。有些人认为："用户要求这样设计，所以只能这样，没有办法"。看来这些认识不能认为"毫无道理"。然而，我们不少正规的设计单位，不是都号称设计研究院吗？应该说这样定位是有战略眼光的，是完全正确的。工程设计单位只有在进行设计的同时，加强开发、研究工作，才能符合时代的要求，才能获得自主创新的核心竞争力，才能说服用户。

　　研究钢厂动态-有序、协同-连续/准连续运行的规律和设计方法，与传统的工序/装置静态能力的估算相比较，是属于开发一种符合实际的、精确性的认知方法，只有不断地、积极地研究并获得有关设计方法的精确性的知识，才能有希望实现对工程设计知识的真正洞察和设计方法的跃升。反言之，在工程设计的现有方法中，存在着大量含糊的、不确定的、非精确的问题。要解决这些不确定性问题，首先要使它转化为精确性知识，也就是要通过研究动态-有序、协同-连续/准连续运行的行为规律，使之转化为工程科学知识，这样才能实现设计方法上的创新——**研发动态-精准的设计方法。**

5.3.4 钢厂制造流程动态-有序运行过程中的动态耦合

钢厂制造流程是一类复杂的、开放的过程体系，流程动态运行过程的热力学开放性、非平衡性和不同时-空尺度、不同层次的动力学行为往往是通过非线性相互作用而实现的，不同层次、不同尺度的单元之间关系复杂，又有"自组织"的要求。不同层次、不同尺度的单元之间通过非线性相互作用和人为输入的他组织手段的调控，实现功能的、空间的、时间的自组织系统——动态有序化的运行系统。

钢铁制造流程动态-有序运行的非线性相互作用和动态耦合体现在三个方面：区段运行的动态-有序化、界面技术协同化和流程网络合理化。

5.3.4.1 区段运行的动态有序化

人们熟知，钢厂生产流程一般分为三段：

第一段，铁前区段，其中烧结工序、高炉工序是连续运行的。高炉炼铁过程的本质是连续的竖炉移动床过程，这种过程自身要求连续、稳定运行，不希望发生波动，更不希望生产过程停顿。为保证高炉连续运行，要求及时地、稳定地向高炉内供应原、燃料，铁前区段应以高炉连续稳定化运行为中心，即原料场、焦炉、烧结机等工序都应适应和服从高炉连续运行；**而高炉的连续运行对烧结、焦炉、原料场等工序/装置以及相关的输送系统的物料输入/输出生产节奏、产品品质等提出参数要求。**

第二段，炼钢区段，其中只有连铸机是准连续运行的。从高炉出铁开始，铁水预处理、转炉冶炼（电炉冶炼）、二次精炼都要适应和服从连铸机多炉连浇的连续运行。连铸过程运行本质是准连续或连续的热交换-凝固-冷却过程，连铸机的效率、效益集中地表现在顺利实现长时间的多炉连浇和提高铸机作业率等方面。一般而言，希望连铸机多炉连浇的时间周期尽可能长。因此在这一区段，是以连铸机的长周期连续运行为中心，出铁、铁水输送、铁水预处理、转炉（电炉）冶炼及二次精炼等间歇运行的工序要适应和服从连铸机的连续化运行，**而连铸机的连续化运行对转炉（电炉）冶炼节奏、二次精炼的节奏乃至铁水预处理过程的时间节奏、铁水输送的时间节奏和高炉出铁节奏提出参数要求。**

第三段，热轧区段，其中热连轧机在一次换辊周期内可以看成是准连续的。从连铸出坯开始，至一次轧制周期内生产运行过程中，热连轧机的运行方式是一种连续-间歇交替出现的运行方式，但在一个换辊周期内可以看成是准连续的。在生产运行中希望热连轧机尽可能多地有轧件通过，或是增加某一运行时段（轧制周期）内的轧件通过量，这对于节能、增产乃至提高成材率等都是有利的。因此这一区段应是加热炉间歇的出坯过程服从连续的轧制要求，而轧机连续轧制的过程对铸机的铸坯输出、铸坯的输送过程和停放位置以及铸坯在加热炉的输入/输出等时间点、时间过程和时间节奏提出参数要求。

此外，为了保证三个区段的连续运行的有序化、稳定化，还要求生产过程物流组织尽可能地保持"层流式"运行方式，尽可能避免多股物流之间的相互干扰。

为了使各工序/装置能够在流程整体运行过程中实现动态-有序、协同-准连续/连续运行，应该制订并执行以下的运行规则：

（1）间歇运行的工序/装置要适应、服从准连续/连续运行的工序/装置动态运行的需要。例如，炼钢炉、精炼炉要适应、服从连铸机多炉连浇所要求的温度、化学成分，特别是时间节奏等。

（2）准连续/连续运行的工序/装置要引导、规范间歇运行的工序/装置的运行行为。例如，高效-恒拉速的连铸机运行要对相关的铁水预处理、炼钢炉、精炼炉提出钢水流量、钢水温度、钢水洁净度和时间过程的要求。

（3）低温连续运行的工序/装置服从高温连续运行的工序/装置。例如，烧结机、球团等生产过程和质量要服从高炉动态运行的要求。

（4）在串联-并联的流程结构中，要尽可能多地实现"层流式"运行，以避免不必要的"横向"干扰，而导致"紊流式"运行。例如，炼钢厂内通过连铸机—二次精炼装置—炼钢炉之间形成相对固定的、不同产品的专线化生产等。

（5）上、下游工序装置之间能力的匹配对应和紧凑布局是"层流式"运行的基础。例如，铸坯高温热装要求连铸机与加热炉—热轧机之间固定-协同匹配运行等。

（6）制造流程整体运行一般应建立起推力源-缓冲器-拉力源的动态-有序-协调-连续/准连续运行的宏观运行动力学机制。

5.3.4.2 界面技术协同化

要理解界面技术协同化，建立如下概念是重要的。

流程与工序的关系：工序/装置是构成流程的"单元"；流程是包括各工序/装置在内的诸多因素集成的、动态运行系统。

工序/装置：优化的工序/装置应该体现单元工序功能集合的解析-优化。一个工序/装置中会有不同性质的"过程"，体现不同的功能，当某一工序/装置被选择并整合在某一制造流程中，应该根据所在制造流程的要求对单元工序/装置的功能集合进行解析-优化，强化所需要的功能，弱化甚至摒弃不需要的功能。因此，必须重视在流程系统的运行过程中，不同工序的作业运行方式是不同的，有连续运行形式的、准连续运行形式的、间歇运行形式的等，对于工序/装置的作业运行方式和功能特征，在钢厂的工程设计中也是必须研究的内容。

流程：流程体现着动态-集成运行的工程系统。流程是将相关的、不同功能、不同运行方式的工序/装置组合集成作为一个优化的动态运行系统。流程体现了单元工序/装置功能集合的解析-优化，体现了工序之间关系集合的协同-优化，更应体现流程内工序集合的重构-优化。这就导致了要对流程系统动态运行的物理本质进行研究……从物理本质上看，流程动态运行过程中的基本要素是"流"、"流程网络"和"流程运行程序"。

界面技术：从流程动态运行的三要素——"流"、"流程网络"、"流程运行程序"——分析来看，要将相关的、不同功能、不同运行方式的工序通过动态运行集成为一种动态-有序、协同-连续/准连续的"流"，必须要有能够发挥衔接-匹配-缓冲-协同作用的界面技术。

（1）界面技术的涵义及作用。所谓界面技术是相对于钢铁生产流程中炼铁、炼钢、铸锭、初轧（开坯）、热轧等主体工序技术而言的，界面技术是指这些经过技术革新后的主体工序之间的衔接-匹配、协调-缓冲技术及相应的装置（装备）。应该说，界面技术不仅包括相应的工艺、装置，而且从某种意义上看，还包括平面图等时-空合理配置、装置数量（容量）匹配等一系列的工程技术（图 5-8）。

从工程科学的角度看，在钢铁生产流程中，界面技术主要体现在要实现生产过程物质流（应包括流量、成分、组织、形状等）、生产过程能量流（包括一次能源、二次能源以及用能终端等）、生产过程温度、生产过程时间和空间位置等基本参数的衔接、匹配、协调、稳定等方面。因此，**要进一步优化钢铁生产流程，特别是实现工程设计创新，就应该十分注意研究和开发界面技术，解决生产过程中的动态"短板"问题，促**

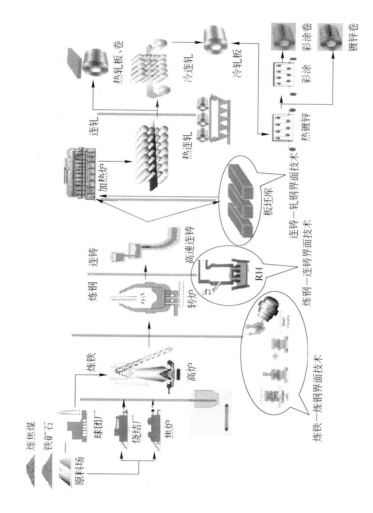

图 5-8　现代钢铁制造流程的界面技术

进生产流程整体动态运行的稳定、协同和高效化、连续化。

（2）界面技术的发展进程。第二次世界大战前，由于炼铁、炼钢、铸锭、初轧（开坯）、热轧等主体工序基本上是各自依据自身的节奏运行，而工序间的动态关系与匹配很少受到关注，基本上是在各工序各自运行，而工序之间则经常处在互相等待、随机连接的状态。因此工序之间的相互关系较为松散，主要是输入、等待、储存、转换/转变、再输出的简单连结。其中，需要经过升温、降温、再升温和无效冷却，反复进库又出库，反复吊运输送等工艺步骤，导致了生产过程时间长、能量消耗高、产品收得率低、生产效率低，而且产品质量不稳定、钢厂占地面积大、经济效益差、环境负荷大等问题。

第二次世界大战以后，钢铁生产流程中出现了氧气转炉、连续铸钢、大型宽带连轧机、大容积高炉、大型超高功率电炉等一系列对企业覆盖面大、对生产流程关联度大的共性技术，这些共性-关键技术对钢厂生产流程的结构和流程宏观运行动力学产生了巨大的影响。例如：氧气转炉、连续铸钢、宽带连轧机等，使生产节奏加快，连续化程度提高，大容积高炉使物质流、能量流的流通量加大、效率提高等。在此基础上，这些共性-关键技术的发展和在生产流程中集成-组合应用，引起了各工序功能集合的演变，进而要求对整个生产流程中各工序/装置的功能集合进行重新分配或分担，并使钢厂生产流程中工序之间的关系集合发生变化。工序/装置功能集合的解析-优化和工序/装置之间关系集合的协调-优化，为钢厂生产流程中各工序/装置的重新有序化和高效化提供了技术平台性的支持，并推动流程中工序组成的集合的重构-优化。在这些工序功能集合、工序关系集合的演进和优化的过程中，引起了钢铁生产流程中一系列界面技术的演变和优化，甚至出现了不少新的界面技术，并在不同生产区段中形成了新的有效组合。这一系列界面技术的出现和有效组合直接影响到钢铁生产流程的结构，包括工艺技术结构、装备结构、平面布置（空间结构）、运行时间结构、企业产品结构等重大变革和演进。

总之，界面技术是在单元工序功能优化、作业程序优化和流程网络优化等流程设计创新的基础上，所开发出来的工序之间关系的协同优化技术，它是建立在合理的工序关系基础上的，包括了相邻工序之间的关系协同-优化或是多工序之间关系的协同-优化。

在现代钢厂中，由于工序间界面技术的不断演变和进步，如炼铁—炼钢界面、炼钢—二次冶金—连铸界面、连铸—加热炉—热轧界面、热轧—冷轧界面，特别是薄板坯连铸—连轧工艺流程的发展，钢厂的总平面布置呈现不少新的特点。高炉-转炉之间的平面布置，总的趋势是要求高炉—转炉的距离尽可能短，铁水输送时间尽可能快，铁水罐数量尽可能少，而且铁水包返回-周转速度尽可能快。与此相关，混铁炉应该属于被淘汰之列，鱼雷罐也应受到质疑。由于全连铸生产体制在全国、全球的确立，全连铸炼钢厂和热轧厂之间连续化程度提高，因此，从铁水预处理直到热轧机之间的长程的高温热联结工艺得到不同程度、不同类型的开发，引起了平面布置（空间布置）上的变化。即：

1）炼钢厂与热轧厂之间的距离越来越短，发展到主要以辊道保持相互连结，特别是不应再采用铁路运输的方式；

2）炼钢厂连铸机与热轧机之间生产能力相互匹配，形成铸坯快速、高温热连接，其至正在形成铸机-热轧机——对应或是整数对应的发展趋势；

3）连铸机与热轧机之间在产品品种、尺寸规格等方面形成优化的、专门化的生产作业线，而产品"万能化"的作业线正在逐步淡出。

（3）界面技术的形式。建立界面技术的目的是为了使流程系统动态-有序、连续-紧凑地运行，为此需要将相邻工序之间或多工序之间动态运行过程中一些具有衔接-匹配-缓冲-协同功能的参数贯通起来，使流程系统能够连续/准连续地连接起来，发生"弹性链"谐振的工程效应[6]。正是由于工序功能不同，工序装置的运行方式不同，因此需要建立不同类型的界面技术。界面技术的形式大体可以分为：物质流动的时间/空间界面技术、物质性质转换的界面技术和能量/温度转换的界面技术等。

1）物质流动的时间/空间界面技术。物质流动的时间/空间界面技术的内涵包括：

①平面-立面图优化——这是"流程网络"优化的具体体现（包括物质流网络、能量流网络和信息流网络）；

②工序/装置的容量合理化和个数合理化及其空间位置合理化；

③工序/装置间物流/能流走向路径和方式合理化（"层流式"、"紊流式"，连续型、间歇型等）；

④装置-装置间、工序-工序间流通量对应，尽可能实现"层流式"运行；

⑤运输方式、运输工具的选择和优化协调；

⑥工序/装置运行的时间程序和多工序时间程序协同控制等。

2）物质性质转换界面技术。物质性质转换界面技术的内涵包括：

①工序/装置功能选择——要注意工序功能集合解析-优化、工序之间关系集合协同-优化；

②工序/装置运行作业方式及其时-空"程序"优化；

③前、后工序动态协同运行时，流通量、温度、时间等相关工艺参数的协调-匹配等。

3）能量/温度转换界面技术。能量/温度转换界面技术的内涵包括：

①不同工序（装置）能量流输入/输出矢量性合理化分析；

②不同工序（装置）能量流转换效率与分配关系优化；

③不同时间过程、时间"节点"上温度参数的合理控制；

④单元工序能量流输入/输出模型的优化与调控；

⑤流程系统能量流网络模型的优化与调控等。

界面技术就是要将制造流程中所涉及的物理相态因子、化学组分因子、温度-能量因子、几何-尺寸因子、表面性状因子、空间-位置因子和时间-时序因子以动态-有序、连续-紧凑地组合-集成起来，实现多目标优化（包括生产效率、物质/能量耗散"最小化"、产品质量稳定、产品性能优化和环境友好等）。

界面技术体现了选择整合、互动优化和协同设计，通过上述多因子的"互动-协同"形成优化的"交集-并集"，体现了多因子"流"的多目标、多尺度、多层次优化。从开放系统中多因子流运行的不可逆过程的热力学角度上看，为了形成有序结构，为了实现过程耗散"最小化"，效率"最佳化"，应该认识到：多因子"流"的协同-连续/准连续-紧凑化的重要性，一切"协同"归于过程时间（维），一切"连续"也归于过程时间，动态-有序、连续-紧凑地运行的最终体现也归于过程时间（轴）。因此，对冶金过程的连续性而言，时间轴是其他参数对之耦合的主轴（图5-9）。

图5-9显示了连续运行的钢铁生产流程中的多因子流（物理相态因子、化学组分因子、温度-能量因子、几何-尺寸因

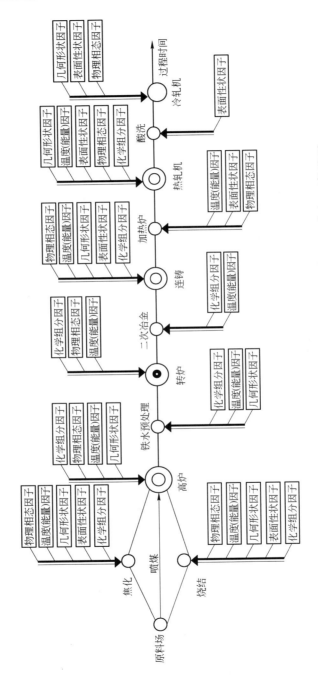

图 5-9 钢铁生产流程（钢铁联合企业）动态运行过程中各工序重要相关因子与时间轴耦合的示意图[6]

子、表面性状因子、空间-位置因子）与时间轴的协同耦合。也可以说只有冶金过程中的诸多因子在时间轴的某些优化了的时间点上实现协调时，冶金流程的工程设计才算达到优化与完美。

（4）如何在工程设计中体现界面技术。无论是对于钢厂的流程系统设计、车间设计还是单元工序/装置设计，为了实现动态-有序、连续-紧凑地生产运行，实现高的生产效率、好的产品质量、有竞争力的成本和环境友好，应该在设计时具体地注意下列几点：

1）在工序/装置的功能、个数、容量、空间位置上要注意与上、下游工序/装置之间动态适应、缓冲和相互补充，以实现连续-紧凑、稳定-高效地生产。

2）尽量缩短工序/装置之间所需的过渡-衔接时间，在空间位置上要尽可能紧凑，以时-空因子的优化，避免物流、能流运行受到干扰。

3）在运行过程时间、运行节奏、运行周期上，既要体现合理匹配，又不可忽视合理的、必要的缓冲、过渡，以稳定地、有适当"弹性"地实现动态-有序运行。

4）在流程工程系统中，如果有多条产品作业线运行的情况，尽可能使不同产品生产线各自上、下游工序的能力一一对应或呈整数对应匹配关系。不同作业线之间则原则上应保持"层流式"运行，力求避免干扰。

这样，在工程设计中，界面技术可以进一步体现在：

1）简捷化的物质流、能量流通路（例如平面图等）；

2）工序/装置之间互动关系的缓冲-稳定-协同（例如动态运行甘特（Gantt）图等）；

3）制造流程中网络节点优化和节点群优化以及连接器形式优化（例如装备个数、装置能力和位置合理化、运输方式、运输距离、输送规则优化等）；

　　4）物质流效率、速率优化；

　　5）能量流效率优化和节能减排；

　　6）物质流-能量流-信息流的协同优化等。

　　在这样的工程设计中，由于上、下游工序/装置的界面技术合理化，容易实现生产过程的组织协调（即在信息化他组织手段的作用下，流程自组织化程度的提高）；容易实现生产过程、调度过程的信息化；并使装置、设备的运行速率高、生产效率更高；同时，可节省单位产能的投资。

5.3.4.3　流程网络合理化

　　由于"流"的运动具有时-空上的动态性和过程性，"流"在动态运行过程中输出/输入具有矢量性，为了减少运行过程耗散，必然要求"流程网络"简捷化、紧凑化，优化的"流程网络"对流程动态运行是十分必要的，否则就会导致"流"的运行过程经常趋向无序或混沌。这一点在钢厂的新建或技术改造中应作为重要的指导原则之一。与此同时，流程网络合理化将引导在流程结构优化前提下的装备大型化，并将引导钢厂向产品专业化的方向发展。

　　当工序间的平面布置关系和运输方式一定时，钢铁产品的运输能耗主要取决于物质流/物流在工序间运行的时间过程长短和时间节奏，而这与流程网络中工序间的连结方式密切相关。

　　也就是说，通过构建一个合理、优化的"流程网络"（如总平面图等），随着"流程网络"中各个"节点"运动的"涨落"以及各"节点"涨落之间的协同关系，可以在全流程范围内形成一个优化的非线性相互作用的场域（结构），并通过编制一个反映流程动态运行物理本质的自组织、他组织调控程序，实现开放系统中各运行工序/装置之间的非线性"耦合"，使"流"在动态有序运行过程中，能量的耗散最小化，物质损耗最小化，从而形成开放系统合理的"耗散结构"。

5.3.5 钢厂制造流程的能量流网络

进入 21 世纪以来，由于经济高速发展，全球资源、能源供应紧张，环境-生态问题包括气候变化问题的约束日益严峻。钢厂的生存、发展必须注意到全球资源、能源与环境、生态的约束，因此，钢厂不仅要进一步发挥好钢铁产品的制造功能，而且必须高度重视能源转换功能的完善化，并且要重视充分发挥废弃物的消纳-处理和再资源化的功能。

在钢铁制造流程中，"流"有三种载体来体现，即以物质形式为载体的物质流，以能源形式为载体的能量流和信息形式为载体的信息流。物质流是制造过程中被加工的主体，是主要物质产品的加工实现过程；能量流是制造加工过程中驱动力、化学反应介质、热介质等角色的扮演者；而信息流则是物质流行为、能量流行为和外界环境信息的反映以及人为调控信息的总和。在制造流程的动态运行过程中，物质流/能量流/信息流相伴而行、时分时合、相互影响。然而，在传统的工程设计过程中和生产运行中，能量流及其运行系统仅被视为生产流程的支撑和保障，能源、动力系统始终处于从属地位，作为公辅部门支撑钢铁产品生产主流程，忽略了能源本身作为一种重要资源应得到高效利用和开发的重要性。而在"三个功能"的概念研究引导下，应将能源看作贯穿全流程的重要因素（甚至是与物质流同等重要），而且考虑到其与物质流的耦合性，有必要上升到能量流行为和能量流网络的层次来研究。

5.3.5.1 钢厂制造流程能量流的行为与运行规律

在钢厂生产过程中能量流与物质流时而分离，时而相伴。相离时，各自表现各自的行为特点；相伴时，又相互作用、影响。总的看来：在钢厂生产流程中，能量流与物质流是时合时分的（参见图 3-2）。

从局部的工序/装置看，在输入端，物质流和能量流分别输入；在装置内部，物质流与能量流相互作用、相互影响；在输出端，则往往表现为物质流带着部分能量输出，同时还可能有不同形式的二次能量流脱离物质流分离输出。这是因为在工序/装置中，有必要的能量过剩才能保证工艺、加工过程中的效率，因此有剩余能量流的输出是不可避免的。例如，在炼铁过程中，进入高炉以前，烧结（球团）矿和焦炭、煤粉、鼓风是分离的（物质流和能量流分离）；在高炉中它们又"合并"，烧结（球团）矿和焦炭、煤粉、鼓风相互作用、相互影响，发生燃烧升温、还原反应，完成成渣脱硫、铁液增碳等反应，最终实现液态生铁的生产；从高炉的输出端看，液态生铁和液态炉渣等物质流承载着大部分的能量输出，与此同时大量的高炉煤气带着动能、热能和化学能输出，以与物质流分离的能量流的形式输出。同样，在烧结过程、焦化过程、炼钢过程、轧钢加热炉过程也有相似的现象与过程，这些都是开放系统中的现象。

对于钢厂制造流程过程中能量流行为的研究，应该根据开放系统动态运行的特征，必须从静态的、孤立的物料平衡-热平衡（质-能衡算）的方法中走出来，因为这类质-能衡算只是局限在某一状态点的静态质-能衡算上，缺乏动态运行的概念，缺乏上游-下游之间矢量的概念。作为制造流程的行为分析，很有必要进一步确立起开放系统中输入流-输出流的动态运行的概念。建立起能量流输入-输出概念，不仅涉及能量，而且还能联系到能阶、时间-空间和信息流等因素，涉及能量流的运行程序，利于构建能量流网络（或称能源转换网络），以利于进一步提高能源利用效率和建立相应的信息调控系统。构建能量流网络就是为了建立起能量流输入/输出的动态性模型。因此，对能量流的研究也必须建立"流"、"流程网络"和"运行程序"等要素的概念，来研究开放的、非平衡的、不可逆过程中能量流的输入/输出行为；也就是要从静态的、孤立的某些截面点位计算走向流程网络中能量流的动态运行。其中包括了有关钢厂能量流运行的时间-空间-信息概念，而不能局限在质-能衡算的概念上。在钢厂设计和改造过程中不仅应该注意物质流转换过程及其"程序"和物质流网络设计；同时，也应该重视能量流、能源转换"程序"与能量流网络的设计，进而通过与信息技术结合，建立起能源-环保管控中心。

5.3.5.2 能量流网络的构成

所谓"网络"是由"节点"和"连结器"按照一定的图形整合起来的系统，对钢厂生产流程而言，这是一个具有物质-能量-时间-空间-信息构成的动态系统。再细分，则可以进一步解析为物质流网络和能量流网络以及相关的信息流网络。其中能量流网络是由"节点"和"连结器"等单元按一定图形构建而成的运行系统，即"能量-空间-时间-信息"构成的动态运行系统。

在钢厂内部有一次能源（主要是外购的煤炭）和二次能源（如焦炭、电能、氧气、各类煤气、余热、余能等）。这就分别形成了能量流网络的始端节点（如原料场、高炉、焦炉、转炉等），从这些始端"节点"输出的能源介质沿着输送路线、管道等连结途径——连结器，到达能源转换的终端节点（如各终端用户及热电站、蒸汽站、发电站等）。当然，在能量流的输送、转换过程中，必然需要有必要的、有效的中间缓冲器（缓冲系统），例如煤气柜、锅炉、管道等，以满足能源在始端节点与终端节点之间在数量（容量）、时间、空间和能阶等方面的缓冲、协调与稳定。由此，不难看出钢厂内部可以构建起能源始端节点—连结器—中间缓冲系统—连结器—能源终端节点之间按一定图形所构成的能量流网络（能源转换网络），并且实现某种程度的"闭环"。

如果能够对各工序各自的能量排放（二次能源）和附加的一次能源按一定的"程序"组织起来，并充分利用，就可以构成钢厂内部的能源转换网络—能量流网络（参见图3-5）。

再深入看，由于能量回收、转换技术在不断进步，对余能、余热的可回收、可转换利用的范围不断扩大，则相应的始端"节点"/终端"节点"的范围也会随之不断扩大，相应的"连结器"也随之增加或延伸。这样就会构成不同层次的"能量流网络"。例如，钢厂回收的余热介质是 $500\sim600℃$ 以上，就可以构成该水平的能量流网络；如果回收余热介质是 $300℃$ 以上，则扩展成另一层次的能量流网络。可见，钢厂的能量流网络是分层次的，在实施过程中应考虑分层次推进，在能量流网络的设计概念和设计方法中应该有清晰的认识。

5.3.5.3　能量流与能量流网络设计原则

在钢厂设计和改造过程中不仅应该注意物质流转换过程及其"运行程序"和物质流网络设计；同时，也应该重视能量流、能源转换"程序"与能量流网络的设计。

研究钢铁企业中能量流的行为，设计构建能量流网络及其运行控制，在理论上必须突破物料平衡-热平衡（质-能衡算）的静态性思维束缚，在工程设计上必须突破煤气处理、蒸汽分配、输变电配置等作为公辅设施的局限性认识；要把钢铁制造流程所有涉及能源转换、利用、传输和储存的工艺性热工过程（工序/装置，例如高炉等）和能源转换性热工过程（工序/装置，例如发电机等）集成在一起，从钢厂生产运行过程中能量（能源）动态过程的特征出发，来描述、构建能量流、能量流网络及其全程全网性的动态运行程序。因此，能量流网络设计应重视下列原则：

（1）建立能量流的输入-输出概念，不局限在物料平衡-热平衡的概念上；

（2）一次能源转换装置的容量、数量和效率的合理选择（例如焦炉的大型化、焦炉座数及其位置的优化等）；

（3）不同二次能源优先使用序的合理选择（例如转炉煤气优先用于焙烧石灰等）；

（4）能源终端转换装置的容量、功能与效率优化（例如，由于钢厂余能的主要形式是煤气、蒸汽，目前这些余能的利用主要是将其转换为电能，因此，发电机的容量、台数、效率等应引起重视）；

（5）能量流网络应该依据图论中初级回路的概念进行设计（例如由于二次能源、余热余能必须及时、充分回收和利用，因此能量流网络应采用简捷的初级回路来连接）；

（6）能量流中间储存、缓冲系统能力优化，通过储存、缓冲装置，实现能量流在网络中持续、稳定地运行（例如煤气柜的个数、容积和位置等）；

（7）能量流网络应分层次设计和分层次构建（例如，以300℃回收余热、以150℃回收余热等不同层次的能量流网络）；

（8）通过能量流网络设计构建起能源-环保管控中心，逐步向近"零"排放目标的逼近。

5.4　钢厂的动态精准设计

钢厂的生产过程是一类制造流程。所谓"制造（生产工艺）流程"必须具有可以有效、有序、协同、连续地动态运行的结构。静态的工序/装置排列，不能体现出流程的全部内涵（这只是静态的空间结构），特别是不能体现出动态-有序、协同-连续/准连续运行的全部内涵，更不能体现出动态性、连续性。因此，流程设计必须立足于动态运行的基础上，也就是要使物质流、能量流在特定设计的时-空边界范围内，在特定设计的信息流的运行程序驱动下，实现高效、有序、协同、连续地动态运行。追求的是物质流（主要是铁素流）在能量流的驱动和作用之下，在各个工序内和各工序之间进行动态-有序的运动；追求的是使间歇运行的工序（例如炼钢炉、精炼炉等）、准连续运行的工序（例如连铸机、连轧机等）和连续运行的工序（例如高炉等）都能按照流程总体协同有序地运行的"程序"协调地、动态-有序地运行；进而追求流程运行的连续化（准连续化）和紧凑化。

因此，钢厂动态精准设计的理论必须建立在符合其动态运行过程物理本质的基础上，特别是生产流程的动态-有序、协同-连续/准连续运行中的运行动力学理论基础上。即钢厂动态精准设计应以先进的概念研究和顶层设计为指导，运用动态甘特图、考虑到高效匹配的界面技术实现动态-有序、协同-连续/准连续的物质流/物流设计、高效转换并及时回收利用的能量流设计及以节能减排为中心的开放系统（钢厂为社会循环经济中的重要环节）设计，从而在更高层次上体现钢铁生产流程的三个功能。

在新世纪的钢厂设计过程中，将设计钢厂的理论，从以流程内各工序的静态能力（容量）的估算和简单叠加推进到以流程整体动态-有序、协同-连续/准连续运行的集成理论上来是必然的，而且由于信息技术的支持，在方法上是有可能做到的，应该深入研究和努力开发钢铁制造流程动态精准化的工程设计理论和方法，以及相应的工具手段。

5.4.1　传统的钢厂设计与动态精准设计的区别

在以往的钢厂设计和生产运行的组织过程中，通常习惯于用拆零件的方法来处理问题。在这些机械论的拆分方法中，不仅习惯于把设计或生产运行的整体划分为许多细部，还常常用一些"经典"的方法把每一个细部从其周围环境或上、下游关联系统中分割出来，如此，则研究的问题与周边环境之间的复杂的相互作用就可以"不管了"，"问题"似乎就"好解决了"。然而，钢厂设计和生产运行的整体过程不是一个孤立系统，而是嵌入在一定周边环境条件下的开放系统，是处在不停地进行物质、能量、信息的输入/输出过程中，而且实际是非平衡的开放状态。

在钢铁制造流程中，可以将它割裂为炼铁、炼钢、轧钢等工艺过程，它们分别运行着，而且也许可以找到孤立运行的"最佳"方案，然而作为一个流程的制造过程，不仅要研究"孤立"、"最佳"，更重要的是要寻求整体动态运行过程的最佳方案；所以，不能用机械论的拆分方法来解决相关的、异质的而又往往是不易同步运行工序的组合集成问题。因此，重要的是研究多因子、多尺度、多层次的开放系统动态运行的过程工程学问，要分清工艺表象和动态运行物理本质之间的表里关系、因果关系、耦合关系，找出其内在规律。这对设计过程和生产运行过程的优化和调控是十分重要的。在进行工程设计和生产运行的思考时，应该联想如下方面：

（1）你设计的是"实"，可千万别忘了流动着的"虚"——"流"；

（2）你操作的是"实"，可实际上是运动着"虚"（"流"）的一部分；

（3）"虚"（"流"）集成着"实"（工序/装置等），"实"体现着"虚"，相互呼应、相互依靠；

（4）"流"体现着过程与工程（系统）的结合，思考分子/原子尺度上的问题或工序/装置层次上的问题时，应该同时思考输入/输出的"流"的运动；

（5）生产运行和工程设计从表象上看似很"实"，但从本质上看恰是"流"运行的体现，为了"流"的动态-有序、协同-连续/准连续运行是主要目的、是灵魂；

（6）工程设计和生产运行都要"虚"、"实"结合，先定工程理念——"虚"，然后通过工程设计和动态运行付诸实践——"实"。

卓越的工程师不仅要有精深的专业知识，而且要有广博的经济、社会和人文知识，要有综合-集成的高层次、通盘性创新能力。时代命题呼唤着中国工程师要有新理念、新风格、新知识、新能力。

综上所述，动态-精准设计与传统的分割-静态设计的区别是，在设计之时就考虑到动态的、实际生产运行，而不是与生产运行脱节。这有别于有些人认为的"设计就是为了建设安装设备、厂房"的认识，动态精准设计既是为了建设、安置设备和厂房的任务（图5-10），同时，更是为这些设备、厂房能在生产过程中动态-有序、协同-高效地生产而服务的。动态精准设计的目标任务必须体现在工程投产、运行过程中多目标优化。

图5-10　动态-精准设计与传统的分割-静态设计在概念、目标上的区别

a—分割-静态设计；b—动态-精准设计

由此可见，对钢铁制造流程的设计而言，不仅是为了工程建造提供方案和图纸，以供工程建设之用，而且要为工程建成

后的日常生产运行，准备好合理的运行路线，提供运行规则和程序，使制造流程能够动态-有序、协同-连续/准连续地运行，发挥其卓越的功能和效率，达到多目标优化的效果。

因此，在设计过程中就应该开发动态-有序、协同-连续/准连续运行的一系列技术模块，其方法和过程主要应是：

（1）三类动态时间管理图。包括：

1）以制订并优化高炉连续运行为核心的炼铁系统动态运行甘特图，并以此扩展为全局性的能量流网络的基础；

2）以制订并优化连铸多炉连浇为核心的炼钢系统动态运行甘特图，并以此扩展为高效率、低成本洁净钢制造平台；

3）以制订并优化热轧机换辊周期为核心的轧钢系统动态运行甘特图，并以此与连铸连浇周期配合，构建铸坯直接热装炉、热送热装的动态管理图。

（2）三类界面技术的开发：

1）高炉出铁与铁水运输、铁水预处理直到转炉之间的快捷-高效系统；包括铁水包输送距离、运输方式、铁水包的合理数量、高炉铁水出准率、尾罐率和铁水罐周转速度的调控；

2）高温铸坯与不同加热炉之间动态运行系统，包括不同状态下每流铸机出坯与不同加热炉之间的输送距离、输送方式、储存"缓冲"的位置安排等动态衔接过程，以及热轧机每分钟产出率与加热炉钢坯输出节奏之间的协调关系（包括棒材切分轧制等）；

3）热轧过程及轧制以后轧件的温度-时间控制，形成合理、高效的控轧-控冷动态控制系统。

（3）构建串联-并联相结合的、简捷-高效的流程网络（物质流网络、能量流网络、信息流网络），其中物质流网络简捷-顺畅-高效的"最小有向树"概念是基础，同时必须高度重视能量流网络的设计研发。在物质流网络、能量流网络简捷-高效的基础上，信息流网络、信息化程序将易于设计，并能有效地、稳定地进行调控。

5.4.2　动态精准设计流程模型

模型是知识的"沉淀"，但也应注意到，没有不断更新的专业知识，没有建立在可靠物理机制上的精准数字仿真，所谓"模型"就会变成数字游戏，或是"仿而不真"。为了针对某些新技术及其新的"环境"条件的深入了解，就需要通过过程理论分析和实验验证具有新结构的物理模型的合理性、可靠性，从而获得新的知识。

在钢铁生产流程动态运行中，物质流运行是根本，因此动态精准设计应以物质流设计为基础，从模型角度上看，物质流动态精准运行的工程设计的方法是有层次性的，我们可以将不同类型的设计方法作如下比较：

（1）以工序/装置的静态结构设计和静态能力估算为特征的分割设计方法（分割的静态实体设计方法），见图5-11。

图5-11　以工序/装置的结构设计及其静态能力
估算为特征的流程设计

这种分割设计方法只注意各工序/装置的结构设计图及其静态能力的估算，既没有工序装置之间协同运行方式的设计，又缺乏工序/装置自身信息调控的设计。其中上、下游工序连接方式，基本上就是靠相互等待，随机连接，属于简单粗放的分割设计方法。

（2）以单元工序/装置的静态结构及其内部半动态运行为特征的设计方法（单元工序/装置附加简单的专家系统的分割设计方法），见图5-12。

图 5-12　以单元工序/装置静态结构设计加部分结构
内部半受控为特征的分割设计方法

这种设计方法实际上还是分割设计方法，只是在工序/装置静态结构设计的基础上，对某些装置附以一些基础自动化措施或简单的专家系统进行单元工序层次上的半自动调控，但没有工序间关系动态-有序的协同调控。工序之间的连接方式依然靠相互等待、随机组合来解决。

（3）以单元工序/装置内部半动态运行和部分工序间动态-有序运行为特征的设计方法（图5-13）。

图 5-13　以单元工序/装置内部半动态调控和
部分工序间协同调控的设计方法

这种设计方法注意到了局部动态-有序的实体（硬件）-虚体（软件）设计方法，即其中某些工序之间出现动态、协同的设计概念和方法，如动态-有序运行的全连铸炼钢厂等。

（4）以全流程动态-有序、协同-连续/准连续运行为目标的动态、精准设计方法（图5-14）。

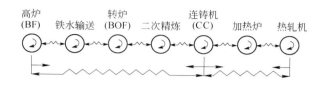

图5-14 以全流程动态-有序、协同-连续/准连续运行为
目标的动态、精准设计方法

这是属于动态-有序、协同-连续/准连续运行系统的实体（硬件）-虚体（软件）集成，即在信息化他组织调控下的适时-自适应的动态、精准设计方法。

从以上不同类型的设计方法示意图中可以看出，现有的钢厂设计方法大体上处在第Ⅰ（图5-11）、Ⅱ（图5-12）类型上，要达到第Ⅲ类型（图5-13），特别是要达到第Ⅳ类型（图5-14）设计方法的水平，必须要有新的设计理论、设计方法和工具来指导。即要从传统的静态结构及其能力估算的分割设计方法发展到信息化的动态-有序、协同-连续/准连续运行的动态精准设计方法。这就应该以新的流程解析、集成优化及其运行动力学理论为基础，并在信息化、智能化技术的支撑下，建立起装置和流程级别上动态-有序、协同-连续/准连续运行的模型。其中，将涉及：

1）工序装置/流程功能序、空间序的科学安排；

2）工序装置/流程时间序的程序化协调；

3）工序装置/流程时-空序的连续、紧凑、"层流式"运行及其信息化、智能化调控。

为了解决上述问题必然会进一步涉及：

4）工序功能集合的解析-优化；

5）工序间关系集合的协调-优化；

6）流程中组成工序集合的重构-优化。

因此，在概念研究时，要特别强调流程系统动态-有序、协同-连续/准连续运行的集成优化，在步骤上应该先研究、确定功能序与工序（装置）功能集的解析-优化；继而研究、确定不同单元工序（装置）的所有优化功能在流程运行过程的空间上、时间上有效耦合，并研究、确定以平面图为主的时-空序优化（体现其流程网络），使"流"在规定的时-空"网络"边界内运行，以保证物质流、能量流动态-有序地"连续"、"层流式"运行。以此为基础，开发钢厂设计的计算机虚拟现实，即建立起有可靠物理机制的数字仿真系统及其软件（工具）。从而，使钢厂设计方法得到升级更新，信息化、智能化技术更加有效地与流程动态运行的物理模型融合，并使用户钢厂获得新的核心竞争力。

新一代钢厂动态精准设计不仅是对流程中工艺参数、单个装置（设备）、厂房、能源介质参数的精确优化计算，更是对为了实现整个流程动态-有序、协同-连续/准连续运行、物质/能量的合理转换等参数及派生参数的精确设计。物流量或物质流通量、时间、温度是钢铁制造流程动态-有序、协同-连续/准连续运行的基本参数，衔接好流程中各工序以及工序间的这些参数，使流程中每个区段、各个工序之间物质流通量按分钟级（对连轧而言甚至需要秒级、毫秒级）的匹配，实现流程的高效-连续，是动态精准设计理论的出发点。物质流通量的大小会影响到工序单元装备能力、个数、装备间距离和连接方式、运行时间等。式5-3从各工序分钟物质流通量的匹配、生产过程中设计的连续化程度、吨钢综合能耗方面表达了动态精准设计应遵循的设计原则：

$$\left.\begin{array}{l}(1)\ Q_{PF} = Q_{FN}, Q_F = Q_{IN}, Q_I = Q_{cc} = Q_{rh} = Q_{ro} \\ (2)\ \Sigma t_1^{设} + \Sigma t_2^{设} + \Sigma t_3^{设} + \Sigma t_4^{设} + \Sigma t_5^{设} \to \min \\ (3)\ \Sigma E \to \min \end{array}\right\} \quad (5\text{-}3)$$

式中 Q_{PF}——铁前系统平均每分钟原料供应量，t(铁)/min；

     Q_{FN}——炼铁系统平均每分钟原料需求量，t(铁)/min；

      Q_F——炼铁系统平均每分钟出铁量，t/min；

     Q_{IN}——炼钢系统平均每分钟需铁量，t/min；

      Q_I——炼钢系统平均每分钟供钢水量，t/min；

     Q_{cc}——连铸机平均每分钟铸坯输出量，t/min；

     Q_{rh}——加（均）热炉平均每分钟铸坯输出量，t/min；

     Q_{ro}——轧机运行时平均每分钟轧制量，t/min；

    $\Sigma t_1^{设}$——生产物质流在流程各工序/装置中通过所消耗的实际运行时间的总和；

    $\Sigma t_2^{设}$——生产物质流在流程网络中运行所消耗的各种实际运输（输送）时间的总和；

    $\Sigma t_3^{设}$——生产物质流在流程网络中运行所消耗的各种实际等待（缓冲）时间总和；

    $\Sigma t_4^{设}$——影响流程整体运行的各类检修时间总和；

    $\Sigma t_5^{设}$——生产物质流在流程网络中运行时间出现的影响流程整体运行的各类故障时间总和；

     ΣE——吨钢综合能耗(标煤)，kg/t(钢)。

需要说明的是，式5-3是联立方程式，表示物质流/能量流协调运行的关系式，不能单一地、分别地理解与应用，仅遵循其中某一个原则的设计并不是动态-精准设计，即三个联立在一起的方程式才体现连续性、紧凑性和动态-有序性。其中的式5-3(1)主要体现动态协同、匹配原则，是物流或物质流在长时间范围内动态、稳定、均衡的匹配相等；式5-3(2)主要体现的是紧凑性和动态-有序性原则，即流程运行的时间最小化是在紧凑化、有序化、流程网络合理化前提下的运行过程时间最小化，并不意味着趋向于0，也不是局部工序、区段的过程时间越短越好。而且**需要特别说明是紧凑化不仅是空间的**

概念，还涉及运行时间，时间短不是单纯地靠局部强化或局部快，还要靠流程网络的紧凑、合理，物质流层流式运行等一系列措施，并且应形成稳定状态，其中也意味着检修、维修的协同合理安排和保证质量，从而保证流程整体运行时间最小化。式5-3(3)体现动态-有序化的目标——减少耗散而使流程能源消耗"最小化"，这是流程连续化、紧凑化和动态-有序化运行的重要标志。

5.4.3　动态精准设计方法的核心思想及步骤

动态精准设计方法是建立在动态-有序、协同-连续/准连续地描述物质/能量的合理转换和动态-有序、协同-连续/准连续运行的过程设计理论的基础上，并实现全流程物质/能量的动态-有序、协同-连续/准连续地运行过程中各种信息参量的设计；甚至进一步推进到计算机虚拟现实。

5.4.3.1　动态精准设计方法的核心思想

动态精准设计方法的建立植根于工程设计理念的进化，要注重以下核心思想：坚持时间的连续性和不可逆性的原则下，强调时间的点-位性、区段性、节律性和周期性，从中体现出了时间动态管理的重要性。

（1）建立时间—空间的协调关系。对于动态精准设计而言，时间反映的是流程的连续性、工序间的协调性、工序/装置中工艺因子在时间轴上的耦合性，以及运输过程、等待过程中因温降而损失的能量等。然而，当工艺主体设备选型、装置数量、工艺平面布置图、总图确定后，意味着钢厂的静态空间结构已经"固化"，也就是说规定了钢厂的"时-空"边界。因此，**要确立"流"、"流程网络"和"运行程序"的基本概念**，在工艺平面布置图、总图设计中要充分考虑并优化工序/装置的"节点数目"、"节点位置"和"节点"之间线/弧连接距离和连接路径，仔细计算上下游工序/装置之间协调、匹配运行的时间过程和时间因子的各类表现方式。

（2）注重"流程网络"的构建。从"流"的动态运行概念出发，构建"流程网络"是从传统的静态能力设计转向动态-有序精准设计的根本区别。"流程网络"是时空协同概念的载体之一，是时空协同的框架。从钢铁制造流程的动态精准设计、动态运行和信息化调控的角度分析，必须建立起"流程网络"的概念，务必从工艺平面布置图、总图等向简捷化、紧凑化、顺畅化方向发展，以此为物理框架，对"流"的行为进行动态-有序、连续-紧凑地规范运行，以实现运行过程中的物质、能量耗散的"最小化"。需要指出的是："流程网络"首先体现在铁素物质流的"流程网络"，同时，还要重视能量流网络和信息流网络的研究和开发。

（3）突出顶层设计中的集成创新。钢厂设计是以工序/装置为基础的多专业协同创新行为和过程，实质是解决设计中的多目标优化问题。每个工程设计项目都会因地点、资源、环境、气象、地形、运输条件和产品市场的千差万别而不同，同时设计者又会根据相关技术的进步，在设计中适当地引入新技术，这样新技术和已有先进技术的结合（或称有效"嵌入"）就体现为集成创新。集成创新是自主创新的一个重要内容、重要方式。它不仅要求对单元技术进行优化创新，而且要求把各个优化了的单元技术有机、有序地组合起来，凸显为流程整体层次上顶层设计的集成优化，形成动态-有序、协同、连续、高效的顶层设计指导思想。同时需要指出的是，个别探索中的"前沿"技术属于局部性试探（有可能不成熟），并不一定要体现在顶层设计中，必须分析研究其成熟程度以及是否能有序、有效地"嵌入"到流程网络中来，才能决定其取舍。流程集成创新绝不意味着将各种个别的"前沿"探索性技术简单地凑在一起。

（4）注重工序之间的关系和界面技术开发和应用。动态精准设计方法重要的思想之一，就是不仅注重各相关工序本体的优化，而且更重要的是注重工序之间的关系和界面技术开发和应用，并运用动态甘特图等工具手段，对钢铁生产流程的各项配置及其运行进行预先的周密设计。

（5）注重流程整体动态运行的稳定性、可靠性和高效性。动态-精准设计方法要确立**动态-有序、协同-连续/准连续运行的规则和程序**，不仅注重各工序自身的动态运行，而且更注重流程整体动态运行的效果，特别是注重动态运行的稳定性、可靠性和高效性。这是动态-精准设计方法追求的目标。

5.4.3.2　动态精准设计的具体步骤

在产品大纲和生产规模已论证、确定的条件下，钢厂工程设计应遵循以下几个步骤：

（1）概念研究、顶层设计。概念研究、顶层设计阶段要树立起动态-精准的观念，要有集成动态运行的工程设计观。**确立制造流程中"流"的动态概念，强调以动态-有序、协同-连续/准连续作为流程运行的基本概念。并且在顶层设计中突出整体性、层次性、动态性、关联性和环境适应性，强调以要素选择、结构优化、功能拓展和效率卓越为顶层设计的原则；在方法上强调从顶层决定底层，从上层观察下层的思维逻辑。**在概念研究、顶层设计时，要特别强调流程系统的集成优化，在步骤上应该：

1）先研究、确定功能序与工序/装置功能集的解析-优化；

2）继而研究、确定不同工序/装置的所有优化功能在流程运行过程的时间上有效耦合；

3）研究、确定以总平面图为主的时-空序，使"流"固定在合理的"网络"时-空边界内，以保证物质流、能量流动态-有序地"连续"、"层流式"运行。

（2）构建产品制造流程的静态结构。根据已确定的产品大纲和生产规模，结合各工序的金属收得率，利用物质流率匹配倒推法，初步计算轧线、连铸、转炉（电炉）、高炉、铁前系统工序/装置的能力、装置数量及合理位置，完成钢厂总体流程设计的框架性任务。

（3）利用工序/装置功能集合的解析-优化，确立制造流程的合理功能定位和装置能力选择。动态-有序是钢铁制造流程中工序/装置功能划分的前提，对于工序中的多个装置而言，工序功能划分是指各装置的工作任务划分，例如采用两套轧机时，要综合考虑两套轧机的产品品种、规格、市场划分。对于上、下游工序/装置的功能划分，是指为实现某一或某些功能而在流程中的合理空间序和时间过程安排，例如连铸机板坯调宽和热轧机调宽功能的合理选择和安排，铁水预处理脱硫、脱硅-脱磷工序的选择和合理安排等。

（4）利用工序间关系集合的协调-优化，体现工序之间的协同、互补；并设计流程中的界面技术。从工程科学的角度看，在钢铁制造流程中界面技术主要体现在实现生产过程物质流、生产过程能量流、生产过程温度、生产过程时间等基本参数的衔接、匹配、协调、稳定等方面，因此动态精准设计必须解决好界面技术。这些界面技术包括焦化、烧结（球团）至炼铁、炼铁至铁水预处理、铁水预处理至炼钢炉、炼钢炉至二次精炼、二次精炼至连铸、连铸至加热炉、热轧等方面。设计出好的界面技术是实现流程动态运行稳定性、连续性、紧凑性必不可少的重要环节。

（5）利用流程中工序集合的重构-优化，构建"流程网络"和"运行程序"。本步骤的主要任务是完成铁素物质流程网络图、能量流网络图、信息流网络图的构建，解决好资源、能源的合理转换/转变、高效利用和二次能源的回收再利用，并使信息流有效地贯通在整个铁素物质流网络、能源流网络之中，调控好物质流、能量流的动态优化运行。

（6）进行产量、设备作业率的核算。核算单元工序/装置的产能，是技术文件和图纸中有效运行时间问题的集中体现。解决这一问题，需根据产品大纲、设备工艺参数、工艺平面布置图、总图等完成原料-铁水动态产出图、铁水运输时序图、炼钢车间的生产运行甘特图、轧钢车间的轧钢计划生成图和轧制计划表等。单元工序/装置产量、设备作业率核算都是在流程整体动态-有序、协同-连续/准连续运行条件下得到的，还需根据生产组织模式验证整个产品制造流程分钟级的流通量匹配情况。

（7）流程动态运行效率的评估。动态精准的工程设计方法就是要从动态-协同运行的总体目标出发，对流程所需的技术单元进行判断、权衡、选择，再进行动态整合，研究其互动、协同的关系，形成一个动态-有序、协同-连续/准连续的工程整体集成效应，以此来评估流程动态运行过程中的物质流效率、能量流效率和信息流的控制效率等。

5.5　集成与结构优化

钢铁生产流程动态运行过程本身就是基础科学、技术科学和工程科学之间的集成问题；工艺技术、装备技术和信息技术之间的集成问题；甚至还包括了资源、资金投入、过程效率和过程输出（排放）之间的集成优化问题等等；因而钢铁生产流程的结构优化、功能优化和效率优化都离不开集成，钢铁生产流程的工程设计，尤其是钢铁生产流程的动态精准设计也离不开集成。

集成与解析有着紧密的、相对的关系，集成与解析看似矛盾，实际是辩证统一关系。集成优化必须建立在解析优化的基础上，但是只停留在解析优化的层次范畴内，解析优化的效率、效果将会受到局限，只有在解析优化的同时高度重视集成优化，特别是宏观系统层面上的集成优化才能充分体现要素优化、结构优化、功能优化和效率优化的效果。从直观上看，集成优化表现为对系统要素（例如工序/装置等）的优化，实际上要素优化必然会引发要素与要素之间的相互作用（非线性作用）关系的优化，从而进一步导致流程系统结构优化。

5.5.1　关于集成与工程集成

5.5.1.1　什么是集成

集成不是相关组成部分的简单堆砌，不是构成要素的拼凑，不是局部解析优化后的简单组合，而是要形成结构动态协调、功能优化、效率优化的人工集成系统，以及在此基础上系统的演化和升华。集成的内涵将涉及理论、要素、结构、功能、效率等诸多方面。集成的本质是在多元事物之间相互作用、相互制约的过程中所形成的结构化关联关系的综合优化。

5.5.1.2　钢厂设计中的集成的涵义与集成技术

钢铁制造流程集成的特征是流程尺度的、工程科学层面的研究命题。在钢厂设计中，在不同层面有着不同的具体内涵，图 5-15 分别列出了工程科学、生产技术、工程应用、决策、投资等方面涉及的具体内涵。

由于在新世纪，钢厂的功能将拓展为钢铁产品制造功能、能源转换功能和废弃物消纳-处理和再资源化功能，因此，在新一代钢厂设计过程中应该着力开发以下集成技术，即：

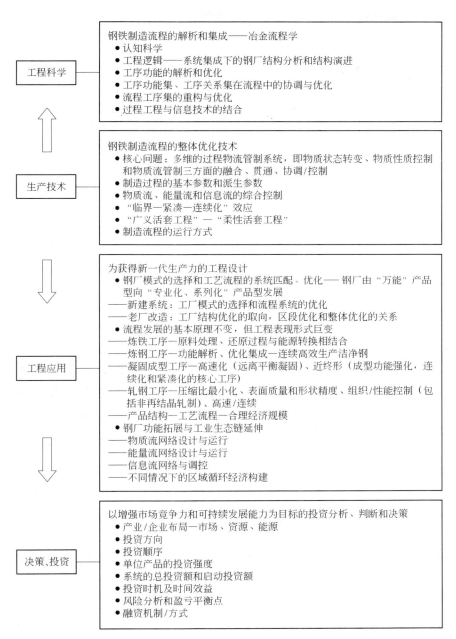

图 5-15 钢铁制造流程解析与集成在不同层次上的含义[7]

（1）动态-有序、协同-连续/准连续运行的集成技术，其中包括区段动态有序运行技术、各类优化的界面技术和流程网络优化技术等；

（2）高效率、低成本的洁净钢生产平台技术；

（3）流程中能源的高效转换、充分利用和系统节能技术；

（4）物质流、能量流、排放流的信息控制与管理技术；

（5）废弃物循环利用和无害化消纳、处理技术；

（6）清洁生产和环境信息监控技术；

（7）产业链接技术等。

5.5.1.3　工程设计与集成创新

在构建创新型国家的过程中，工程创新是一个重要方面，是实施自主创新战略的主战场。对工程自主创新而言，设计创新是基础和关键。革新设计方法、建立新的设计理论是设计创新不能不面对的课题。

工程设计创新要从制造（生产工艺）过程来加以认识。**应该把工程设计及其创新理解为要素的集成过程（这是集成的基本特点和过程）；理解为网络的构建过程（这是事物运动的时-空途径、过程及其边界）；理解为结构化的过程（这是包括了形成事物运动的静态框架和动态-有序运行的结果和效率）；理解为功能拓展和效率提高的过程。**

工程设计的特点之一是集成过程，而这种集成过程的重点首先是选择和优化其要素（单元），集成的本质是多主体、多元化的活动及其相互作用和相互制约关系的综合优化。多元事物之间的相互作用、相互制约所形成的关联关系就构成了结构化的网络。在这样的一个集成过程中，需要匹配各种要素（包括各类参数等），需要衔接、协调各种单元，需要协调各类需求，这些都需要进行复杂的权衡和选择。

工程设计创新往往表现为新技术和已有先进技术的结合，

而且不太可能是所有技术都是更新性的。因此，将新技术与已有先进技术结合起来并开发出协同运行的界面技术、"网络化"技术也是工程集成创新的重要组成部分，并由此来体现创新的工程系统所具有的整体协同的"美"。工程设计往往讲究"造型"艺术，其实"造型"艺术崇尚的是兼具结构合理和艺术的美感，追求工程主体与自然之间的协和。

根本性的工程（设计）创新是一种打破旧结构、再建新结构的过程，它的实现将重新构造人们的时-空观念，大幅度地提高物质-能量转换、利用效率。突变性、根本性的工程（设计）创新，实际上也是产业系统、社会系统创新的组成与过程——形成新的生产方式、生活方式，新的时-空域，甚至引发新的语言和新的经济-社会结构。广而言之，工程（包括设计）创新意味着重构我们的产业活动，重构我们的社会生活和社会文明。

设计源于工程理念，工程理念的转变与提升，直接影响到工程规划与发展战略，进而催生新一代设计理论和设计方法。在这个过程中，要敢于向传统认识提出疑问，要刨根问底，不断思考现存的不完整的、若有若无的工程设计理论，不断反问现有设计方法的合理性，勇于突破技术难点，善于自主创新。

在现代化大生产过程中，产业之间的关联度日益提高，技术之间相互关联、相互依存、相互制约的关系日益明显，单项技术的突破或改进不一定能独柱擎天；特别是对于工程而言，没有只用一种技术的工程，对制造流程而言，也没有只用一种技术的制造流程，必须要通过核心专业技术的自主创新和相关技术的有效集成，并建立创新流程系统，才能最终形成生产力和市场竞争力。因此，**对于流程工业的设计创新而言，不同环节、不同层次工艺、技术的优化和集成创新显得十分重要。**

集成创新是自主创新的一个重要内容、重要方式。它不仅要求对单元技术进行优化创新，而且要求把各个优化了的单元技术有机地组合起来，集成优化，融会贯通，开发出新一代的工艺、装备，构建起新一代制造流程，生产出有市场竞争力的新一代的产品；同时，通过制造流程功能拓展，延伸产业链，必然会产生新的经营领域和新一代经营管理方法，创造出新的经济增长点。

集成创新的主体往往是企业，但在实施集成创新战略的过程中，企业不能"关门"集成，不能因为创新主体是企业而一叶障目，应该想到："多大的眼光看多大的事，多大的胸怀办多大的事"；在实施以企业为主体的创新战略进程中，企业应该对工程设计院、专业研究院甚至高等院校提出新的目标、新的要求乃至新的合作模式。高等院校不能囿于学科分支领域的局部理论层面上，而应理论联系实际，重视学科交叉、重视学科知识与工程实践的结合。而工程设计院、专业研究院等单位，不应停留在就事论事的水平上，应该从根本上研究工程系统的内涵、本质和运行规律，建立新的设计理论和设计方法。这样，才能事半功倍，有效地推动自主集成创新战略的实施。

5.5.2　关于钢厂结构

在认识工程活动特别是工程设计问题时，"结构"的构建、优化、升级是一个重要内涵，也是工程设计质量的重要体现，设计创新往往与结构优化、结构升级有着密切的关系。因此，讨论、认识"结构"问题是重要的。

5.5.2.1　钢厂结构优化的工程分析

钢厂结构优化最突出的体现是与市场需求紧密相连的产品结构、工艺流程结构和合理经济规模。钢铁企业历来重视经济规模，即具有合理结构的经济规模。单纯从产量上看是难以判断某一企业规模是否是经济、合理的，其决定性的评价因素包括工艺流程结构、产品结构与合理经济规模之间的关系是否优化。

在产品大纲选择过程中，必须注意分析两种类型的产品和两种不同的市场用户。一类是大宗的、通用的产品（例如建筑用长材、普通板材等），一类是特殊的或专用的产品（例如取向硅钢、深井油管等），这两类产品的投资额、销售量、销售半径、生产工艺、装备、生产规模是有着明显区别的。一般而言，大宗的、通用的产品，由于其投资额低、易于建厂、产品附加值低，因此，一般应是面向一个合理销售半径的区域市场的；而特殊的、专用的产品，由于投资额较大、技术难度高、附加值高等原因，往往是面向较大区域的、甚至是全国市场的，但其总需求量是有限的、不大的。市场分析、技术分析、产品分析、用户分析是钢厂结构优化的基础和前提。

钢铁企业结构优化的逻辑思路如图 5-16 所示。图 5-16 给

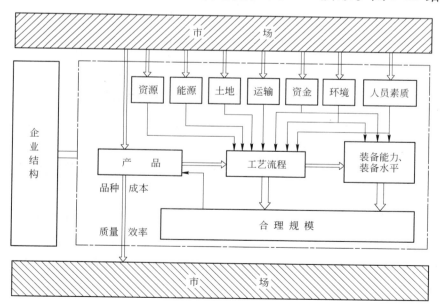

图 5-16 钢铁冶金企业结构逻辑框图[8]

出了钢铁企业结构的内涵。钢厂结构优化首先在于选择适合市场需求的产品系列，从产品系列的制造过程要求出发选择优化的工艺流程和装备水平、装备能力。应该指出的是，工艺流程和装备的选择不仅取决于产品的选择，而且还受到其他一系列因素的影响，其中包括市场范围、用户对象、资源、能源、运输、环境、人员素质以及资金等。因此，钢铁企业结构优化实际上是在一定环境条件约束下的合理选择和集成优化。

从冶金流程工程的高度出发描述钢厂制造流程的结构，必然要涉及流程系统中各工序的功能以及各单元工序之间的关系，这对于以间歇/准连续运行为特征的钢铁企业结构优化而言，具有重要的现实意义。

综观钢铁制造流程科技进步的动向，钢厂结构优化的技术思路基本上是立足于：

（1）工序功能集合的解析-优化；

（2）工序之间关系集合的协调-优化；

（3）流程组成工序集合的重构-优化。

上述三个"集合"的优化推动着钢铁企业生产流程的进步和企业结构的优化，从而组成了以工序功能解析-优化、工序之间关系协调-优化为基础的体现流程组成工序集合重构-优化的现代化钢铁企业。

5.5.2.2　钢厂流程结构优化中有关工程设计的若干原则

国际钢铁工业进入 20 世纪 80 年代以来，全球绝大多数钢厂在生产流程结构调整的过程中，都是以连续铸钢来衔接-匹配钢厂的化学冶金过程与冶金物理过程的，而且无论是高炉—转炉流程还是电炉流程，一般都尽可能地采用全连铸生产体制来协调整个钢厂的生产流程。因此，在钢铁企业流程结构的优化过程中特别要注意以下几个方面：

（1）从市场分布、市场需求和投资效益评估出发，定位单个钢厂（不是钢铁集团企业）的产品大纲，然后分析与生产这些产品有关的现代化轧机生产能力的合理范围。必须注意不同类型热轧机的合理规模和不同类型轧机之间的兼容性（例如棒材轧机与线材轧机之间有较好的兼容性，不同宽度的薄板轧机之间有较好的兼容性等；反之棒/线材类长材轧机与薄板轧机之间就不是能很好的兼容的）来思考一个钢厂的产品结构、工艺流程结构和合理经济规模。

（2）分析与现代化轧机对应的连铸机能力（包括连铸机类型、断面、流数等），争取连铸机—热轧机能力一一对应或整数对应。设计好连铸机—热轧机的物流衔接、匹配关系，温度的协调-缓冲关系，时间过程（节奏）的协调-缓冲关系，输送方式和输送路径等，充分利用铸坯的温度，以便捷、快速为原则，设计优化的炼钢厂—轧钢厂的平面布置图，促进紧凑化、"连续化"。一般应争取将连铸机的出坯辊道或冷床铸坯输出线与轧钢加热炉入炉的辊道能直接连接上，而不用吊车或其他转运设施。

（3）分析、选择全连铸生产体制下炼钢炉—二次冶金装置—连铸机之间优化-协调的界面技术——实现准连续和尽可能紧凑的衔接、匹配。协调-缓冲工艺流程和装备，还要注意到不同类型、不同能力连铸机同时生产时的"横向"兼容、协调问题。同时，也包括炼钢厂空间布置的合理化，以促进炼钢厂运行物质流的优化、顺畅、协调。

（4）根据钢厂合理规模与工艺流程结构优化的要求，确定高炉容积、座数（一般以2座高炉为优化目标，有时也可以采用3座或1座高炉运行）及其合理位置。再根据产品大纲的要求选择高炉—炼钢炉之间的界面技术，并优化高炉—铁水预处理—炼钢炉等工序之间的空间布置，以及铁水罐的输送方式等，促进高温物质流的动态-有序性、准连续性和紧凑性。

（5）在上述思考的基础上，分析计算在同一钢厂内若干高炉—铁水预处理—炼钢—二次冶金—连铸—加热—热轧之间纵向协调性和横向相容性。也就是要处理好不同类型钢材生产流程结构的合理化以及在同一钢厂内以一个有综合竞争力的结构体系，将不同的但可以相互兼容的钢铁产品合理地组织在一起，进行合理的生产。这是一个集市场需求、技术进步、经济效益和环境效益于一体的复杂性设计体系。

（6）在确定物质流动态运行结构的同时，应对生产过程中的一次能源和二次能源、余热余能进行能量流的网络化设计，合理使用不同品质的能源介质，提高能源转换效率，及时、充分地回收余热余能，形成全厂性的能量流网络（能源中心）及其控制运行程序等。

（7）以构建适度区域范围内的工业生态链为目标，按照产品加工链、能源利用链、物流运输链、资金增值链和知识延伸链的关系，逐步形成区域性循环经济社会。

这些命题具体落实到流程设计的技术指导思想上，就会形成以下策略性的优化原则：

（1）上、下游工序或装置之间物质流通量的对应原则；

（2）流程工程中物质流温度-时间稳定（"收敛"）原则；

（3）流程中物质流连续化（准连续化）原则；

（4）流程中物质、能量高效利用和充分回收使用原则；

（5）流程过程时间-空间紧凑化原则；

（6）流程网络结构（"节点数"、"连结器"的形式、总平面图等）简捷-顺畅原则；

（7）在物质流优化、能量流优化的基础上，以信息化、智能化手段设计并调控流程动态运行等。

参 考 文 献

[1] 朱爱斌，毛军红，谢友柏. 美国"先进工程环境"研究[J]. 机械工程学报，2004，40(8)：1~6.

[2] 殷瑞钰，李伯聪，汪应洛，等. 工程演化论[M]. 北京：高等教育出版社，2011：26，27.

[3] 殷瑞钰. 哲学视野中的工程[J]. 中国工程科学，2008(3)：3~5.

[4] 殷瑞钰. 关于钢铁制造流程的研究[J]. 金属学报，2007，43(11)：1121~1128.

[5] 殷瑞钰. 关于新一代钢铁制造流程的命题[J]. 上海金属，2006，28(4)：1~6.

[6] 殷瑞钰. 冶金流程工程学[M]. 2版. 北京：冶金工业出版社，2009：169，199.

[7] 殷瑞钰. 钢铁制造流程结构解析及其基于工程效应问题[J]. 钢铁，2000，35(10)：1~7.

[8] 殷瑞钰. 节能、清洁生产、绿色制造与钢铁工业的可持续发展[J]. 钢铁，2002，37(8)：1~8.

第6章 案例研究

理论联系实际是本书研究的目的和灵魂。案例研究在冶金流程集成理论和方法的研究过程中有着重要的意义和作用。案例研究可以作为直接沟通理论与实践的桥梁，它不仅可以成为理论的"落实"过程，同时也可以成为时下理论"起飞"的基地。

6.1 钢铁厂流程结构优化与高炉大型化

近年来，我国首钢京唐钢铁公司(简称首钢京唐)基于新一代钢铁厂优质产品制造、"高效能源转换、消纳废弃物资源化"的三大功能[1,2]的理念，构建了新一代可循环钢铁工艺流程，为实现动态有序、连续紧凑、高效协同的生产运行奠定了基础。

对于现代钢铁厂，高炉的功能不仅可以获得优质的炼钢生铁，而且伴随着大量的能量转换和信息的输入/输出[1]。因此，应该运用冶金流程工程学理论[1]，在整个钢铁厂生产流程的层次上进行分析，也就是从贯通全厂的铁素物质流、能量流、信息流等方面，评价钢铁厂的流程结构优化和与之相关高炉大型化。要从高炉的四个基本功能出发（即氧化矿物还原和渗碳器、液态金属发生器和连续供应器、能量转换器和冶金质量调控器）[3]，全面思考高炉与钢铁厂流程结构优化的关系。炼铁工序是钢铁厂生产成本和能源利用效率控制的关键环节，高炉炼铁技术要实现高效、低耗、优质、长寿、清洁等综合目标。高效不是简单的生产强化，更要重视其经济效益、环境效益和社会效益。长寿不是简单地延长高炉使用寿命，还要重视其技术的先进性和可持续发展的生存能力。面对当前国内外激烈的市场竞争环境，今后我国钢铁企业流程结构如何优化、钢铁厂如何选择合理工艺流程的问题，摆在了钢铁工作者的面前。本节针对钢铁厂高炉炼铁这个主要关键工序，运用冶金流程工程学理论，对科学合理地确定高炉产能、座数和容积进行了系统的分析论证，研究了在同样生产规模条件下，不同高炉配置技术方案的经济性与合理性，希望能为我国钢铁企业流程结构优化和高炉大型化提供参考。

6.1.1　高炉炼铁的发展趋势

近 20 年来，国内外高炉炼铁技术在大型、高效、长寿、低耗、环保方面取得长足技术进步，特别是高炉长寿、高风温、富氧喷煤、煤气干法除尘-TRT 等单项技术成就突出，这些技术进步主要体现在能耗和效率两个方面，而且与高炉大型化发展密不可分。在钢铁厂整体流程结构优化前提下的高炉大型化（并减少高炉座数）是当前高炉炼铁技术的发展趋势。

考虑到物质流、能量流和信息流网络结构的优化，一个钢铁厂配置 2～3 座高炉是适宜的选择。应该以钢铁厂整体流程结构优化为前提，考虑高炉产能、座数、合理容积以及合理的位置和平面布置等，同时不应不顾产品市场等因素片面强调某一高炉越大越好，盲目比大比小、盲目追求"最大"。高炉大型化和高炉座数是钢铁生产流程结构优化的重要内涵，关系到钢铁厂的物质流、能量流和信息流动态运行的高效优化。

6.1.1.1　国外高炉大型化发展现状

A　日本高炉大型化发展现状

日本在役高炉数量由 1990 年的 65 座减少到 28 座，减少幅度为 56.9%，高炉的平均有效容积由 1558m³ 上升到

4157m³，上升幅度为 166.8%。与此同时，日本高炉燃料比已经普遍降低到 500kg/t 以下，煤比达到 120kg/t 以上，焦比降低到 380kg/t 以下。图 6-1 是近 30 年来日本高炉座数和容积的变化，图 6-2 是近 30 年来日本高炉燃料比的变化，图 6-1 和图 6-2 基本代表了日本高炉炼铁技术的发展状况。目前日本单个钢铁厂一般配置 2～3 座高炉，也有一些钢铁厂只有 1 座高炉生产，2010 年新日铁大分厂生产能力为 963.4 万吨/年，仅有 2 座 5775m³ 高炉运行。

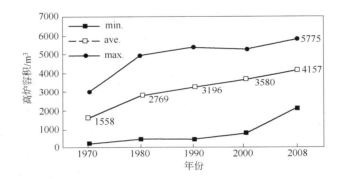

图 6-1　日本高炉座数及容积的变化[4]

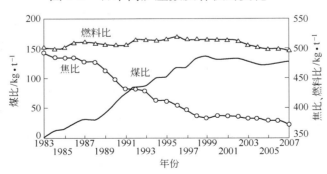

图 6-2　日本高炉燃料比的变化[5]

B　欧洲高炉大型化发展现状

欧洲在役高炉数量由 1990 年的 92 座减少到 58 座，减少幅度为37%。高炉平均工作容积由1690m³（有效容积约为2150m³）上升到2063m³（有效容积约为2480m³），上升幅度为22%。欧洲高炉燃料比已经降低到496kg/t，焦比降低到351.8kg/t，煤比达到123.9kg/t以上，喷吹重油天然气为20.3kg/t。图6-3是近20年来欧洲高炉座数、产能和容积的变化，图6-4是近20年来欧洲高炉燃料比的变化，图6-3和图6-4基本代表了欧洲高炉炼铁技术的发展状况。欧洲单个钢铁厂的高炉数量基本是2~3座高炉，如德国蒂森克虏伯（TKS）的施魏尔根厂年产量约为780万吨，目前仅有2座高炉运行（1×4407m³+1×5513m³）。

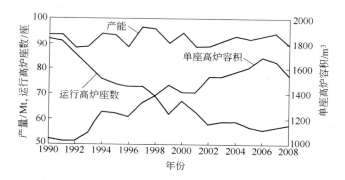

图6-3 欧洲15国高炉座数、产能及容积的变化[6]

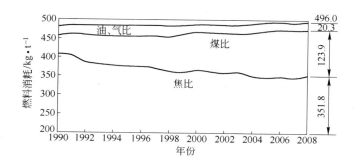

图6-4 欧洲15国高炉燃料比变化[6]

6.1.1.2　中国高炉大型化发展现状

日本和欧洲的高炉大型化发展开始于 20 世纪 80 年代，快速发展期为 1990 年以后。在钢铁厂整体流程结构优化的前提下高炉数量减少、高炉容积扩大，单座高炉的产量提高。20 世纪 90 年代，我国钢铁工业发展迅猛，钢铁产量持续增长，在高效连铸、高炉喷煤、高炉长寿、连续轧制等关键共性技术取得重大突破的同时，我国钢铁厂整体流程结构优化、高炉大型化的发展进程也随之加快。

1985 年 9 月，宝钢 1 号高炉（4063m^3）建成投产，成为我国高炉大型化发展进程的重要里程碑。然而真正大面积推进钢铁厂整体流程结构优化的高炉大型化，应该是在 21 世纪初。据不完全统计，至 2010 年我国在役和正在建设的 1080m^3 以上高炉数量约为 227 座，高炉总容积约为 429420m^3。其中 1080 ~ 1780m^3 高炉为 119 座，2000 ~ 2500m^3 高炉为 27 座，2500 ~ 4080m^3 高炉为 61 座，4063m^3 以上高炉为 20 座。图 6-5 是 2010 年我国 1000m^3 以上高炉结构分布。

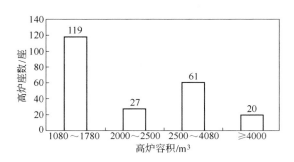

图 6-5　2010 年我国 1000m^3 以上大型高炉结构分布

实践证实，我国高炉大型化带动了高炉炼铁技术进步。目前，我国重点钢铁企业高炉燃料比已降低到 520kg/t 以下，焦比降低到 370kg/t，煤比达到 150kg/t 以上，高炉炼铁工序能耗降低到 410kgce/t 以下。图 6-6 是进入 21 世纪以来我国重点钢铁企业高炉燃料比和风温的变化情况，由图 6-6 中可以看出，从 2005 年开始，随着 1080m³ 以上大型高炉数量的增加，高炉燃料比和入炉焦比显著降低。

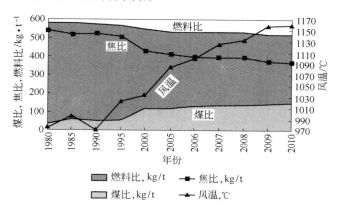

图 6-6　我国重点钢铁企业高炉燃料比和风温的变化

6.1.2　钢铁厂流程结构优化前提下的高炉大型化

钢铁厂生产能力的选择要适应社会发展和市场需求，应根据区域市场需求和产品结构需求的变化，因地制宜，从相关区域的市场容量，进行钢铁厂产品的定位和生产规模的优化选择。要根据钢铁厂整体流程结构的合理性、高效性、经济性考虑顶层设计，继而综合考虑轧机组成并评估合理产能，再对与之相应的高炉座数和容积做出初步选择，同时必须兼顾企业投资取向和企业发展的远景目标。

6.1.2.1　确定高炉座数与高炉容积选择的准则

高炉座数和容积的选择，除了铁水产能需求以外，还必须考虑到高炉的座数、位置对于钢铁厂的物质流网络、能量流网络、信息流网络的优化以及与之相应的动态运行程序。通过对首钢迁安钢铁公司（简称首钢迁钢）和京唐钢铁公司（简称首钢京唐）的物质流网络、能量流网络进行简要分析（图 6-7 ~ 图 6-10）。首钢迁安钢铁公司与首钢京唐钢铁公司的钢产量规模相

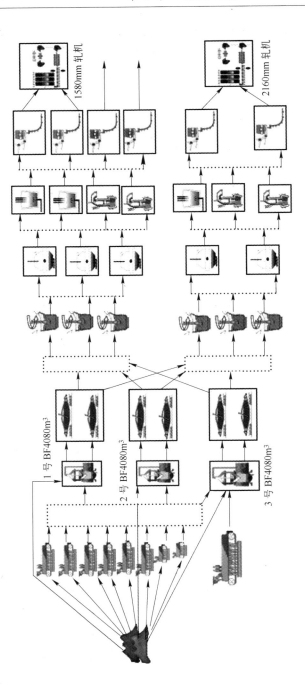

图 6-7　首钢迁钢物质流网络（规模 800 万 ~ 900 万吨/年）

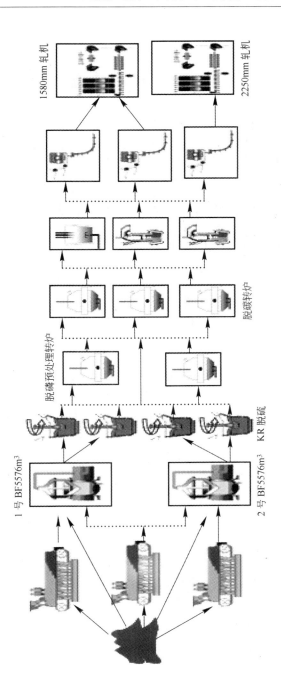

图 6-8 首钢京唐物质流网络（规模 800 万 ~900 万吨/年）

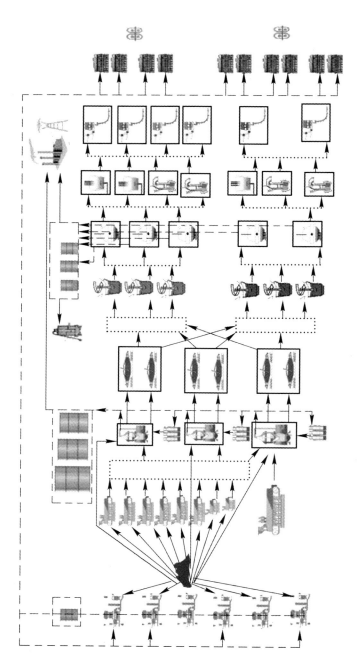

图 6-9 首钢迁钢能量流网络

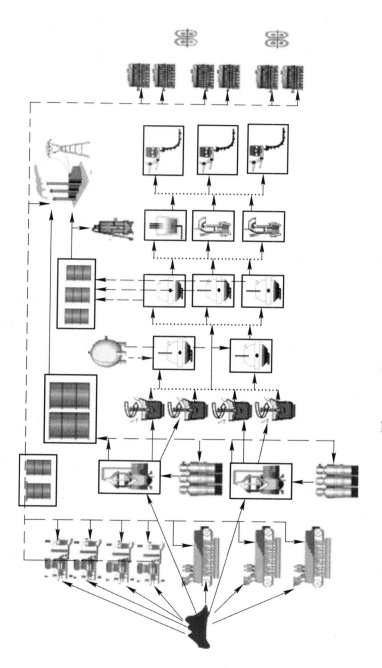

图 6-10 首钢京唐的能量流网络

当（800万～900万吨/年），所配置的轧机均为两台、且能力相似，一台是1580mm轧机，另一台是2160mm（2250mm）轧机。但是，由于前工序的流程结构和高炉的容积、座数也不同，所形成的物质流网络（图6-7、图6-8）和能量流网络（图6-9、图6-10）明显不同。

首钢迁钢选择3座4000m³级的高炉，首钢京唐选择2座5000m³级的高炉作为炼铁设备。首钢迁钢是两个炼钢厂体制（5座脱碳转炉）对7台连铸机和2台轧机，形成3-5-7-2配置（即3-2-2的结构）；首钢迁钢工序装备多（如KR装备6个、精炼炉7个等），2个炼钢厂体制在生产调度和管理上复杂性和难度较大。而首钢京唐是2座5000m³级的高炉对1个炼钢厂（3座脱碳转炉）、3台连铸机和2台轧机，形成2-3-3-2配置（即2-1-2的结构）。显然首钢京唐的工序装备比首钢迁钢少（如KR装备少2个、精炼炉少4个等）。与首钢迁钢相比，首钢京唐是一个炼钢厂体制，流程匹配简单，流程网络的节点数（装备数）减少，流程网络变得更简捷，一个炼钢厂体制更有利于调度和管理。

对比可见，从冶金流程工程学的角度看，首钢迁钢和首钢京唐的总流通量基本相当（生产规模大致一样），但首钢京唐选择2座高炉（而非3座高炉），使整个流程网络的节点数大大减少（图6-8与图6-7对比），物质流网络和能量流网络变得更简捷、顺畅，在信息控制、流程运行的衔接匹配和生产调度管理上都有明显优势，显而易见，在能量流的高效利用上也有天然优势。因此，高炉大型化——高炉座数、容积及其在总平面图中的位置，对钢厂的物质流动态运行的结构和程序有着决定性影响。在相同的产品和产量规模下，高炉大型化、座数和位置合理化有利于企业结构优化和提高市场竞争力。

因此，推动实施我国高炉大型化，应该是以钢铁厂整体流程结构优化为前提下的大型化，既不提倡一个钢铁厂有过多数量的高炉，也不主张盲目追求高炉越大越好，应当按照钢铁厂流程优化的原则择优确定高炉的座数和产能，而且还应关注其合理位置。值得指出的是，高炉产能和容积的确定绝不能不顾钢铁厂流程结构的合理性，而盲目追求所谓的高炉大型化，同时更不能因循守旧建造数量过多的小高炉。还应避免在评比、设计的过程中片面地"比大比小、凑零凑整"和盲目攀比"第一"。

6.1.2.2 高炉生产能力与生产效率

根据目前国内外炼铁技术的发展现状，不同级别的高炉生产能力均有较大幅度提高。按照当前不同级别高炉的技术装备水平、操作水平和原燃料条件，其生产能力已基本确定在一个合理范围内。图6-11是30年来全国重点钢铁企业高炉平均利用系数变化情况。由图6-11可见，近30年以来，全国重点钢铁企业高炉平均容积利用系数提高了 1.15t/(m^3·d)。

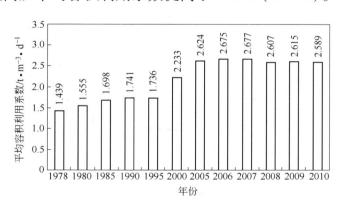

图6-11 我国重点钢铁企业高炉平均容积利用系数变化

衡量高炉生产效率过去一般采用两个技术指标进行评价，即"冶炼强度"和"容积利用系数"。由于炉缸反应是高炉炼铁中十分重要的冶金过程，因此采用高炉炉缸面积利用系数来衡量高炉生产效率则更具科学性[7,8]，炉缸面积利用系数体现了高炉冶炼的本质特征。

不同级别高炉的容积利用系数和炉缸面积利用系数不同。例如 1260m³ 高炉容积利用系数为 2.5~2.7t/(m³·d)，炉缸面积利用系数为 61.16~66.05t/(m²·d)；2500m³ 高炉容积利用系数为 2.4~2.6t/(m³·d)，炉缸面积利用系数为 60.93~66.01t/(m²·d)；3200m³ 高炉容积利用系数为 2.3~2.5 t/(m³·d)，炉缸面积利用系数为 60.98~66.28t/(m²·d)；4080m³ 高炉容积利用系数为 2.2~2.4t/(m³·d)，炉缸面积利用系数为 61.51~67.10t/(m²·d)；5500m³ 高炉容积利用系数为 2.1~2.3t/(m³·d)，炉缸面积利用系数为 62.04~67.95 t/(m²·d)。在同等冶炼条件下，小型高炉与大型高炉的容积利用系数不可进行简单的类比。图 6-12 为 2010 年我国不同级别高炉年平均容积利用系数和年平均炉缸面积利用系数。由图 6-12 中可以看出，随着高炉容积增加，容积利用系数和炉缸面积利用系数，呈现不同的变化趋势。

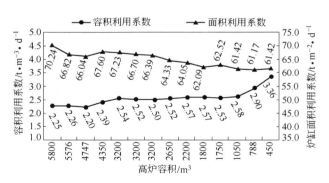

图6-12 2010 年我国典型高炉的利用系数

6.1.2.3 钢铁厂高炉数量的优化配置

根据高炉生产效率和生产能力的分析，可以进一步推算不同容积高炉的期望年产量，进而确立不同模式钢铁厂合理的高炉座数和合理的高炉容积，表 6-1 列出了不同容积高炉的生产能力和生产效率。生产薄板的大型钢铁厂，一般产能一般定位在 800 万 ~ 900 万吨/年，对于钢铁生产流程结构优化而言，配置 2 ~ 3 座高炉应是优化的选择。3 座以上的高炉同时运行，会引起物流分散，输送路径拥塞，引起铁水输送时间长、铁水温降大且不利于铁水脱硫预处理等；同时也将导致能量流网络分散复杂、运行紊乱，将使高炉煤气等二次能源的利用效率降低。因此，高炉容积和座数将直接影响到平面布置的简捷顺畅程度，这就是钢铁企业物质流网络、能量流网络以及信息流网络的优化问题。高炉大型化有利于减少高炉座数，有利于流程简捷顺畅，有利于提高能源利用效率、节能减排，也有利于信息化控制。

表 6-1 不同级别高炉的生产能力和期望年产量[8,9]

高炉容积/m³	1260	1800	2500	3200	4080	4350	5000	5500
容积利用系数 /t·m⁻³·d⁻¹	2.5 ~ 2.7	2.4 ~ 2.6	2.4 ~ 2.6	2.3 ~ 2.5	2.2 ~ 2.4	2.2 ~ 2.4	2.1 ~ 2.3	2.1 ~ 2.3
面积利用系数 /t·m⁻²·d⁻¹	61.16 ~ 66.05	60.98 ~ 66.06	60.93 ~ 66.01	60.98 ~ 66.28	61.51 ~ 67.10	61.32 ~ 66.89	61.90 ~ 67.79	62.04 ~ 67.95
年作业天数 /d	350	350	350	355	355	355	355	355
期望年产量 /万吨	110 ~ 119	151 ~ 163	210 ~ 227	261 ~ 284	312 ~ 340	339 ~ 370	372 ~ 408	410 ~ 449

6.1.3 不同容积高炉的工艺技术装备比较

高炉大型化的技术优势主要体现在高效集约、节能减排、低耗环保和信息控制等方面。更具体地讲：有利于实现高炉优质铁水生产、高效能源转换和消纳废弃物并实现资源化的三大功能。与此同时，高炉大型化有力地促进着炼铁技术装备的发展，推动大型冶金装备和耐火材料技术的开发，促进信息化技术、高炉长寿、精料、无料钟炉顶、炉前设备、高风温、富氧喷煤、煤气干法除尘—TRT 等多项技术的协同发展。

因此，对于不同生产规模和不同产品结构的钢铁厂，高炉生产能力、数量和容积的选择、确定具有多种技术方案。对于 200 万 ~ 300 万吨/年的建筑用棒/线材厂或中/厚板厂、400 万 ~ 600 万吨/年的板材厂（薄板或薄板 + 中板）、800 万 ~ 900 万吨/年的大型薄板厂等不同产品、不同生产规模的钢铁厂，其高炉数量和容积的确定，必须在整个钢铁厂的顶层设计层次上综合考虑，以实现物质流、能量流与信息流各自在合理的流程网络上协同高效运行为目标，推进钢铁厂整个生产流程结构优化前提下的高炉大型化。

对于一个生产能力为 900 万吨/年的钢铁厂，可以配置 3 座 $4000m^3$ 级高炉或配置 2 座 $5000m^3$ 级高炉，为此，针对这 2 种技术方案进行了对比分析研究。重点对首钢迁钢 $4080m^3$ 高炉和首钢京唐 $5576m^3$ 高炉技术经济指标、原燃料适应性、能源及动力消耗、电力装机容量、工程投资、生产管理及运行成本、总图、节能环保等多方面进行了分析比较。

6.1.3.1　大型高炉主要技术经济指标

表 6-2 列出了我国新建的 3 座大型高炉主要技术经济指标。由表 6-2 可以看出，$4000m^3$ 级高炉与 $5500m^3$ 级高炉的技术指标仍有一定差距，特别是高炉燃料比等关键指标。

表 6-2　3 座大型高炉主要技术经济指标比较

项　　目	$4350m^3$ 高炉		$4080m^3$ 高炉		$5576m^3$ 高炉	
	设计值	2009 年实际值	设计值	2010 年实际值	设计值	2010 年实际值
容积利用系数 /$t \cdot m^{-3} \cdot d^{-1}$	2.1	2.2	2.4	2.387	2.3	2.37

续表6-2

项 目	4350m³ 高炉		4080m³ 高炉		5576m³ 高炉	
	设计值	2009年实际值	设计值	2010年实际值	设计值	2010年实际值
炉缸面积利用系数/t·m⁻²·d⁻¹	57.71	60.46	68.44	68.07	67.07	69.12
入炉焦比/kg·t⁻¹	320	307	305	331.2	290	305
煤比/kg·t⁻¹	200	197	190	167.8	200	175
燃料比/kg·t⁻¹	520	504	495	499	490	480
风温/℃	>1250	1242	1280	1280	1300	1300
炉顶压力/MPa	0.25	0.25	0.25	0.25	0.28	0.28
富氧率/%	≤3	3	3.5~5	4.17	3.5~5	4.0
熟料率/%	95	—	90	90	90	90
单座高炉占地面积/m²	282000	—	—	—	319250	—

6.1.3.2 4000m³ 以上高炉对原燃料的适应性

通过对日本各主要钢铁厂的考察调研得知,日本高炉大型化和5000m³ 以上高炉的建造主要是通过高炉扩容大修改造实现的,许多高炉是由原来的4000m³ 扩大到5000m³ 以上,虽然高炉在大修期间进行了扩容,但焦化、烧结等工序并未进行全面技术改造,原燃料条件也并未发生根本性改变。日本大型高炉生产实践表明,适应4000m³ 高炉的原燃料条件基本可以满足5000m³ 高炉的生产要求。

图6-13是4350m³ 高炉与5576m³ 高炉内型和有效高度的比较。2座高炉容积相差1226m³,主要是高炉炉缸容积扩大而有效高度仅相差1.2m,料柱高度相差不大,因此与

4000m³ 级高炉相比，5000m³ 级高炉对焦炭机械强度（M_{40}，M_{10}）、反应性指数 CRI 及反应后强度 CSR 并无显著苛刻要求。

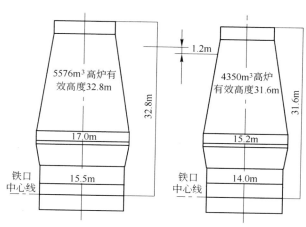

图 6-13　4350m³ 高炉和 5576m³ 高炉内型和有效高度比较

　　根据高炉炼铁工艺设计规范（GB 50427—2008）对高炉原燃料条件要求[10]，表 6-3、表 6-4 分别列出了 4000m³ 级和 5000m³ 级高炉对原燃料及焦炭的质量要求。从表 6-3、表 6-4 中可以看出，4000m³ 级和 5000m³ 级高炉的原燃料要求条件的差别不大。

表 6-3　4000m³ 级高炉和 5000m³ 级高炉原料质量要求[10]

项　目		4000m³ 级高炉	5000m³ 级高炉
入炉品位/%		≥59	≥60
熟料率/%		≥85	≥85
烧结矿	品位波动/%	≤ ±0.5	≤ ±0.5
	碱度波动/%	≤ ±0.08	≤ ±0.08
	FeO 含量/%	≤8.0	≤8.0
	FeO 含量波动/%	≤ ±1.0	≤ ±1.0
	转鼓指数 +6.3mm/%	≥78	≥78

项　目		4000m³ 级高炉	5000m³ 级高炉
球团矿	铁含量/%	≥64	≥64
	转鼓指数 +6.3mm/%	≥92	≥92
	耐磨指数 -0.5mm/%	≤4	≤4
	常温耐压强度/N·球⁻¹	≥2500	≥2500
	低温还原粉化率 +3.15mm/%	≥89	≥89
	体膨胀率/%	≤15	≤15
块矿	铁含量/%	≥64	≥64
	热爆裂性/%	<1	<1
	铁分波动/%	≤±0.5	≤±0.5

表 6-4　4000m³ 级高炉和 5000m³ 级高炉焦炭质量要求

项　目	4000m³ 级高炉	5000m³ 级高炉
抗碎强度 M_{40}/%	≥85	≥86
耐磨强度 M_{10}/%	≤6.5	≤6.0
反应后强度 CSR/%	≥65	≥66
反应性指数 CRI/%	≤25	≤25
焦炭灰分/%	≤12	≤12
焦炭含硫/%	≤0.6	≤0.6
焦炭粒度范围/mm	75~25	75~30
大于上限/%	≤10	≤10
小于下限/%	≤8	≤8

6.1.3.3　工艺装备比较

表 6-5 列出了 2 座 5576m³ 高炉和 3 座 4080m³ 高炉工艺技术装备的比较。通过比较可以看出，2 座 5576m³ 高炉比 3 座 4080m³ 高炉设备数量和总重量明显减少，设备数量减少 15%；设备总重量减少 14820t，降低 22.6%；上料主胶带机长度缩短 118.8m。设备数量的大幅度降低使设备投资、运行维护、备品备件消耗等均相应降低，而且动力消耗、岗位定员、污染

物排放等也都相应降低，生产运行成本也将降低。

表 6-5　2 × 5576m³ 高炉和 3 × 4080m³ 高炉工艺装备比较

项　目	3 × 4080m³ 高炉	2 × 5576m³ 高炉
上料系统工艺设备/套	3	2
上料主胶带机长度/m	1014.0	895.2
炉顶装料设备/套	3	2
高炉本体设备/套	3	2
炉前系统机械设备/套	3	2
除尘系统设备/套	9	6
热风炉系统工艺设备/套	12	8
水渣处理工艺设备/套	12	8
煤气除尘系统设备/套	39	30
余压发电设备（TRT）/套	3	2
鼓风机/套	4	3
高炉控制系统/套	3	2
高炉煤气柜/套	3	2
设备总重量/t	65433	50613

6.1.3.4　能源动力消耗与节能环保

表 6-6 列出了 4000m³ 级以上高炉在能源动力消耗、节能环保及装机容量的比较。

表 6-6　4000m³ 级以上大型高炉能源动力消耗及节能环保的比较

项　目	4350m³ 高炉	4080m³ 高炉	5576m³ 高炉
工艺技术装备			
高炉煤气除尘	干/湿法并用	全干法	全干法
TRT 装机功率/MW	24.3	30.0	36.5
平均热风温度/℃	1242	1280	1300
各系统除尘设施	均配备有齐全的环境除尘系统，除尘系统同步运行率达到 100%		

续表6-6

项 目	4350m³ 高炉	4080m³ 高炉	5576m³ 高炉
资源能源利用指标			
工序能耗/kgce·t⁻¹	391.5		373
入炉焦比/kg·t⁻¹	307	331.2	305
喷煤比/kg·t⁻¹	197	167.8	175
燃料比/kg·t⁻¹	504	499	480
新水消耗/m³·t⁻¹	0.9	0.6	0.49
水重复利用率/%	98	98	98
产品指标			
生铁合格率/%	100	100	100
污染物排放控制指标			
烟粉尘排放量/kg·t⁻¹			≤0.10
SO₂ 产生量/kg·t⁻¹			≤0.02
废水排放量/m³·t⁻¹	0	0	0
渣铁比/kg·t⁻¹	280	299.6	
废物回收利用指标			
高炉仓下焦丁回收装置	均设有焦丁、矿丁回收装置		
高炉渣回收利用率/%	100	100	100
高炉煤气除尘粉尘回收利用率/%	100	100	100
单座高炉电机装机容量/kW		26205	26476

由表6-6可见，5576m³高炉在水消耗、原燃料消耗、电机装机容量、电力消耗、清洁环保等方面比4000m³级的高炉具有优势。

6.1.3.5 工程投资及总图占地比较

首钢京唐5576m³高炉和首钢迁钢4080m³高炉同属首钢集团，并且由同一家设计单位完成工程设计，在同一时期内建成投产，具有较强的可比性。针对首钢京唐建造 2 座 5576m³ 高炉或建造 3 座 4080m³ 高炉技术方案，进行了工程投资和总图占地面积的对比。结果表明，在同口径条件下建造 2 座 5576m³ 高炉与建造 3 座 4080m³ 高炉相比，降低工程投资 9.7 亿元（同口径相比降低 6.6 亿元），同比降低 12% ~ 14%；同时由于装备大型化、流程紧凑集约，高炉区域占地面积减少 15.81×10⁴m²，同比降低 20% ~ 24%。节省占地不仅可以节约土地资源，还使物料运输和能源介质输送距离大幅度减低，运行成本降低，生产效率提高。两种技术方案的工程投资与占地比较见表 6-7、表 6-8。

表 6-7　5576m³ 高炉和 4080m³ 高炉工程投资

项　目	首钢迁钢 3 号高炉	首钢京唐 1 号高炉
高炉容积/m³	4080	5576
工程投资/亿元	17.9	22.0
单位高炉容积投资/万元·m⁻³	43.87	39.45
单座高炉工程占地面积/m²	26.500×10⁴	31.925×10⁴

表 6-8　2×5576m³ 高炉和 3×4080m³ 高炉总图占地与工程投资

项　目	2×5576m³ 高炉	3×4080m³ 高炉
占地长度/m	1243	1506
占地宽度/m	695	626
占地面积/m²	63.85×10⁴	79.50×10⁴
吨铁占地面积/m²·t⁻¹	0.071	0.088
工程投资/亿元	44.0	53.7

6.1.4　讨论

针对以上内容讨论如下：

（1）对于生产规模为 800 万 ~ 900 万吨/年的现代大型薄

板厂，在钢铁厂流程结构优化的前提下，综合考虑铁素物质流、能量流、信息流的流程网络优化，配置 2 座 5000m³ 级高炉优于配置 3 座 4000m³ 级高炉，在节能减排、清洁环保、节省投资、经济效益等方面具有优势。

（2）通过技术方案对比研究，在同等生产规模的条件下，建造 2 座 5576m³ 高炉比建造 3 座 4080m³ 高炉，其技术装备数量和重量大幅度减少；设备数量减少 15% 左右，设备总重量减少 14820t，设备总重量降低 22.6%。设备数量的大幅度降低使设备投资、运行维护、备品备件消耗等均相应降低，而且动力消耗、岗位定员、污染物排放等也相应降低，生产运行成本相应随之降低。

（3）在同等生产规模和产品的条件下，建造 2 座 5576m³ 高炉比建造 3 座 4080m³ 高炉，可以降低工程投资 9.7 亿元（同口径相比降低 6.6 亿元），同口径相比相当于降低工程投资 12% ~ 14%。同时由于装备大型化、流程紧凑集约，高炉占地面积减少 $15.81 \times 10^4 m^2$，同比降低 20% ~ 24%。与此同时，还使高炉运行的动力消耗、物料运输和能源介质输送距离相应减低，运行成本降低，生产效率提高。

（4）钢厂流程结构优化前提下的高炉大型化和高炉座数、高炉位置合理化，这种发展趋势对于生产建筑用棒材/线材产品的中、小钢铁厂也同样具有参考价值。

6.2 高炉—转炉之间的界面技术与铁水罐多功能化

从历史过程看，高炉在很长时期内是与平炉炼钢协同生产的，因此当时许多钢厂都设有混铁炉。这是由于高炉的运行方式和出铁周期很难与平炉兑铁量、兑铁时间相适应而造成的。混铁炉存在着能耗高、污染严重、投资大等问题，已被淘汰。进而用鱼雷罐车来替代，并以此来连接高炉与转炉协同生产。鱼雷罐运铁车依然存在着投资大、环境污染严重、倒罐过程温降大，且不适合在其中进行铁水预处理和扒渣操作等问题。因此，其合理性开始受到质疑。于是，能否在工序功能解析-优化和工序之间关系协同-优化的理论指导下，研究开发出一种新的高炉—转炉之间的界面技术，就提到日程上来了。

6.2.1 铁水罐多功能化总体思路简介

上面已经提到混铁炉、鱼雷罐运铁车存在的问题，那么是否可用铁水罐来替代呢？这必须分析高炉—转炉工序之间铁水罐应该具有什么功能，并如何实现多功能优化，经过研究思考得出，随着钢铁制造流程的演进，在现代化长流程钢铁厂内，铁水罐及其输送系统应包括如下功能：

（1）及时、可靠地承接高炉铁水的功能；

（2）稳定、可靠并快捷地输送铁水的功能；

（3）在一定时间范围内贮存（缓冲）铁水的功能；

（4）具有良好的扒渣和铁水脱硫的功能；

（5）具有良好的保温功能；

（6）具有准确、可靠的铁水称量功能；

（7）具有铁水罐位置精确定位和空罐快速周转的功能。

这样就可以清楚地看出，高炉—转炉区段界面技术与铁水罐多功能化（所谓"一罐到底"技术）有着密切的关系。而且，不是简单地将铁水罐替换鱼雷罐运铁车就可以实现的，这需要在技术研发和工程设计方面开展一系列工作。

在工程设计上必须解决铁水罐多功能化的集成技术包，包括如下技术：

（1）大容量铁水罐的合理结构与重心计算；

（2）输送装备、输送系统与大型铁水罐输送过程的稳定、安全性研究；

（3）高炉出铁槽标高与铁水罐高度之间相容性设计；

（4）高炉—铁水脱硫站之间铁水罐运行的时-空程序研究和合理的平面布置图设计；

（5）铁水罐、热铁水重量的准确称量技术与控制技术；

（6）铁水罐周转频率（次/（天·个））和铁水罐使用个数的合理化研究；

（7）罐内铁水的温降过程测试、研究；

（8）空罐返回过程中热量损失的测试、研究；

（9）高温、高活度铁水高效脱硫的研究；

（10）铁水罐耐火材料与寿命研究；

（11）节能、烟尘排放等清洁生产的比较；

（12）投资、运行成本和经济分析等。

在研究铁水罐多功能化的过程中，首先遇到的问题是比较鱼雷罐运铁车的保温效果好还是大型铁水罐的保温效果好。为此，分别在宝钢、首钢迁钢和沙钢进行了有关现场测试工作，其结果如下。

在宝钢320t鱼雷罐运铁车条件下，当其处于静止状态下，罐内铁水温降速率为0.2~0.23℃/min（实测），当其处于运动条件下，则罐内铁水温降速率为0.27~0.4℃/min（实测）。在宝钢的300t铁水罐条件下，当其处于静止状态，罐内铁水温降速率为0.1~0.2℃/min（实测），而在运动状态下的罐内铁水温降速率为0.2~0.4℃/min（推算）。同时对沙钢45t小容量铁水罐内铁水的温降速率也进行了实测，一并列在表6-9、图6-14和图6-15内。

表 6-9　不同容器铁水温降的实测情况

宝钢鱼雷罐（320t）	静止状态	0.2～0.23℃/min（实测）
	运动状态	0.27～0.4℃/min（实测）
宝钢铁水罐（300t）	静止状态	0.1～0.2℃/min（实测）
	运动状态	0.2～0.4℃/min（推算）
沙钢铁水罐（45t）	静止状态	0.79℃/min（实测）
	运动状态	0.89℃/min（实测）

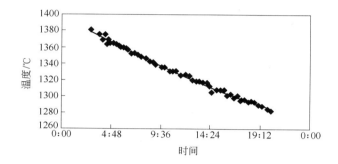

图 6-14　300t 铁水罐静止状态下的铁水温降速率图

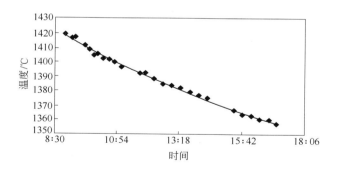

图 6-15　320t 鱼雷罐铁水温降速率图

　　由此可见，大容量铁水罐内铁水温降速率低于相近容量鱼雷罐的铁水温降速率。其原因主要是由于鱼雷罐的内衬吸热量大，单位重量铁水的罐体表面散热量多。

由于铁水罐多功能化后，铁水输送时间短且不需经过倒罐过程，铁水温度高，铁水含硅量、含碳量也比铁水槽预脱硅高，因此铁水 [S] 的活度系数大，有利于铁水预处理过程中脱硫效率提高。

现在，铁水罐多功能化（所谓"一罐到底"）的技术经济效果已经在国内一些钢厂的生产运行实践中显现出来。

6.2.2 首钢京唐钢铁公司铁水罐多功能化的实践

首钢京唐钢铁公司（简称首钢京唐）拥有 2 座 $5576m^3$ 大型高炉，并采用全量铁水脱硫-脱硅/脱磷的铁水预处理工艺。高炉—转炉之间完全以多功能化铁水罐和 1435mm 轨距的铁路输送系统进行动态-有序的运行。

为了构建 2 座 $5576m^3$ 高炉与 4 座 KR 铁水脱硫站的集成运行系统（实际上是 8 个出铁口与 4 座 KR 脱硫站、2 座脱硅/脱磷转炉组成的动态运行系统），采用 300t 铁水罐作为铁水承接、输送、缓冲、保温和铁水脱硫/扒渣直至向转炉准确、及时兑铁等功能的多功能装置。

在研发过程中，首先要对铁水罐结构进行优化设计，包括了铁水罐容量、形状、高度，特别是重心计算；其高度必须要适应高炉出铁槽的标高；其容量必须与转炉的兑铁量一致，并能准确称重，确保一次装准；其重心位置必须考虑在输送过程的稳定性和安全性，特别是在有曲率的铁轨上运行的安全性；同时也应考虑铁水罐的保温措施，特别是空罐状态下的保温措施。进而，应将铁水罐及其运输车进行铁路（或公路、轨道）动态运行检验，以测试有关参数及其稳定性、安全性。

为了适应 300t 铁水罐能在 1435mm 标准轨距的铁路上安全、稳定运行，专门研发了 16 轴的铁水运输车，配置了铁水罐全程跟踪定位系统，开发了高精度的铁水称量系统和铁水液位检测系统，要求300t铁水罐的装入量可以控制在±1t的精度范围内。

为了建立起2座高炉8个出铁口与4台KR脱硫装置之间的协调-紧凑的时-空关系，设计好这一区域的铁路网络系统是特别重要的。为此设计了紧凑-简捷化的铁水罐输送网络系统，使铁水罐的运距处在1270～1840m之间，输送时间约在20min以内，这样为提高铁水罐的周转次数，提高铁水到达KR处理站的温度，铁水脱硫温度可以稳定在1380℃以上，进而为促进提高铁水脱硫效率，创造了前提条件。

铁水罐多功能化及其输送网络的设计和运行，在首钢京唐的生产实际中得到了明显的效果，具体表现如下。

（1）铁水罐周转速度不断提高。铁水罐从高炉接受铁水开始，经过输送过程到达KR脱硫预处理站，进行扒渣-脱硫预处理-扒渣过程，再由吊车吊运，将铁水兑入脱磷预处理转炉，清理后，经编组站编组返回高炉出铁槽下，等待受铁。这一过程的合理组织安排，对罐内铁水的温度和脱硫预处理影响很大。京唐钢铁公司经过不断的改进，铁水罐周转时间周期已达到平均360min以内，即每个罐平均一天周转4次左右。图6-16、图6-17为该厂逐月的铁水罐周转时间周期。

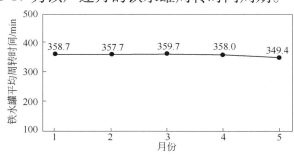

图6-16　2012年1～5月首钢京唐铁水罐
平均周转时间

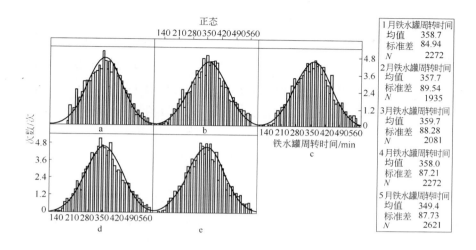

图 6-17　2012 年 1～5 月首钢京唐铁水罐
周转时间分布

a—1 月；b—2 月；c—3 月；d—4 月；e—5 月

N—样本数量

　　(2) 铁水罐内铁水质量可以实现 288t ± 1t 精准控制，2012 年以来按 288t ±0.5t 的铁水装准率达到 95% (图 6-18)。这将对下游工序的精准、稳定运行创造有利条件。同时，由于在炼钢厂不存在半罐铁水罐，也有利于铁水罐的管理，加速铁水罐周转。

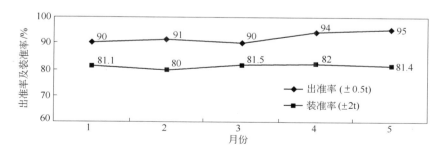

图 6-18　2012 年 1～5 月首钢京唐高炉铁水
出准率和转炉装准率情况

（3）铁水罐快速周转可减少高炉出铁至 KR 脱硫站之间的铁水温降（减少温降 30~50℃）。目前首钢京唐铁水罐的周转率由于多种原因，只有 4 次/（天·个），尚有改进余地；即使如此，其到达 KR 脱硫站的铁水温度可达到 1380℃ 以上（图 6-19、图 6-20），经计算与使用鱼雷罐运铁车相比约可使铁水的过程温降减少 30~50℃ 左右。

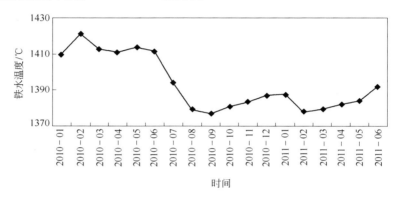

图 6-19　首钢京唐 2010 年以来铁水到

KR 站月均温度情况[11]

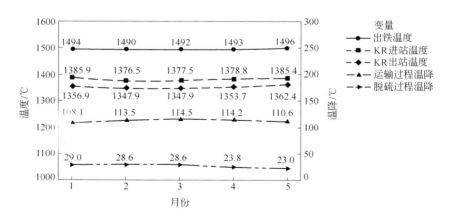

图 6-20　2012 年 1~5 月首钢京唐 "一罐到底"

铁水运输及脱硫过程温降

（4）KR 脱硫效果好、脱硫剂消耗低。KR 脱硫站的脱硫处理周期缩短、脱硫效率提高，并易于扒渣。铁水脱硫预处理时间周期与铁水温度存在一定关系，铁水温度高、脱硫效果好、脱硫剂消耗低，相应的铁水搅拌时间和扒渣时间缩短。在通常情况下，首钢京唐 KR 装置的脱硫周期在 30～35min 之间（图 6-21），铁-渣的搅拌时间为 10min 左右（图 6-22），脱硫剂消耗与铁水处理温度之间的关系也是明显的，吨铁消耗脱硫剂降低到 7kg 左右。该厂 2012 年 1～5 月份"一罐到底"铁水运输及铁水脱硫过程温降的情况如图 6-20 所示，可见从高炉出

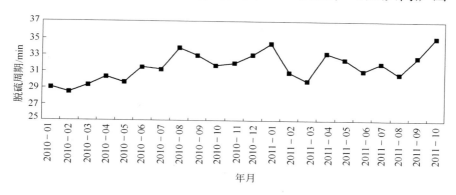

图 6-21　首钢京唐 2010 年以来各月份脱硫周期[11]

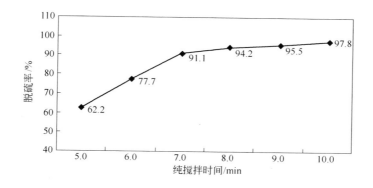

图 6-22　首钢京唐 300t 铁水罐 KR 脱硫搅拌时间与脱硫效率的关系

铁到 KR 铁水脱硫结束这一过程中铁水总温降约为110℃，KR 铁水脱硫过程温降为 25 ~ 30℃。

　　由于"一罐到底" KR 铁水预处理温度一般在 1380℃ 以上，同时由于先脱硫、后脱硅的程序，铁水 [S] 活度高，因此 KR 脱硫后的 [S] 有50% ~ 60% ≤ 5×10^{-6}（图 6-23）。

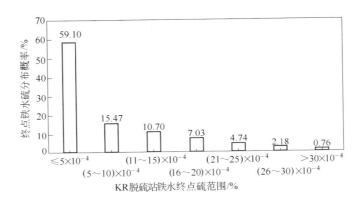

图 6-23　2012 年 1 ~ 5 月首钢京唐 KR 终点
脱硫分布情况

　　由图 6-23 可以看出，该厂 2012 年 1 ~ 5 月 KR 脱硫处理后 [S]≤ 5×10^{-6} 的比例可达59.1%，[S]≤ 25×10^{-6} 的比例达到 97.06%。可见采用"一罐到底"的技术措施后，由于高温、高活度的影响，明显地提高了 KR 铁水预处理装置的脱硫效率及其稳定性。

　　(5) 铁水罐多功能化的投资效益好。采用铁水罐多功能化("一罐到底")技术，由于省去了鱼雷罐、倒罐吊车、倒罐坑、节约了除尘系统等方面的工艺环节，在首钢京唐的条件下，经计算，采用"一罐到底"技术可以降低投资 4158 万元，减少粉尘排放量 3.71 万吨/年，节约电耗 1139×10^{4} 千瓦·时/年。

6.2.3 沙钢在铁水罐多功能化方面的实践

沙钢在国内较早接受了铁水罐多功能化的观念，而且在不同情况下采用了不同形式的"一罐到底"技术，主要有以下几种形式：

（1）$1 \times 5800m^3$ 高炉（3 个铁口）—$3 \times KR$ 脱硫站对应 $3 \times 180t$ 转炉（采用 1435mm 标准轨距铁轨输送铁水）；

（2）$3 \times 2500m^3$ 高炉（6 个铁口）—$3 \times$ 喷镁粉脱硫装置对应 $3 \times 180t$ 转炉（采用 1435mm 标准轨距铁轨输送铁水）；

（3）$5 \times 380m^3$ 高炉（5 个铁口）—$3 \times 40t$ 转炉 $+1 \times 70t$ 电炉（采用卡车输送铁水）；

（4）$4 \times 450m^3$ 高炉（4 个铁口）—$4 \times 100t$ 电炉（采用卡车输送铁水）。

沙钢高炉—转炉界面技术优化和铁水罐多功能化模式是在其小高炉—电炉流程（4）和小高炉—小转炉流程（3）的生产实践中，在高炉—炼钢炉之间铁水罐由卡车输送、一罐一送的实践中逐步探索和发展起来的，使其铁水罐多功能化模式在大高炉—大转炉流程中得以进一步集成和发展，并在以下几个方面实现创新：

（1）高炉—转炉工序高效衔接界面技术创新。体现在总图布置简捷，物流顺畅，节能减排效果显著；采用集铁水承接、称量、运输、缓冲、脱硫预处理、准确兑铁等多功能于一体的铁水罐，从高炉接铁水运到炼钢，不倒罐，直接进行预处理后兑入转炉。取消了鱼雷罐车、机车编组站；以高炉炉下在线称量系统替代原有的高炉—炼钢厂之间的称量设施；取消铁水倒罐站和除尘设施，区域布置紧凑，输送线路短、物流顺畅，铁水温降少。

（2）准轨输送超高超宽铁水罐的技术创新。通过对超高超宽铁水罐车动力学性能进行模拟研究，确定了超高、超宽的重载铁水罐耳轴线与车纵轴方向一致；铁水罐耳轴线与轨道方向一致；铁水罐车的运行方向与炼钢厂房柱列线平行，铁水罐耳轴线与炼钢车间兑铁行车的移动方向一致等"四个一致"的设计创新，实现了铁水罐车平稳、安全运行。

（3）铁水罐装入量精确控制技术集成创新。实现了每罐铁水量的高出准率，保证稳定的铁水兑入量；确定炼铁厂负责制的铁水称量管理体制，集成开发了无基坑称重轨、在线连续称重系统、空罐重量循环跟踪等 10 项技术，保证了铁水精确计量和装入量目标命中率。

（4）铁水罐快速周转技术创新。利用炼钢厂的行车实现铁水罐快速编组，取消了机车编组站，首创炼钢厂管控铁水罐运行的管理制度，促进了铁水罐快速周转，实现了铁水罐在线快速编组、快速维护、快速上线，为稳定、高效、低成本脱硫提供了保障。开发了铁水信息和铁水罐运行时间在线跟踪系统，保证了铁水罐空罐运行时间不大于 3h，有效减少了在线铁水罐数量，实现了铁水罐快速周转。铁水罐周转次数平均为 5.6 次/d。

在此基础上进行分析研究，初步结果如下：

（1）高炉—铁水预处理—转炉时空关系研究。沙钢 1 ×5800m^3 大高炉—3 ×180t 转炉炼钢厂之间的铁水输送采用火车运输，沙钢铁路线布置如图 6-24 所示。

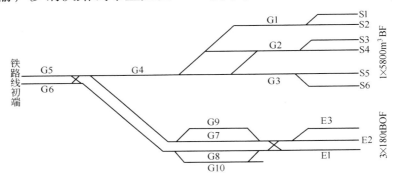

图 6-24　沙钢 1 ×5800m^3 高炉—3 ×180t 转炉区段
铁水输送铁路线布局示意图

　　高炉至炼钢厂之间的铁路是铁水运输的通道，铁水的运输距离约为1500m，运输机车为3台。由图6-24可以看出，重罐运行的始发线为 S1 ~ S6，主干线为 G1 ~ G8，终点线为 E1 ~ E3。

　　高炉采用半岛式布局，高炉生产的铁水全采用铁路运输，并采用"一罐到底"的运输方式，出铁场下的180t铁水罐经机车移出至移出线 G5 和 G6，顶送至炼钢厂，不需要倒罐，经 KR 预处理脱硫后，快速兑入转炉，可明显减少温降，减少了热量损失，有利于提高脱硫效率。5800m³高炉的铁路线路在牵出线 G5 咽喉处与原有北区 2500m³ 高炉系统铁路相衔接，使 5800m³ 高炉铁水既可以送至转炉炼钢厂二车间，也可以送至北区系统转炉炼钢厂一车间，同时北区系统 3 座 2500m³ 高炉铁水既可以送至北区系统转炉炼钢厂一车间，也可以送至转炉炼钢厂二车间，两个系统间铁水调配具有一定的灵活性。

　　由图6-24可知，沙钢大高炉—大转炉区段界面铁水运送、铁水空罐共有 4 种不同距离的运输路径（铁水罐实际输送距离分别为：1287m，1231m，1378m，1269m。），如表 6-10、表 6-11所示。

表 6-10　沙钢 5800m³ 高炉 180t 铁水罐重罐输送铁水的铁路行走线

路线 1	S1	G1	G1 ~ G4	G4	G5	G7	E1
路线 2	S3	G2	G4	G6	G7	E2	
路线 3	S3	G2	G2 ~ G4	G4	G5	G7	E2
路线 4	S5	G3	G4	G5	G8	E3	

表 6-11　沙钢 5800m³ 高炉 180t 铁水罐空罐返回高炉的铁路行走线

路线 1	E1	G7	G5	G4	G1 ~ G4	G1	S1
路线 2	E2	G7	G6	G4	G2	S3	
路线 3	E2	G7	G5	G4	G2 ~ G4	G2 ~	S3
路线 4	E3	G8	G5	G4	G3	S5	

　　沙钢铁水罐运输采用的是准轨输送 180t 铁水罐，分别承接 3 个铁口出的铁水，经折返路线与 3×KR 脱硫站连接，因铁水运输车辆的机车运行速度只能保持在 20km/h 以下，机车运输过程频繁，由此带来了运输过程中出现交通拥堵，甚至有时会导致运输时间的加长；由于铁水罐本身为敞口型，铁水罐的横向摆动及纵向冲击时，要防止造成铁水飞溅，为此须将铁路沿线周围物品清理干净。

　　根据图 6-24 铁水运输线布局及铁水罐采用"一罐一送"制，机车运行速度重罐时为 10km/h，空罐时为 15km/h 等条件下，计算得出铁路线各段的占有率。

　　由表 6-12 一昼夜各个铁路段的作业时间分析的计算结果可见，铁水运输线 G4 路段占用率最大，即 G4 铁路段占用率决定了铁路线的运输能力。由于计算条件在机车行驶过程中，没有线路等待，没有生产不正常等因素的影响，计算所得结果为铁路的理想占用率，所以在实际正常生产情况下，考虑机车的线路等待因素，各条线路的占用时间比假设条件下提高10% ~ 20%（根据机车平均等待次数占总次数的 50%，平均每次等待时间占一次送罐时间的 40%）。根据图 6-24，表 6-13列出了沙钢 G4 路段的占用时间和占用率与高炉昼夜出铁次数的计算结果。

表 6-12　一昼夜各个铁路段的作业时间分析

路段名	S1	S2	S3	S4	S5	S6
时间/h	2.63	2.63	2.37	2.37	3.30	3.30
路段名	G1	G2	G3	G4	G5	G6
时间/h	5.14	4.72	7.44	14.49	8.01	8.01
路段名	G7	G8	E1	E2	E3	
时间/h	11.33	11.33	7.65	7.65	7.65	

表6-13　沙钢 1×5800m³ 高炉—3×180t 转炉流程高炉出铁次数与 G4 铁路段占有率的关系计算结果

高炉昼夜出铁次数	G4 区段		
	占用时间/min	理想占用率/%	实际占用率/%
8	579.6	40.3	48.3
10	724.5	50.3	60.3
12	869.3	60.4	72.4
14	1014.2	70.5	84.5

由表6-13 计算结果可知，当高炉昼夜出铁次数为 10 次时，铁路占用率为 60.3%，在沙钢 1×5800m³ 高炉—3×180t 转炉条件下是有可能实现的。

（2）铁水出准率控制实绩。为确保"一罐到底"工艺技术的运行效果，必须保证铁水出准率。为此沙钢在实践中确定炼铁负责制的铁水称量管理体制，并集成开发了无基坑称重轨、在线连续称重系统、空罐重量循环跟踪等 10 项技术，保证了铁水精确计量和装入量目标命中率。目前沙钢铁水罐铁水量按 163t±1t 精确控制（图 6-25、图 6-26）。

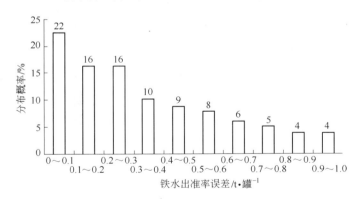

图 6-25　沙钢 5800m³ 高炉铁水出准率控制实绩

由图6-25 可见，与沙钢 5800m³ 高炉相对应的 180t 铁水罐铁水出准率在 163t±0.3t 的比例为 54%，出准率在 163t±0.8t

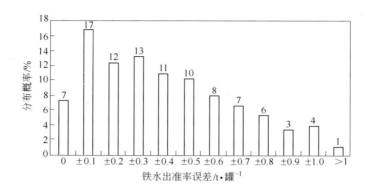

图 6-26　沙钢 2500m³ 高炉铁水出准率控制实绩

内的比例为 92%，出准率在 163t ± 1t 内的铁水罐比例可达 100%。

由图 6-26 可见，沙钢 2500m³ 高炉相对应的 180t 铁水罐铁水出准率在 163t ± 0.3t 内的铁水罐比例为 50.2%，出准率在 163t ± 1t 内的铁水罐比例为 99%。

可见，沙钢大高炉铁水罐铁水出准率达到较高水平。

（3）沙钢 180t 铁水罐周转过程铁水温降及保温措施研究。对铁水罐中的铁水而言，其温降主要是由铁水表面的辐射散热和铁水罐罐衬、铁壳的传导散热引起的，其中铁水罐罐衬的传导散热主要取决于罐衬的结构、材质及其温度，由于一般铁水罐采用多层耐火材料砌筑，具有良好的隔热保温效果，在满罐状态下，罐内铁水的温降主要受铁水表面辐射散热的影响，因此，减少铁水表面散热对于降低罐内铁水温降具有重要意义。

为了比较在满罐状态时，不同保温措施罐内铁水的保温效果，对沙钢 180t 铁水罐不加盖、铁水罐加盖和铁水表面加覆盖剂三种条件下的铁水温降进行了测量，结果如图 6-27 所示。

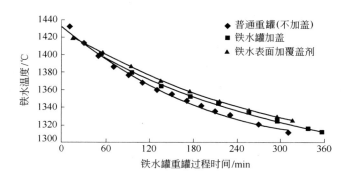

图 6-27　沙钢 180t 铁水罐在不同保温措施条件下
罐内铁水温度变化的比较

从图 6-27 可以看出，铁水罐采用加盖或加表面覆盖剂的保温措施后，对于减少铁水在运输及等待过程中的温降具有显著效果。不采用保温措施的铁水在测温的 5h 内总温降高达122℃，而铁水罐采用加盖和加覆盖剂的铁水温降分别为 88℃和 95℃，分别比不采用保温措施时减少 28% 和 22%。因此，在条件允许的情况下，铁水罐重罐应加盖或加保温剂。这将更有利于提高铁水到脱硫站的温度，同时，更应重视空罐加盖保温，以利减少出铁过程的铁水温降。

沙钢 5800m³ 高炉 180t 铁水罐到脱硫站，扒渣前所测得的铁水温度实绩见图 6-28。

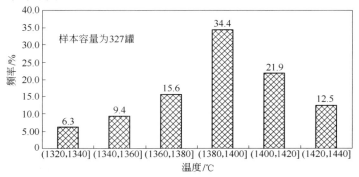

图 6-28　沙钢 180t 铁水罐在脱硫站扒渣前的铁水温度分布情况

　　生产实际样本统计表明，在对 180t 铁水罐所做的 327 罐随机样本中，罐内铁水温度在脱硫前的最大值为 1445℃，最小值为 1326℃，平均值为 1390.72℃，波动系数为 0.02。所统计的随机样本中有 84.4% 的铁水温降分布在 1360℃ 以上。

　　（4）不同铁水预处理工艺的脱硫效果及其比较。

　　1）KR 脱硫效果与铁水温度的关系。对沙钢 2011 年第四季度生产中 490 组 KR 脱硫站随机数据进行分析，KR 脱硫处理后[S] < 0.01%，铁水搅拌时间固定为 7 ~ 9min，石灰单耗为（6.6 ± 0.3）kg/t（铁），搅拌强度为 70 ~ 100r/min，铁水温度为 1280 ~ 1450℃ 条件下，180t 铁水罐内铁水的脱硫率与铁水温度的关系见图 6-29。

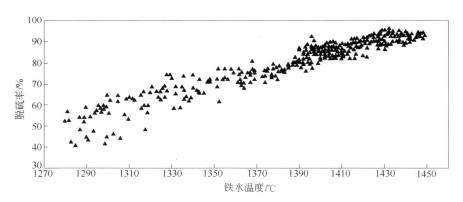

图 6-29　沙钢 180t 铁水罐 KR 脱硫工艺中
铁水温度与脱硫率的关系

　　通过现场数据的分析结果表明，沙钢 180t 铁水罐铁水用 KR 工艺预处理脱硫时，铁水温度为从低温区段 1280 ~ 1300℃ 升到高温区段 1400 ~ 1430℃，铁水脱硫率可提高 25.2%，即铁水温度高有利于提高脱硫率。

　　对不同铁水温度下、不同初始 [S] 含量及脱硫剂加入量对脱硫效果的影响进行了分析，结果见图 6-30 和图 6-31。

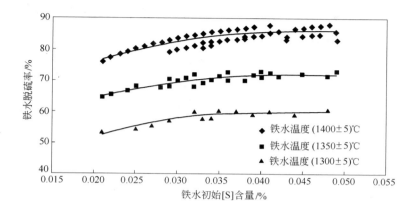

图 6-30 沙钢 180t 铁水罐 KR 脱硫装置不同温度下
铁水初始 [S] 含量对铁水脱硫率的影响

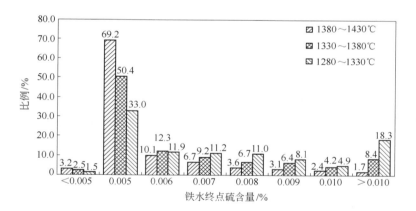

图 6-31 沙钢 180t 铁水罐在不同铁水温度下,
KR 处理后终点硫含量分布情况

由图 6-30 可见:

①在相同的初始硫含量条件下,铁水温度越高,脱硫效果越好。

②在不同铁水温度下,铁水脱硫率随铁水初始 [S] 含量增加而提高。

　　在不同铁水温度下，对 KR 工艺过程中，不同脱硫剂单耗对铁水脱硫率的影响进行了分析，结果如图 6-32 所示。

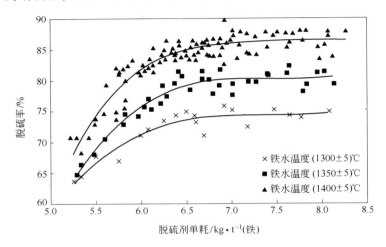

图 6-32　沙钢 180t 铁水罐 KR 脱硫装置在不同铁水温度下
脱硫剂单耗对铁水脱硫率的影响

　　由图 6-32 可见：

　　①在相同的脱硫剂单耗条件下，铁水温度越高，脱硫效果越好。

　　②在不同温度下，随着吨铁脱硫剂耗量的增加，脱硫率上升；当吨铁脱硫剂单耗超过 6.5kg 后，脱硫率提高趋缓。吨铁脱硫剂单耗在 5.2 ~ 6.5kg 范围内比在 6.5 ~ 8.2kg 范围内的曲线斜率更大。

　　沙钢 KR 的脱硫剂采用石灰和萤石按照 9∶1 的配比，通过分析现场生产数据得出，脱硫预处理后的铁水硫含量分布比例如图 6-33 所示。由图 6-33 可知，在沙钢实际生产中，脱硫深度最低为 20×10^{-6}。沙钢 180t 铁水罐铁水 KR 脱硫后 [S] ≤ 50×10^{-6} 的炉数比例仅为 60% 左右。这可能与脱硫石灰的质量不高有关。

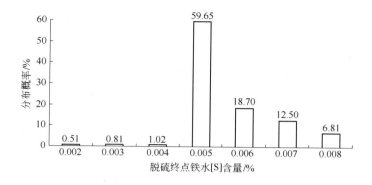

图 6-33　沙钢 180t 铁水罐 KR 脱硫终点
铁水［S］含量分布图

2）喷吹镁粉工艺中脱硫剂消耗及脱硫效果。沙钢宏发炼钢厂一车间 3×180t 转炉与 3×2500m³ 高炉（9 个铁口）对应，采用准轨距铁路运输 180t 铁水罐，铁水脱硫采用喷镁脱硫铁水预处理工艺，共有 3 个脱硫工位。喷镁脱硫剂中，镁的含量平均为 90%，是通过载气吹入搅拌铁水脱硫，脱硫效果较好，脱硫后［S］最低能达到 20×10⁻⁶，但易回硫，降低了脱硫剂的利用率。图 6-34 为 2011 年某月宏发炼钢厂一车间 1 号预处理站的镁粉脱硫剂的加入量比例分布。由图 6-34 可知，每炉次镁粉的消耗量在 70~140kg/t 之间，波动较大。

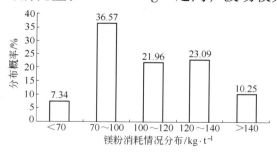

图 6-34　沙钢宏发炼钢厂一车间 180t 铁水罐
喷镁脱硫工艺脱硫剂消耗分布图

镁粉的喷枪使用寿命为 85 ~ 105 炉/个，比 KR 搅拌头使用寿命低，单次喷吹时间约为 11.7min。喷镁预处理铁水终点硫含量可达 $30 \times 10^{-4}\%$，沙钢宏发炼钢厂一车间镁脱硫工艺脱硫效果如图 6-35 所示。

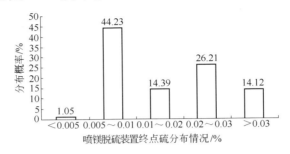

图 6-35 沙钢宏发炼钢厂一车间喷镁脱硫终点
铁水[S]分布图

由图 6-35 可见，喷镁脱硫终点铁水 [S] 含量主要集中在 0.005% ~ 0.01% 之间。

3) 两种脱硫工艺扒渣温降比较。沙钢 KR 脱硫工艺与喷镁脱硫工艺脱硫后扒渣过程温降比较见图 6-36 和图 6-37。

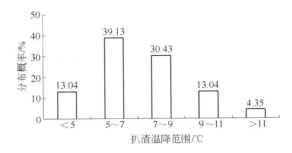

图 6-36 沙钢 180t 铁水罐 KR 脱硫工艺
脱硫后扒渣过程温降分布图

由图 6-36 和图 6-37 可见：
①KR 法脱硫工艺后扒渣过程温降主要集中在 5 ~ 9℃；样

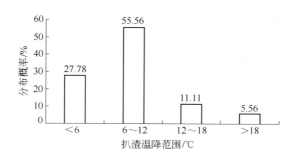

图 6-37 沙钢 180t 铁水罐喷镁脱硫工艺
脱硫后扒渣过程温降分布图

本统计结果表明沙钢 180t 铁水罐 KR 法脱硫工艺扒渣过程平均温降为 7.2℃。

②喷镁脱硫工艺后扒渣过程温降主要集中为 6~12℃；样本统计结果表明沙钢喷镁脱硫工艺扒渣过程平均温降为 9.8℃。

上述统计情况表明，喷镁脱硫工艺后扒渣过程温降高于 KR 脱硫工艺，这主要是由于喷吹镁粉脱硫处理后的脱硫渣不易扒除，其后扒渣过程时间比 KR 法的后扒渣过程时间长，因而导致喷镁法脱硫后扒渣过程温降比 KR 工艺要高些。

（5）铁水罐周转时间及运行管理。

1）沙钢 1×5800m³ 高炉—3×180t 转炉流程铁水罐周转时间。对沙钢 5800m³ 高炉—宏发炼钢二车间 180t 转炉区段铁水罐周转时间进行了实测调研，铁水罐周转的时间解析结果如表 6-14 所示。

表 6-14 沙钢 1×5800m³ 高炉用 180t 铁水罐周转时间解析 （min）

项目	事 件	平均时间	时间波动	样本量	累计时间
1	受 铁	18	10~40	300	18
2	重罐等待运输	2	0~40	300	20
3	重罐运输至炼钢铁水跨	10	8~15	170	30

项目	事 件	平均时间	时间波动	样本量	累计时间
4	重罐等待吊运	10	0 ~ 48	33	40
5	重罐吊运至脱硫站	4	3 ~ 7	33	44
6	重罐铁水脱硫预处理	23	18 ~ 29	146	67
7	脱硫后重罐等待吊离	6	0 ~ 84	146	73
8	脱硫后重罐吊运至转炉	4	3 ~ 5	33	77
9	重罐在转炉跨等待兑铁	14	0 ~ 26	33	91
10	转炉兑铁	2	1 ~ 3	33	93
11	空罐吊运至铁水跨	3	3 ~ 17	33	96
12	空罐等待运输	14	0 ~ 64	62	110
13	空罐运输至高炉	10	8 ~ 15	170	120
14	等待出铁	135	18 ~ 282	300	255

注：第 4、5、8 ~ 12 项数据为现场调研，其余数据来自生产记录。

从表 6-14 中的数据可以看出，沙钢 $1 \times 5800m^3$ 高炉—$3 \times$ 180t 转炉区段铁水罐平均周转时间为 255min，日周转次数约为 5.65 次，其中，各种等待时间总计为 181min，占铁水罐周转总时间的 71%，其中空罐等时间总计为 149min，占总等待时间的 82%，说明沙钢 $1 \times 5800m^3$ 高炉—$3 \times 180t$ 转炉区段内，180t 铁水罐周转次数仍有提升的空间。

为挖掘沙钢 180t 铁水罐加速周转的潜力，随机选取 300 个样本，获得了 180t 铁水罐的周转过程时间的分布情况，结果如图 6-38 所示。

由图 6-38 可见，沙钢 $5800m^3$ 高炉—宏发炼钢二车间 180t 转炉区段 180t 铁水罐周转时间波动较大，统计样本中铁水罐周转过程时间波动在 70 ~ 585min 范围内基本满足正态分布，主要集中在 180 ~ 300min 之间。

沙钢宏发炼钢二车间规定铁水罐周转时间不超过 360min，从统计样本的数据看，沙钢 $5800m^3$ 高炉—宏发炼钢厂二车间

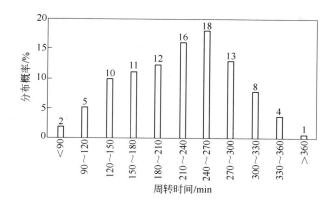

图 6-38　沙钢 $1 \times 5800 m^3$ 高炉—$3 \times 180t$ 转炉区段内
180t 铁水罐周转过程时间分布图

$3 \times 180t$ 转炉区段 180t 铁水罐周转时间几乎 100% 达到企业的
规定，而统计样本中周转时间超过 360min 主要是由高炉休风
引起的，此部分样本量占总样本量的不到 1%。由图 6-38 可推
算出目前沙钢铁水罐运行的效果如表 6-15 所示。

表 6-15　沙钢 $1 \times 5800 m^3$ 高炉—$3 \times 180t$ 转炉区段
180t 铁水罐周转可能达到的效果

项　目	180t 铁水罐周转参数				
180t 铁水罐周转时间/min	255	240	225	210	180
日周转次数/次	5.65	6	6.4	6.86	8.0
统计样本达标率/%	65	57	48	41	29

若沙钢加强 $5800 m^3$ 高炉—宏发炼钢二车间区段铁水罐周
转的管理，周转次数达到 6 次以上，甚至接近 7 次都是有可能
的，目前的条件下，有 41% 的罐周转次数达到 6.86 次，有近
1/3 的罐周转次数达 8 次，因此沙钢大高炉—大转炉流程界面
铁水罐周转次数还有较大的提升空间，并且将有利于提高铁水
脱硫效率。

2）小高炉—小转炉/电炉区段铁水罐周转时间。沙钢小高炉主要集中在华盛炼铁一、二两个分厂，其中一分厂共有 5 座 380m³ 高炉，铁水主要供应永新炼钢厂 3 × 40t 转炉和 1 × 70t 电炉使用；二分厂共有 4 座 502m³ 高炉，铁水主要供应润忠炼钢厂 2 × 100t 电炉和沙景炼钢厂 2 × 100t 电炉使用。9 座小高炉每座只设置 1 个出铁口，均采用 40t 铁水罐，由于华盛炼铁厂 9 座小高炉的铁水输送对象较多、分布分散、运输路线复杂、地形有河流限制，因此 40t 铁水罐采用汽车公路运输。

调研中分别选取沙钢华盛一分厂和二分厂铁水罐周转时间的 297 个和 258 个样本，获得了沙钢华盛炼铁一分厂和二分厂铁水罐的周转时间的分布情况，结果如图 6-39 和图 6-40 所示。

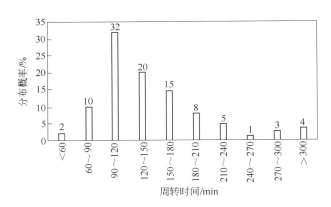

图 6-39　沙钢华盛炼铁一分厂 40t 铁水罐周转时间分布图

由图 6-39 和图 6-40 可见，沙钢华盛炼铁厂铁水罐周转时间波动较大，统计样本中华盛炼铁一分厂和二分厂的铁水罐周转时间的波动范围分别为 40 ~ 420min（大部分在 240min 以内，占 90% 以上）和 75 ~ 747min（大部分在 300min 以内，占 90% 左右）。

由统计样本计算得，沙钢华盛炼铁一分厂铁水罐平均周转

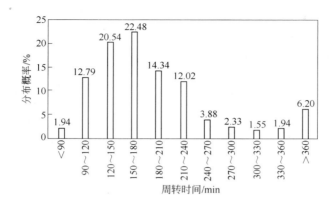

图 6-40　沙钢华盛炼铁二分厂 40t 铁水罐周转时间分布图

时间为 145min，日周转次数应有可能达到 9.93 次；沙钢华盛炼铁二分厂铁水罐平均周转时间为 195min，日周转次数应有可能达到 7.38 次。沙钢华盛炼铁厂对铁水罐周转加强管理后，可能达到的效果如表6-16所示。

表 6-16　沙钢华盛炼铁厂 40t 铁水罐周转可能达到的效果

项　目	华盛一分厂			华盛二分厂		
40t 铁水罐周转时间/min	145	130	115	195	175	155
日周转次数/次	9.93	11.08	12.52	7.38	8.23	9.29
统计样本达标率/%	61	51	44	65	54	41

（6）铁水罐多功能化与清洁生产。需要特别提一下，由于历史原因，沙钢小高炉—小转炉流程中仍有一台混铁炉存在，约有4%的铁水还要经过混铁炉。沙钢小高炉—小转炉流程，混铁炉模式下铁损、粉尘排放及炉渣排放等均较高，为减少能耗与环境负荷，应采用"一罐到底"模式，减少生产中对混铁炉的依赖。沙钢大高炉—大转炉流程铁水罐多功能化模

式优势明显，其快速运转过程及清洁生产经验值得借鉴。经计算，"一罐到底"运行模式和经过混铁炉"缓冲"的运行模式其环境负荷的比较列于表 6-17。

表 6-17　沙钢高炉—转炉区段不同界面匹配环境负荷比较

项　　目	铁水转换承载容器次数/次	区段环境负荷		
		CO_2 排放量 $/m^3 \cdot t^{-1}$	粉尘排放量 $/g \cdot t^{-1}$	炉渣排放量 $/kg \cdot t^{-1}$
沙钢小高炉—小转炉混铁炉模式	2	68.78	240.6	105.70
沙钢小高炉—小转炉"一罐到底"模式	0	65.23	130	92.12
沙钢大高炉—大转炉铁水罐多功能化模式	0	5	115	64.91

6.2.4　讨论

纵观钢铁生产流程发展历程，不难看出其中的高炉—转炉区段的变化是很大的，不仅设备装置、工艺和功能逐步优化，而且工序间衔接匹配的界面技术也日趋完善。炼铁与炼钢区段界面衔接匹配和运行节奏是影响全流程稳定运行的关键因素之一，优化的炼铁-炼钢区段界面衔接匹配-协同模式对于降低全流程能耗、物耗、降低成本和促进环保都是非常重要的。炼铁—炼钢区段界面技术是多种异质技术的综合集成，包括工艺、设备的设计集成包，物流运行技术包及物流与冶金效果技术包等。

（1）设计是基础——工艺、设备的设计集成技术包。要通过铁水罐多功能化，实现高炉—转炉之间的界面技术优化（所谓"一罐到底"技术），首先应从理念和工程设计方法等方面、从流程工程的层次去认识这一问题。高炉—转炉之间界面技术创新不是简单地更换铁水承载容器的问题，这是需要工程设计集成创新的：

1）平面图设计。高炉容积、高炉座数及其位置、布局对于出铁次数、铁水运输至预处理站的时间及运行节奏均有重要影响，决定着流程的时间衔接和物流衔接；因此平面图设计研究对于确定企业规模和合理高炉座数均有重要的意义。同时，合理的平面图设计，使得区域布置紧凑，输送线路短、物流顺畅，生产高效衔接，可为铁水罐快速周转提供硬件保障。

2）铁水罐管理权限。铁水罐应归炼钢厂管理，这是决定在线铁水罐个数的关键因素，为确保铁水罐的快速周转运行与冶金效果提供软件保障。传统流程铁水罐管理并不由炼钢厂负责，在线运行的铁水罐数量以满足高炉出铁安全、方便为主要考虑因素。沙钢首创炼钢主导铁水罐"生命周期管理"技术，为铁水罐运行管理提供了有益借鉴。

3）合理的铁水罐个数和周转次数。铁水罐个数是在既定的平面布置条件下，影响高炉—转炉之间界面铁水输送节奏、铁水温度的重要因素，影响高炉—转炉之间铁水成分（主要是[S]）-温度衔接，也是关系到铁水罐多功能化高效脱硫效果的关键因素。

（2）物流的运行技术包。具体如下：

1）铁水罐快速编组与管理。要取消机车编组站，即利用炼钢厂的行车实现铁水罐快速编组，炼钢厂和炼铁厂均按"先进先出"原则进行铁水罐运行管理，最终实现铁水罐快速周转。

2）铁水出准率是炼钢生产稳定的重要保障和炼铁厂管理水平的体现。高炉—转炉之间的铁水罐多功能化技术，取消了铁水倒罐站，除了出铁过程就将铁水量出准外，其他环节再没有改变铁水量的可能，因此出铁场下铁水精确称量成为能否实现"一罐到底"的又一关键。铁水出准率必须由炼铁厂负责管理，并作为高炉生产运行的考核指标。铁水出准率高，铁水供应稳定，也为炼钢生产稳定提供了重要保障。

3）鉴于非铁路-机车运输方式的灵活性，对于卡车运输铁水罐或是电动车运输铁水罐的工艺、装备应该开发研究，这将有助于大高炉—大转炉之间铁水罐运输的快速化，也有助于实现在 1400～1450℃之间进行铁水预处理。

（3）物流与冶金效果技术包。具体如下：

1）铁水温度高，有很好的脱硫效果。炼铁厂—炼钢厂界面间空间布局紧凑，使得时间节奏优化，有效地缩短了铁水罐的周转时间，取消倒罐环节，铁水温降小，铁水到达脱硫站温度高，可实现高温条件下的高效铁水脱硫。

2）投资降低，运行成本降低。高炉—转炉之间界面采用多功能铁水罐，即"一罐到底"技术，使得工艺流程取消了鱼雷罐车，取消机车编组站，以高炉炉下在线称量系统替代原有的高炉—炼钢厂之间的称量设施，取消了铁水倒罐站及除尘设施，取消了炼钢车间的混铁炉，降低了投资；高炉—转炉工序界面间空间布局紧凑，有效地缩短了铁水罐的周转时间，延长了铁水罐寿命，减少了吨铁耐火材料消耗量，降低了重罐和空罐的温降，进而降低了铁水温降，因此运行成本低。

3）节能减排和清洁生产效果好。取消倒罐环节，铁水温降减少，具有显著的节能效果，相应减少了温室气体排放量；而且解决了钢铁厂内的石墨粉尘污染问题。

6.3 "全三脱"铁水预处理与高效率、低成本洁净钢生产"平台"

钢铁制造流程的结构由于连铸的出现，发生了明显的进化。连铸（凝固）之前的工序逐步向着不断解析-优化的方向发展，其工序数目日趋增加，而各工序的功能日益简化-集中，效率更高，而且上、下游工序之间渐趋协同-连续，时间节奏更快；连铸之后的工序则越来越简化-集成、紧凑-连续。这种由于工序功能解析-优化和工序之间关系的协同-优化所引起的流程结构重构-优化，在炼钢厂的生产过程中表现得特别明显。

进入 20 世纪 80 年代以后，转炉炼钢厂已逐步形成铁水预处理—转炉冶炼—二次精炼—连铸等工序为基本构成要素的生产流程。这是由于在炼钢过程中，脱硫、脱磷、脱硅、脱碳、脱氧、合金化等化学反应的热力学、动力学条件的要求是不同的，因此在同一冶金反应器内进行不同的化学冶金过程往往会引起各种不同的矛盾，而影响生产效率、产品质量、制造成本等。应该遵循冶金物理化学的规律，分别在不同类型的工序/装置中进行不同的冶金反应，以实现炼钢的过程中工序功能的解析-优化。在此基础上通过平面图等"流程网络"优化和动态"运行程序"的信息优化，促进炼钢厂的物流顺畅、高效率运行，进而使得炼钢生产流程的要素-结构-功能-效率优化。

20 世纪 80 年代以来，随着脱磷预处理工艺研究的深化和创新性发展，正在形成一种全量铁水进行在线脱硫、脱硅、脱磷（"三脱"）的高效率、低成本洁净钢生产模式。

6.3.1 为什么要进行铁水"三脱"预处理

在转炉炼钢厂建立全量铁水在线脱硫、脱硅、脱磷（"三脱"）预处理的目的，起先是为了冶炼超低磷钢，现在已主要不是为了生产超低磷钢（因为超低磷钢的市场需求量很小），而是为了建立起新一代有市场竞争力的生产流程，即建立起高效、低成本、稳定运行的洁净钢生产平台，提高产品市场竞争力。其优势表现在以下几个方面：

（1）通过对炼钢各工序功能的解析-优化，实现炼钢厂的高效快节奏运行和稳定钢水质量，冶炼周期与现代高拉速铸机匹配运行，使炼钢厂生产效率大幅度提高。

（2）实现少渣冶炼、低温出钢（由于连铸机高拉速、转炉快节奏冶炼）、脱碳转炉渣返回脱磷转炉使用等，使金属料和石灰等辅料消耗大幅度降低。

（3）由于脱[S]、[P]、[Si]已基本由铁水预处理工序完成，脱碳炉又不需要加入废钢，辅料加入量很小，入炉的半钢成分、温度和装入量均可准确测定，有利于脱碳炉终点精确命中，为精炼工序创造了良好的基础条件。不仅加快生产节奏，更重要的是实现了稳定、批量的洁净钢生产。

（4）可使用含磷较高的矿石，有利于降低矿石采购成本。

（5）脱碳转炉可以使用锰矿，还原成钢水[Mn]，少用Fe-Mn合金，可以降低合金成本，并避免Fe-Mn合金增C、增P。

（6）对新建炼钢厂而言，在同等产量要求下可相应降低转炉吨位。

（7）脱磷预处理转炉的炉渣（$CaO/SiO_2 = 1.8 \sim 2$）可以不经水化处理，直接使用于筑路等。

（8）改善和提高超低碳钢的可浇性（即一支浸入式水口可浇铸的钢水吨数，t/SEN（浸入式水口）），提高连浇炉数，提高生产效率。

这一新流程特别适用于生产高品质薄板的大型转炉炼钢厂，也适用于生产高性能无缝钢管，中、厚板以及若干高性能的棒材的炼钢厂。但对于生产建筑用长材的小型转炉炼钢厂是不必要的。

6.3.2 "全三脱"预处理过程中的工序功能解析-优化和工序之间关系的协同-优化

高拉速/恒拉速的多炉连浇工艺带动了转炉、电炉的快节

奏运行及其节奏稳定性的需求，由此，引导着转炉工序功能的
解析-优化与炼钢厂上、下游工序之间的集成优化。即按照如
下思路进行解析与集成：

（1）遵循冶金反应过程中的物理化学规律，合理分配冶
金工序的功能并开发出适合于动力学要求的反应器装置；

（2）不断改进并优化炼钢厂平面布置图，构成物流运行
顺畅、协同和准连续/连续运行的时-空网络关系；

（3）通过工序/装置运行参数优化和工序之间关系的信息
优化，构建要素-结构-功能-效率优化的动态运行系统。

由此，出现了转炉炼钢过程功能的分解（表6-18）[12]。

表6-18 转炉炼钢过程工序功能的分解

转炉炼钢过程工序功能	铁水预处理	转炉	二次精炼
脱　硅	⊙◄———	○	
脱　硫	⊙◄——————————————————► ◎		
脱　磷	⊙◄———	○	
脱　碳	◎————————————	⊙┈┈┈┈┈┈┈►	⊙①
升　温		⊙————————►	◎
脱　气		◎————————►	⊙
夹杂物形态控制		○	⊙
脱　氧		○	⊙
合金化		◎————————►	⊙
洁净化	⊙————————►	○	⊙

注：⊙表示完成该功能的主要工序；◎表示完成该功能的次要工序；○表示
　　在该工序退化的功能。

① 仅在超低碳情况下，真空脱碳更重要。

可见，遵循冶金反应过程中的物理化学规律，铁水脱硫、
脱硅、脱磷等炼钢任务主要前移到专门设置的铁水预处理装置
中，而转炉功能则集中优化为高效脱碳、快速升温、回收二次

能源和适度脱磷。

经过不断研究和实践，现在"三脱"的次序和过程也日趋进步、完善。即，不采用高炉出铁槽脱硅预处理，也尽量不在鱼雷罐内进行铁水预处理。原因是在鱼雷罐内进行铁水预处理的动力学条件（甚至热力学条件）不理想。同时，由于鱼雷罐必须经过倒罐，因而铁水温降大，能量损失多，而且引起环境污染。采取将高炉铁水直接出在铁水罐内，经扒渣后，直接在高温、高活度状态下，在铁水罐内对铁水进行 KR 脱硫预处理（即"一罐到底" KR 脱硫预处理），脱硫效率高，能耗低、成本低，环境污染轻；KR 脱硫预处理后扒渣容易，不易回硫，在工业实践中已显示出先进性、可靠性、稳定性。这些内容已经在 6.2 节中有较为详细的介绍。

在解决了铁水脱硫和脱硅之间的先后次序关系（即先进行铁水脱硫）之后，就需要解决脱硅、脱磷和脱碳工艺过程的协同优化和方法、装置问题。

20 世纪 80 年代以后，日本学者对脱磷的理论、工艺方法和装置进行不断地研究和开发，比较了铁水在鱼雷罐内脱磷、在铁水罐内脱磷和在专用预处理转炉内脱磷的效果，认识到：在铁水脱硫预处理之后，在专用预处理转炉内进行铁水脱 Si、脱 P 预处理的热力学、动力学是合理和高效的（图 6-41）。

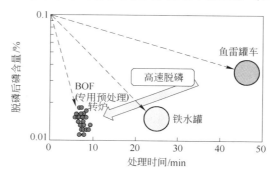

图 6-41　三种不同铁水脱磷处理方法的效果比较[13]

6.3.3　新流程的应用实例——住友金属和歌山制铁所炼钢工厂

在日本，最为标志性的工程是住友金属工业株式会社（现新日铁住金株式会社）的和歌山制铁所的炼钢厂改建。据介绍该制铁所原有两个转炉炼钢厂（各有 3×160t 转炉），通过创新性地采用全量铁水"三脱"预处理工艺流程，1999 年将两个炼钢厂改建为一个炼钢厂，即建造了以 2×KR、1×210tBOF$_{De-Si/P}$、2×210tBOF$_{De-C}$、2×RH$_{De-gas,De-S}$ 和 3×CC 的高效率洁净钢生产流程（图 6-42 和图 6-43），其目标产量为 400 万~450 万吨/年；主要用于生产高质量的无缝钢管、高质量的薄板和高速列车专用的车轴钢等产品。

在这个过程中，原住友金属和歌山厂开发了有关专用脱磷

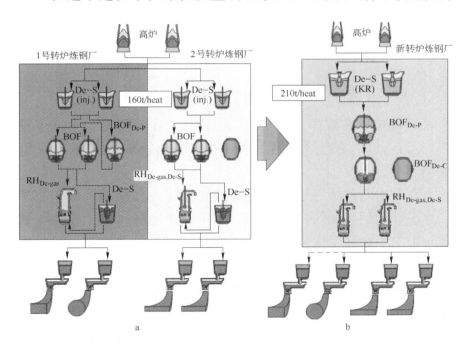

图 6-42　日本原住友金属和歌山炼钢厂改建前后结构的变化

a—改建前；b—改建后

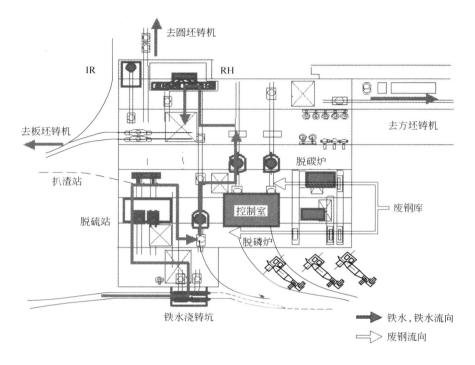

图 6-43 日本和歌山新炼钢厂平面布置图[14]

预处理转炉、高效率脱碳转炉，工艺流程与炼钢厂平面布置图，工艺流程动态运行优化等一系列硬件/软件技术，取得成功。

和歌山制铁所炼钢厂的脱磷预处理转炉和脱碳转炉在炉型尺寸设计上是不同的（表 6-19、图 6-44 和图 6-45），脱磷预处理转炉中不允许发生强烈的脱碳反应，因而炉子高度、炉容比理应比脱碳转炉要低些或小些。在实际生产运行过程中，KR 脱硫装置、脱磷预处理转炉、脱碳转炉都以 20min（40min/2）的周期进行动态匹配运行，因此，形成了以 $2 \times KR—1 \times BOF_{De-Si/P}—1 \times BOF_{De-C}$ 之间以 20min 为运行周期的动态结构。其后，以 $2 \times RH_{De-gas,De-S}$ 为二次精炼手段与原有的三台连铸机协同运行（图 6-46 和图 6-47）。

表 6-19 脱磷预处理转炉与脱碳转炉参数比较

炉 型	$BOF_{De-Si/P}$ (210t)	BOF_{De-C} (210t)
炉壳内径 ϕ/m	7.7	8.0
高度/m	10.5	11.5
顶吹氧流量(标态)/$m^3 \cdot h^{-1}$	最大 40000	80000
底 吹	4 孔	4 孔
	CO_2、Ar、N_2 流量(标态):5400m^3/h	CO_2、Ar、N_2 流量(标态):5400m^3/h
能 源	OG + 锅炉煤气回收 自动控制吹炼系统	OG + 锅炉煤气回收

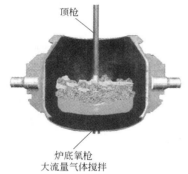

形 式	脱磷预处理转炉
吨位	210t×1
炉体大小	内径:7.7m 高度:10.5m
顶吹	O_2 流量(标态):Max.40000m^3/h
底吹	氧枪数:4支 CO_2, Ar, N_2流量(标态):Max.5400m^3/h
其他	OG 法煤气回收系统 镖式挡渣器 自动吹炼控制系统

图 6-44 210t 脱磷预处理转炉炉型尺寸

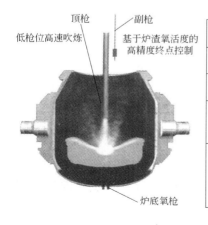

吨位	210t×1/2
炉体大小	内径:8.0m 高度:11.5m
顶吹	O_2 流量(标态):最大80000m^3/h
底吹	喷枪数:4支 CO_2,Ar,N_2流量(标态):最大5400m^3/h
其他	OG 法煤气回收系统 镖式挡渣器 自动吹炼控制系统

图 6-45 210t 脱碳转炉炉型尺寸

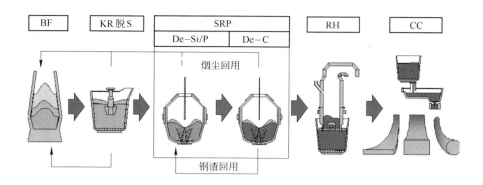

图6-46 和歌山制铁所新炼钢厂流程系统

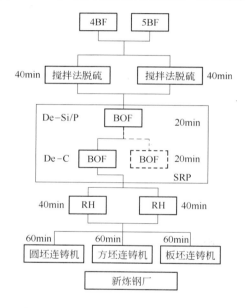

图6-47 和歌山制铁所新炼钢厂工艺过程

对于日本住友金属和歌山新炼钢厂的创新性设计和生产运行，我们可以做出如下分析：

（1）对传统的转炉炼钢过程中的冶金化学反应进行解析-优化。由于铁液中脱硫、脱磷、脱碳的热力学条件要求不同，因此将之分解为在三个反应器中进行，并根据不同的工艺操作要求，设计各自优化的反应器——即根据化学反应热力学到"三传一反"动力学原理，设计优化的反应器装置。特别是带有强烈底吹搅拌的脱磷预处理转炉和具有良好高速脱碳功能的脱碳氧枪等。

（2）以过程温度-过程时间为主要耦合参数，将脱硫、脱硅、脱磷和脱碳等反应器协同集成起来，解决好工序之间关系的协同-优化，以期提高过程的物质转变效率，能源利用效率。

（3）以不同反应器（工序/装置）运行过程的工艺参数优化为基础，设计新型的炼钢厂平面布置图，理顺生产过程物质流，减少相互干扰，改善流程的时/空结构，提高物质流的动态运行效率。

（4）以适应连铸机多炉连浇为目标，脱磷预处理转炉、脱碳转炉以 20min 的时间节奏为目标，建立生产运行过程的时钟推进计划。即以时间为主轴，建立炼钢厂生产运行状态协调图。以相关工序/装置的各项有效的工艺措施和信息控制为手段，逐步加快时间节奏，向 20min 的周期节奏逼近。

经过多年的生产实践和不断的积累改进过程，和歌山炼钢厂取得了令人高兴的实绩：

（1）脱磷预处理转炉和脱碳转炉的炉渣总量明显降低。和歌山炼钢厂采用（SRP）"全三脱"铁水预处理，脱磷预处理转炉和脱碳转炉的炉渣总量为 52kg/t（钢），较传统氧气转炉炼钢的炉渣总量（约 97kg/t（钢））有了明显减少（图 6-48）；同时，转炉渣得到充分利用，石灰消耗明显降低。

（2）脱磷预处理转炉的脱磷效果良好。该厂 210t 脱磷预处理转炉在熔池温度 1300 ~ 1320℃、$CaO/SiO_2 \approx 2.0 ~ 2.4$ 条件下，由于有 $0.4m^3/(t \cdot min)$ 的底吹强搅拌作用（标态），铁水脱磷效率达 75% 以上，处理后的半钢磷含量一般在 0.025% 以下（图 6-49 和图 6-50）。

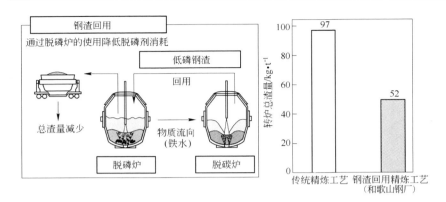

图 6-48　和歌山新炼钢厂（与传统氧气转炉炼钢厂相比）
总渣量明显降低

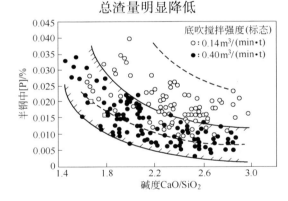

图 6-49　脱磷预处理后碱度与［P］含量的关系

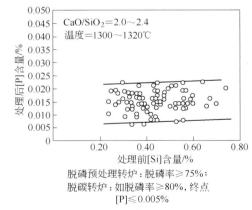

脱磷预处理转炉：脱磷率≥75%；
脱碳转炉：如脱磷率≥80%，终点
［P］≤0.005%

a

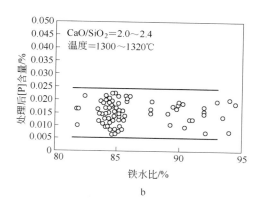

图 6-50 和歌山炼钢厂铁水脱磷效率提高

a—处理前［Si］含量对脱磷的影响；b—铁水比对脱磷的影响

（3）脱碳转炉实现了高速吹炼。由于该厂开发了超高速脱碳吹炼技术，特别是改进了氧枪喷头的结构和参数（图6-51），使供氧强度（标态）提高到 $4.5m^3/(t \cdot min)$ 以上，实现了脱碳炉吹氧时间缩短到 9min 左右（图6-52），脱碳转炉快速出钢率明显提高（图6-53），脱碳转炉的时间周期缩短到 20min 左右（图6-54）。

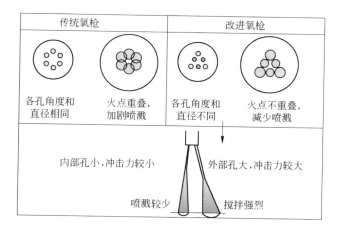

图 6-51 氧枪喷头的结构和参数的改进[14]

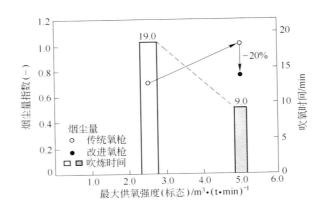

图 6-52　氧枪改进的效果[14]

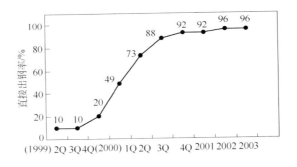

图 6-53　脱碳转炉的终点控制命中率的变化[13]

（4）SRP（"全三脱"）炼钢厂动态-有序、协同-连续运行，整个炼钢厂实现了快速、协同、准连续运行，每天实际生产约45 炉钢。生产过程的时间-温度参数大体按照图 6-55 的目标运行。

（5）两座 RH-PB 真空处理装置（图 6-56）生产包括超低[P]、超低[S]在内的无缝钢管、薄板和承受高速动载荷的高级棒材。该炼钢厂年产能力为 400 万～450 万吨。需要通过圆坯铸机生产各种用途的高级无缝管，通过板坯铸机为薄板轧机供

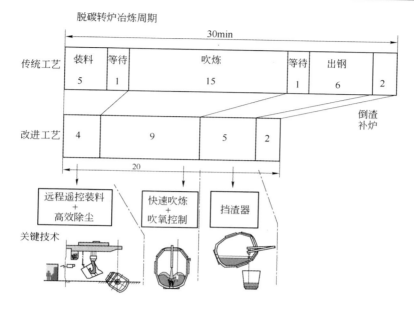

图 6-54 脱碳转炉时间周期缩短[4]

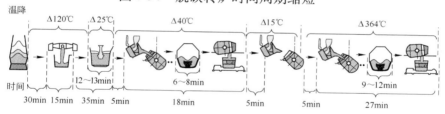

图 6-55 "全三脱"炼钢厂运行过程的时间-温度过程示意图

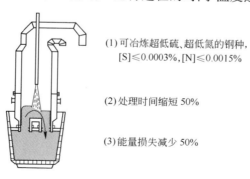

(1) 可冶炼超低硫、超低氮的钢种,
    [S]≤0.0003%,[N]≤0.0015%

(2) 处理时间缩短 50%

(3) 能量损失减少 50%

图 6-56 RH-PB 真空处理装置高效率生产示意图

各类优质薄板用钢，通过方坯铸机供应高级用途的长材用钢。
值得注意的是：该厂只有两台 RH-PB 装置，没有 LF 炉和 VD
等装置。其流程是：2×KR 脱硫站—1×脱磷预处理转炉—2×
脱碳转炉（其中 1 座为备用）—2×RH-PB，可实现高效率地生
产洁净钢，而且洁净度很高。

6.3.4　日本不同类型的"三脱"炼钢厂

1987 年以来，日本许多转炉炼钢厂重视采用转炉铁水预
处理脱磷工艺，并且得到了快速发展，由于不同类型炼钢厂的
具体条件不同，产品要求也不同，其转炉脱磷预处理的形式是
多样化的（图 6-57）。其中采用转炉脱磷预处理已占到很大比
例，图 6-58 为 1987～2005 年日本复吹转炉脱磷预处理的发展
进程，到 2005 年，采用转炉脱磷预处理的约占 53%。

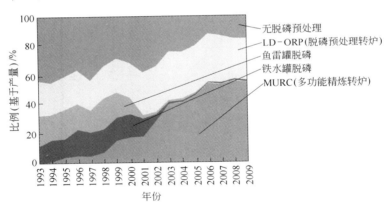

图 6-57　日本新日铁公司铁水脱磷工艺的发展[15]

从工艺过程的分析来看，主要有三种类型的铁水脱磷预处
理工艺。

类型 1：脱磷预处理过程与脱碳过程分别在两座转炉内进
行（见图 6-59，例如住友金属和歌山制铁所的 SRP、新日铁名
古屋制铁所的 LD-ORP 等），其特点是：

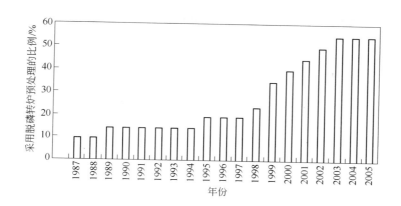

图 6-58   1987~2005 年日本采用铁水脱磷预处理转炉的比例变化情况

（1）转炉周期时间短（脱磷预处理转炉、脱碳转炉同时平行作业）；

（2）新建炼钢厂采用此法，可以缩小转炉吨位；

（3）铁水脱磷预处理后，渣-金属完全分离，石灰消耗量明显降低；

（4）有利于脱碳转炉直接出钢，而且钢中 [O]、[N] 含量低；

（5）产品洁净度高而且稳定、可靠；

（6）需有脱磷预处理转炉。

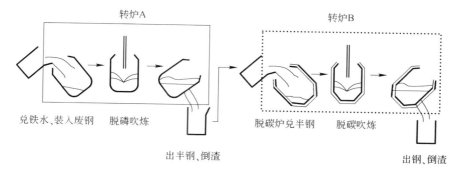

图 6-59   脱磷预处理与脱碳在不同转炉内平行作业[16]

类型 2：在同一转炉内分别进行铁水脱磷过程或脱碳-升温过程（图 6-60）。其特点是：

（1）脱磷后炉渣-金属分离彻底，可生产超低磷钢；

（2）脱碳过程结束后的高温炉渣可直接用铁水脱磷预处理；

（3）转炉炼钢过程周期长，生产效率低；

（4）转炉冶炼过程的时间周期波动，节奏失调，会影响连铸多炉连浇；

（5）只能在冶炼超低磷钢时短期使用，不能长期稳定地用于经济批量生产。

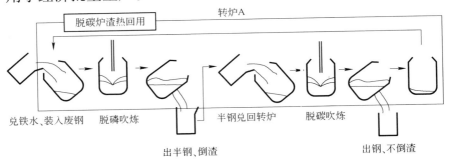

图 6-60　脱磷预处理与脱碳在同一转炉进行

类型 3：在同一个转炉内出钢留渣-双渣工艺（MURC）（图 6-61），其特点是：

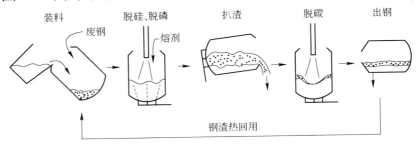

图 6-61　出钢留渣-双渣工艺（MURC）[17]

（1）上一炉钢渣可用于下一炉，以实现下一炉冶炼时早期脱磷并倒出部分初期渣，有利于减少石灰加入量；

（2）热量充足，可提高冷却剂使用量，或降低铁水兑入比例；

（3）倒渣过程延长了转炉的作业时间，并有可能倒出炉内铁液；

（4）倒渣过程不能实现炉渣-金属液完全分离，影响成品钢水的含[P]量。

6.3.5 铁水"三脱"预处理工艺在韩国的发展动向

进入 21 世纪以来，铁水"三脱"预处理工艺在韩国得到了发展，分别在浦项制铁所、光阳制铁所得到采用，特别是在现代钢铁新建的唐津制铁所得到采用，这些应是值得关注的动向。

6.3.5.1 浦项制铁所第二炼钢厂新设的脱磷预处理转炉

2008 年，浦项制铁所第二炼钢厂（3×300t BOF）新添设了一座 300t 的脱磷预处理转炉（图 6-62），当时的主要目的是为了增加该厂的钢产量。

在 2008 年，浦项制铁所由于第一炼钢厂转炉停止运行，

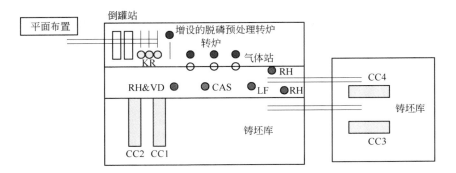

图 6-62 浦项制铁所第二炼钢厂新添脱磷预处理
转炉位置平面示意图

铁水富裕，要运到第二炼钢厂，生产任务加重，同时又由于2008 年前三个季度钢材价格高昂，为了增加盈利，以第二炼钢厂新添脱磷预处理转炉作为对应措施增加钢产量。2008 年脱磷预处理转炉的实际情况是：只对运到第二炼钢铁水的10%（约 100 万吨）进行了脱磷预处理。

由于该厂是老厂，脱磷预处理转炉的位置受到已有平面布置图的限制，只能放在现有炼钢厂的厂房内，比较拥挤，但仍采用了 $BOF_{De-Si/P}$ 和 BOF_{De-C} 不在同一跨的布置方式，脱磷预处理转炉和脱碳转炉之间的相互干扰比较少。

该厂采用 KR 装置脱硫，将铁水［S］由 0.025% 降到0.0025% 左右。

经 KR 脱硫后的铁水兑入脱磷预处理转炉，进行脱硅-脱磷预处理，脱磷预处理转炉的吹氧时间约为 10min，供氧强度为脱碳转炉的 1/2。用脱碳转炉的钢渣加入到脱磷预处理转炉进行脱硅-脱磷预处理，脱磷预处理转炉的炉渣碱度约为 2。经脱磷预处理转炉吹炼后，铁水［P］由 0.12% 降到 0.02% 左右。

该厂与 $KR-BOF_{De-Si/P}-BOF_{De-C}$ 相对的是 3 号、4 号板坯连铸机，年产铸坯分别为 2.8Mt 和 3.4Mt。连铸浇注一炉钢的周期时间为 35 ~ 45min。

6.3.5.2　光阳制铁所第二炼钢厂新设的脱磷预处理转炉

光阳制铁所第二炼钢厂在 2007 年增设了一座 250t 脱磷预处理转炉。该厂原有三座 250t 转炉，脱磷预处理转炉的位置放在脱硫站的同一跨内，即脱磷预处理转炉与脱碳转炉保持异跨布置（图 6-63）。这样脱磷预处理转炉的半钢铁水罐可以和原有的任一转炉直接对应，脱磷预处理转炉与三座脱碳转炉直接的物流相对顺畅，干扰少。但是脱磷预处理转炉所在的铁水预处理区跨转炉厂约有 200m，运距稍大，半钢温降也相对多些。

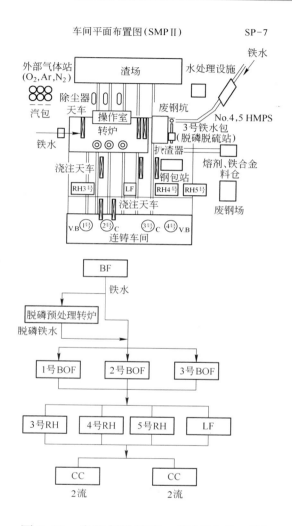

图 6-63　光阳制铁所第二炼钢厂"三脱"
预处理过程平面示意图

　　进入该厂的铁水经 KR 脱硫预处理后，兑入脱磷预处理转炉内进行脱硅-脱磷预处理。利用脱碳转炉的出钢渣加入脱磷预处理转炉内，经 7～10min 吹氧后，出半钢。脱磷预处理转炉的吹氧流量（标态）为 20000～30000m³/h，折合吹氧强度

（标态）约为 1. 5 ~ 2. 0m³/（t·min）。脱磷预处理转炉的炉渣碱度约为 2，其加入的造渣剂（石灰）为 10kg/t（钢）+ 脱碳转炉的返回渣。

经脱磷预处理转炉吹炼预处理后，铁水［C］由约 4. 3% 降到约 3. 3%，脱磷预处理转炉半钢出钢温度为 1250 ~ 1400℃。

该厂脱磷预处理转炉可回收煤气，流量（标态）为 35000 ~ 40000m³/h。脱碳转炉的出钢量为 275t，回收煤气，流量（标态）为 150000m³/h。脱碳转炉吹氧时间约为 10min，造渣石灰加入量为 15kg/t（钢），冶炼周期时间为 25 ~ 30min。

光阳制铁所第二炼钢厂原有 3 座 250t 转炉，增产 1 座脱磷预处理转炉后，平均日产炉数为 105 炉，50% 的钢是经过"三脱"预处理流程生产的。

该厂设有 3 台 RH 真空脱气装置和 1 台 LF 炉（图 6-63），70% 以上的钢水经过 RH 真空处理。

光阳制铁所冷轧薄板产品占 50% 以上，所有冷轧产品全部经过 RH 处理，低碳热轧薄板和 API 油管也用 RH 处理。

6. 3. 6　首钢京唐钢铁公司"全三脱"预处理炼钢厂的设计和运行

2009 年投产的首钢京唐钢铁公司（简称首钢京唐）是以 2 座 5576m³ 高炉 - 1 座"全三脱"炼钢厂 - 2 条热轧宽带轧机为核心的"2 - 1 - 2"结构。

其中，炼钢厂的设计、运行有如下特点：

（1）从高炉铁水进入铁水罐开始直至连铸高温输出，均属炼钢厂的范畴，并且从设计开始就以动态-有序、协同-连续运行作为基本概念——即设计、运行的指导思想。

（2）高炉—转炉之间的工艺过程采用先在 KR 装置中进行铁水脱硫预处理，再经脱磷预处理转炉进行铁水脱硅/脱磷预处理，然后在脱碳转炉中进行高速脱碳和升温（图6-8），即对传统转炉的冶金功能进行了动态-有序的解析-优化。

（3）高炉铁水采用铁水罐承接，并以机车通过1435mm标准轨距的铁路输送，高炉到铁水脱硫站的最短距离为800m左右，铁水罐可以在20min内运至脱硫站（4座KR），并在铁水罐内进行前扒渣—脱硫预处理—后扒渣等工艺过程（过程时间为30~35min）后，再将脱硫预处理后的铁水，快速兑入脱磷预处理转炉。在这里铁水罐取代了鱼雷罐、混铁炉等功能，实现了铁水罐多功能化，通过铁水罐将高炉出铁—铁水脱硫装置—脱磷预处理转炉连接起来，实现节能、环保、快速周转并准确称量。

（4）采用2座脱磷预处理转炉，对来自KR脱硫站的铁水进行脱硅/脱磷预处理，并将脱硅、脱磷处理后的半钢动态-有序地兑入脱碳转炉进行脱碳、升温、回收煤气和进一步适度脱磷。2座脱磷预处理转炉（$BOF_{De-Si/P}$）和3座脱碳转炉（BOF_{De-C}）分别布置在相邻两跨内，呈异跨布置，相互干扰少。

（5）由于脱磷预处理转炉的半钢成分、温度、兑入量等输入因子稳定、准确已知，而且脱碳转炉不加废钢，其石灰加入量为10~15kg/t（钢），脱碳转炉渣量不大于30kg/t（钢），因此可以提高脱碳转炉终点含[C]量和温度的命中率，有利于脱碳转炉直接出钢（不需等待成分分析）。这样，减少了二次、三次吹炼过程中的钢水增[N]，而且终点钢水[O]含量相对低，也有利于脱碳转炉快节奏运行。

（6）经"三脱"预处理和脱碳转炉直接出钢的高洁净钢水，分别经CAS、RH、LF等二次精炼装置，再与不同宽度的230mm厚度高拉速板坯连铸机连接起来，并尽可能保持铸机-精炼装置-脱碳转炉处于匹配对应的"层流式"

运行状态，以此实现炼钢流程动态-有序、协同-连续的高效运行。

在上述设计、运行理念的指导下，进行了工艺/装置等要素的选择，并以总平面图、炼钢厂平面图（图 6-64）以及生产运行程序合理安排为基础，实现流程全局性的结构优化和功能拓展。

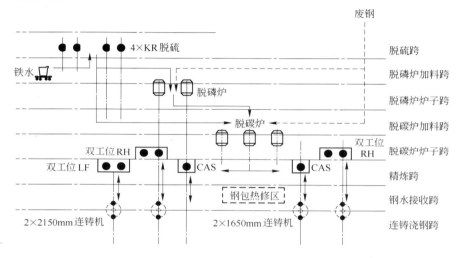

图 6-64　首钢京唐炼钢厂平面布置图

经过两年多的生产实践，京唐钢高效率、低成本洁净钢生产"平台"技术取得了良好的进展，特别是：

（1）以铁水罐多功能化（所谓"一罐到底"技术）为特征的高炉—转炉之间的界面技术的优势得到了实践的验证。首钢京唐摒弃了混铁炉、鱼雷罐运铁车，直接以 300t 铁水罐通过 1435mm 标准轨距铁路将铁水从高炉运到炼钢厂 KR 脱硫站，运输过程时间在 20min 以内，并且建立了铁水质量的准确称量系统（图 6-65），其铁水称量精度可达 288t ±0.5t（高炉铁水的出准率可达 95%），为下游 KR 脱硫、脱磷预处理转炉和脱碳转炉的精准、稳定运行创造了有利条件。同时，由于在炼钢厂和运输过程中不存在半罐铁水罐，有利于铁水罐的管理和快速周转。

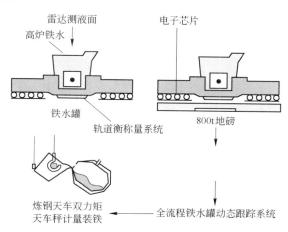

图 6-65 首钢京唐高炉出铁过程的铁水称量系统

由于采用铁水罐多功能化技术（详见 6.2 节内容），到达 KR 脱硫站的铁水温度一般在 1380℃ 以上，甚至可达 1440℃ 以上。同时，由于采用先脱硫、后脱硅的程序，KR 脱硫站的铁水在高温、高活度状态下脱硫，脱硫效率很高。KR 预处理后铁水含 [S] 量多在 0.0025% 以下，其中 50% ~ 60% 不高于 $5 \times 10^{-4}\%$。

（2）300t 脱磷预处理转炉处理周期短。经 KR 脱硫预处理后，铁水以 1350 ~ 1360℃ 的温度直接兑入脱磷预处理转炉，加入约 14kg/t(钢) 的石灰和约 12kg/t(钢) 脱碳转炉渣后进行吹炼（图 6-66），吹氧时间已从 9min 降低到目前的 5 ~ 6min，缩短了脱磷预处理转炉的冶炼周期时间（图 6-67）。

通过优化造渣工艺、提高顶吹供氧强度，加强底吹供氧系统的维护等措施，脱磷预处理转炉的炉渣碱度一般控制在 1.8 ~ 2.0 之间，FeO 降到 12% 左右，需指出该厂脱磷预处理转炉底吹

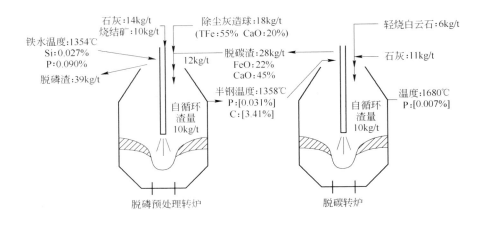

图 6-66　首钢京唐脱磷预处理转炉、脱碳转炉
之间造渣剂和炉渣之间的关系

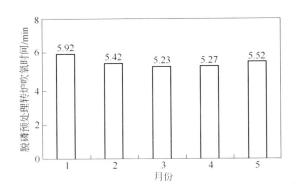

图 6-67　2010 年首钢京唐脱磷预处理转炉吹氧时间

搅拌强度(标态)设计值较低,只有 0.3m³/(t·min),而实际运行过程中还低于设计值,这一因素将影响脱磷预处理转炉的脱磷效率。图 6-68、表 6-20 分别给出了 2010 年首钢京唐脱磷预处理转炉的炉渣和处理后半钢成分和温度(平均值)变化。

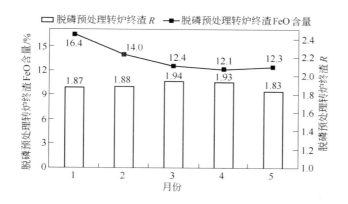

图 6-68 首钢京唐脱磷预处理转炉
终渣的月均指标（2010 年）

表 6-20　2010 年首钢京唐脱磷预处理转炉终点月均指标

项　　目	1 月	2 月	3 月	4 月	5 月
终点［C］/%	3.29	3.36	3.46	3.44	3.45
终点［P］/%	0.034	0.035	0.033	0.031	0.032
终点［S］/%	0.0087	0.0089	0.0074	0.0068	0.0065
终点［Si］/%	0.020	0.022	0.021	0.020	0.020
终点［Mn］/%	0.041	0.044	0.037	0.031	0.034
终点温度/℃	1339.3	1336.2	1335.4	1337.0	1332.9

　　由表 6-20 可见，首钢京唐脱磷预处理转炉可能由于底吹
搅拌强度偏低和吹炼终点温度偏高，导致该脱磷预处理转炉终
点含［P］量大于 0.030%。

　　（3）300t 脱碳转炉少渣冶炼：采用 KR 高温、高活度脱硫
预处理和脱磷预处理转炉预处理后，大大地减轻了脱碳转炉的
冶金任务，可以少加石灰，进行少渣、高速脱碳吹炼，现在脱

碳转炉的石灰加入量已降低到 10 ~ 11kg/t 钢。脱碳转炉终点钢水的［C］和温度的命中率都在 94% 以上，［C］-T 双命中率在 90% 以上（图 6-69），此举进一步促进了脱碳转炉的直接出钢率的提高，即使由于某些钢种开发对直接出钢率带来影响，也已达到 50% 左右。

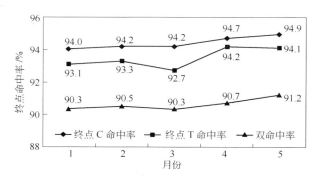

图 6-69　2012 年 1 ~ 5 月首钢京唐脱碳转炉
终点命中率变化

首钢京唐 300t 脱碳转炉终点钢水的含［P］量和终点［C］-［O］关系分别示于图 6-70 和图 6-71 中。

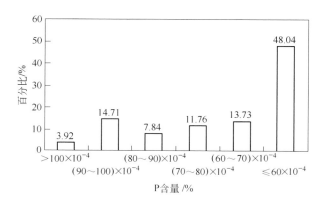

图 6-70　首钢京唐 300t 脱碳转炉终点钢水的
含［P］量分布情况

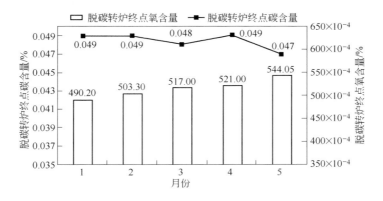

图 6-71　首钢京唐 300t 脱碳转炉终点钢水
[C]、[O]含量月均指标

6.3.7　一种设想的高效率、低成本洁净钢炼钢厂流程（大型全薄板生产厂）

设想的产品为热轧薄板及其深加工产品。以两套热轧带钢轧机并且冷轧深加工百分比达到 60% 以上进行冷轧深加工为目标，分别选择一套 2050mm（或以上）热带轧机（年产 500万～530 万吨）和一套 1580mm 轧机（年产约 350 万吨），这样，约需铸坯 900 万吨/年。以此为目标，借鉴住友金属和歌山制铁所、首钢京唐的经验，作如下构想：

（1）以全量铁水"三脱"预处理为基础的高效率、低成本洁净钢生产流程，其基础技术框架为：

1）高炉—转炉之间以铁水罐多功能化技术作为界面技术（所谓"一罐到底"技术），其输送方式可以因地制宜，选择火车-铁路、平车-轨道或汽车-道路等。以称量精确（230t ± 0.3t）、简捷、快速运输（铁水罐周转 5 次/（天·罐））和低成本为优化选择的目标。

2）选择 2～3 座 KR 脱硫装置，先进行高温、高活度状态下铁水脱硫预处理及相关的扒渣作业。KR 脱硫站的位置应尽可能靠近高炉为宜，其目的是为了争取在 1400℃ 以上进行脱硫预处理，以提高铁水脱硫效率，甚至将预处理后的 ［S］ 含量稳定在 0.001% 以下，并仍保持 1370℃ 以上的处理后铁水温度。KR 装置采用前扒渣—搅拌脱硫—后扒渣三工位组合形式，提高搅拌脱硫装置的利用效率，并减少搅拌头间歇时间长而引起的温降，其预处理的作业周期为 20 ~ 24min。

3) 选择 2 座 230 ~ 250t 脱磷预处理转炉（$BOF_{De-Si/P}$），进行脱硅、脱磷预处理；要高度重视提高底吹搅拌强度，要回收蒸汽、煤气。$BOF_{De-Si/P}$ 炉的炉型尺寸，应小于同吨位脱碳转炉的尺寸，以利于降低投资。$BOF_{De-Si/P}$ 的冶炼周期（Tap to Tap）应不大于 22min，并要充分利用脱碳转炉返回渣，辅以适量石灰，使 $BOF_{De-Si/P}$ 终点炉渣碱度为 2 左右。$BOF_{De-Si/P}$ 只用 2 个铁水罐出钢，快速周转，以减少半钢出钢过程的温降。

4) 选择 3 座 230 ~ 250t 脱碳转炉进行快速脱碳-升温，回收煤气、蒸汽并辅助脱磷。BOF_{De-C} 的氧枪要优化设计，以 4 ~ 4.5m^3/(t · min) 的供氧强度（标态）快速脱碳并减少喷溅。要选择转炉煤气焙烧石灰，以减少石灰含硫量。

BOF_{De-C} 应以快速直接出钢（不等成分分析）为手段，确保冶炼周期为 28 ~ 32min。

5) 以 3 × RH-PB、1 × LF 为二次精炼手段（必要时辅以 1 台 CAS），分别处理冷轧薄板和热轧薄板。要充分发挥 RH 真空处理装置的功能，因此，RH 的位置必须高度重视，应放在转炉钢包出钢线的方向上，以减少吊车吊包时间（CAS 的放置位置亦然）。LF 应放在靠近 2050mm（或以上）的轧机一侧。

6) 选择 3 台厚度为 230mm 的板坯连铸机进行高拉速、恒拉速生产，其冶金长度必须适应高拉速运行。三台连铸机的基本运行宽度分别为 1650mm、1450mm、1250mm。

连铸机在连浇时,一般不进行结晶器调宽(在换中间包、换结晶器时可以进行调宽),调宽功能应由热轧机适当分担,这样有利于整个炼钢厂生产流程的运行节奏稳定、产品质量稳定,提高铸坯收得率,也有利于铸机高效恒速运行。

7)要重视以三台连铸机为动态运行核心的产品"专线化"生产。

1 号 CC:主要对应 1580mm 轧机的高档商品材,窄规格的冷轧比例很大,以生产低碳、超低碳冷轧原料及适合直装的品种为主,年产能力 270 万~280 万吨。

2 号 CC:主要对应 2050mm(或以上)宽轧机的汽车面板等冷轧深加工产品以及管线钢等,年产能力 280 万~300万吨。

3 号 CC:主要对应 2050mm(或以上)宽轧机的热轧商品,以生产批量大、尺寸较宽并适合组织长浇次、易于实现较高拉速、适合直装的钢种为主,年产能力不小于 350 万吨。

其中三台连铸机对应的二次精炼手段分别为:

1 号 CC:以 RH 为主(必要时辅以 CAS);

2 号 CC:以 RH 为主,LF 为辅;

3 号 CC:以 RH 为主(必要时辅以 CAS)。

(2)关于炼钢厂平面布置图的特点——流程网络优化。

全量铁水"三脱"预处理洁净钢生产炼钢厂的平面布置图设计,应该重视如下特点:

1)当采用火车-铁路运输方式、铁水罐运输线一般应顺着炼钢厂的长度方向进入炼钢厂的脱磷跨间(必要时也可从垂直方向进入),火车运输距离应尽可能缩短,并加速铁水罐周转,KR 脱硫站不仅要靠近高炉,而且要尽量紧邻脱磷预处理转炉布置，可减少铁水罐的倒运次数；当使用电瓶车-轨道或汽车道路运输时，同样要尽可能缩短运输距离，促进铁水罐快速周转。

2）$BOF_{De-Si/P}$ 和 BOF_{De-C} 一定要分跨布置，两者若同跨布置会因炉座过多而引起吊车-物流干扰，影响全厂运行过程时间节奏的合理衔接、匹配。

3）高度重视二次精炼装置的合理位置。

RH：RH 是生产高档薄板（甚至包括无缝管或高级棒材）特别是冷轧深加工产品的主要精炼装置，要放置在 BOF_{De-C} 出钢线上，这样可以省去钢包从出钢车吊到 RH 之间的吊车作业时间，并避免出钢跨吊车之间的相互干扰，有利于配合连铸机高效多炉连浇；甚至有可能减少出钢跨吊车的数量；特别是 RH 采用双出钢车的在线布置，具有三个处理工位，分别是预处理位、真空处理位、后处理位。真空处理位采用卷扬提升，处理期间出钢车可开出。这一布置方式可实现以 30min 周期处理一炉钢水（不是 RH 真空处理时间），且实现了真空槽热状态连续运行，不仅减少了钢水温度降，而且提高真空槽寿命，降低运行费用。

CAS：CAS 是大宗热轧薄板的低成本高效精炼手段，对于动态-有序运行而言，其位置的合理放置十分重要，也应放置紧靠 BOF_{De-C} 附近，即使由于 CAS 作业时间相对短，也应尽可能地放置于出钢线上或紧靠作业线。

LF：LF 是生产超低硫热轧板卷和中、高碳热轧产品的重要手段（例如管线钢等），一般只对 ［S］、［P］ 要求很低的情况及高质量中厚板使用。由于此类产品的尺寸规格一般都是宽且厚，因此，LF 应放置于靠近 2050mm（或以上）宽热带轧机一端，且由于 LF 炉的冶炼周期长，超低硫热轧产品的市场份额也不会很大，因此，LF 不应放置在

BOF_{De-C}的出钢线附近，而应适当远离出钢作业线。应该明确，为保证大型转炉的高效运行，LF炉的功能主要对超低硫、超低氧钢选择 LF，同时要注意 LF 增［Si］、增［N］的负作用。不应将 LF 作为通常补充钢水温度的手段，这是不经济、不高效的。

4）RH 等主要二次精炼装置的输出线应与连铸钢包回转台的轴线对准或靠近，以利于缩短吊运满包钢水的吊车作业时间，有利于连铸机多炉连浇或提高铸速。

5）尽量减少吊车横移过程的对位操作时间，应在$BOF_{De-Si/P}$和BOF_{De-C}的兑铁位置设置定位连锁装置，以利于兑铁吊车快速准确地对准炉口，并快速兑铁。

6）要重视铁水罐、半钢包、钢水包的循环走行路线，加速铁水罐、钢水包满包-空包的周转速度，以利于减少铁水罐、钢水包的使用个数，并减少钢水温度降低值。

7）炼钢厂平面图要以三台宽度不同、铸速不同的连铸机专线化"层流式"运行作为动态-精准设计的核心思想。平面图是炼钢厂动态-有序、协同-连续运行的"静态框架"（图6-72），一经确定，不可能调整，务必认真地、动态地研究；还要认真考虑铸坯热装、热送的路线，合理安排炼钢厂和两个热轧带钢厂之间的衔接关系。

（3）关于炼钢厂动态-有序、协同-连续运行的作业程序。要高度重视多工序动态集成运行的程序，动态-精准的设计、调控各个工序/装置运行的时间过程与节奏。以三台连铸机多炉连铸的时间过程、时间节奏、时间周期等时间参数作所有工序/装置动态-有序运行的"拉力"，作出整个炼钢厂动态-有序、协同-连续运行的时钟推进计划——动态运行 Gantt 图。KR、$BOF_{De-Si/P}$、BOF_{De-C}、RH、CAS、LF 以及相关的铁水罐、半钢包、钢水包、吊车等装置的作业时间、运行节奏都要按照

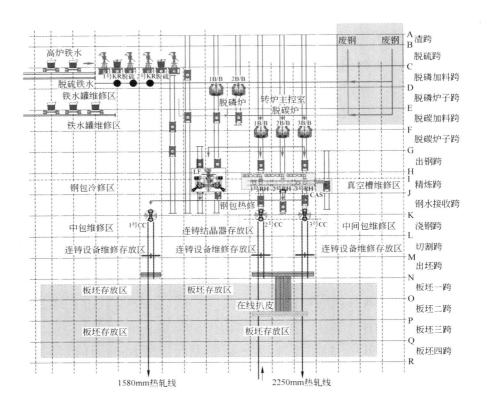

图 6-72　设想的高效率、低成本洁净钢炼钢厂平面图
（大型全薄板型生产厂）

动态运行 Gantt 图的时间进程进行作业。其中三台连铸机在浇铸不同钢种、不同断面的铸坯时，都应各自分别保持恒拉速运行，这是确定从 KR 脱硫站直至连铸机动态运行时间节奏的核心。必须强调以"连铸为中心"展开 Gantt 图的动态运行（图6-73、图 6-74）。

6.3.8　铁水"全三脱"的理论意义和实用价值

理论意义如下：

（1）体现了工序功能集的解析-优化，工序之间关系集的

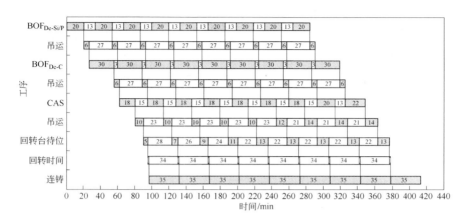

图 6-73　250t BOF$_{De-Si/P}$-BOF$_{De-C}$-CAS-CC 流程 Gantt 图

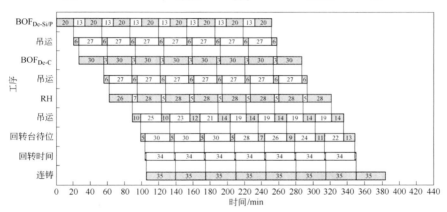

图 6-74　250t BOF$_{De-Si/P}$-BOF$_{De-C}$-RH-CC 流程 Gantt 图

协同-优化和流程工序集的重构-优化；

（2）为构造高效率、低成本并稳定运行的洁净钢生产平台奠定基础；

（3）有利于动态-有序、连续-紧凑运行的计算机建模和控制；

实用价值如下：

（1）建立起稳定、高效的洁净钢生产平台，特别是适应高拉速超低碳高档薄板生产，有利于提高产品实物质量；

（2）提高生产效率：使脱碳炉生产一炉钢缩短约 8 ~ 10min；相应可以降低转炉吨位、吊车吨位和炼钢厂厂房负荷，减少相关的投资成本；

（3）降低生产成本：减少钢铁料及石灰等辅料消耗（还可利用较高含磷量的铁矿；在脱碳转炉中利用锰矿，少用或不加 Fe-Mn 合金等）；

（4）稳定高档商品的实物性能，包括加工性能、使用性能；

（5）促进多炉连浇；

（6）促进信息化管理；

（7）有利于清洁生产和炼钢炉渣的有效利用；

（8）有利于与热带轧机衔接运行，促进铸坯热装热送；

（9）可以适度利用高磷铁矿资源。

6.4　小方坯铸机—棒材轧机之间界面技术优化

唐钢第二钢轧厂（简称唐钢二钢轧）是一个始建于 1958 年的侧吹转炉老车间，几经技术改造，现在已经改建为铁水预处理—55t 复吹转炉—吹氩装置—165mm × 165mm 小方坯连铸的炼钢车间，并在 1996 年、2003 年分别建立了第 1 棒材和第 2 棒材轧钢生产线。第 1 棒材生产线全部采用切分轧制技术生产 $\phi12 \sim 18$mm 螺纹钢（1 座加热炉 + 18 架棒材轧机机组）；第二棒材生产线全部生产 $\phi20$mm 以上的螺纹钢。

在技术改造过程中，唐钢高度重视炼钢车间与第 1、第 2 棒材生产线之间的平面布置关系（流程网络优化），特别是 6 号连铸机和第 1 棒材生产线之间紧凑-顺畅的铸坯输送路线，走行距离为 241.1m；5 号连铸机和第 2 棒材生产线之间为更加紧凑-顺畅的铸坯输送路线，铸坯的走行距离为 81.5m。现在两个棒材生产线分别由 5 号、6 号连铸机固定供坯生产，实际钢材产量已达 220 万吨/年。其中铸机—加热炉之间铸坯的高温直接入炉技术、铸机定重供坯技术以及与此相关的切分轧制等生产工艺改进，起到了非常重要的作用。

6.4.1 关于铸坯高温直接入炉的技术基础

铸坯高温直接入炉技术的实施是建立在一系列生产工艺改进的基础上的。

首先，要有紧凑-顺畅的平面布置图（合理的流程网络），以利以最短的输送距离、最快的输送速度和较为稳定的温度范围内将铸坯装入加热炉，唐钢二钢轧的平面布置见图 6-75。

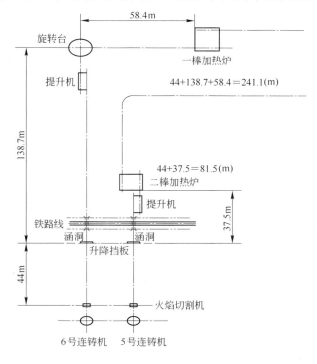

图 6-75 唐钢二钢轧的平面布置图

其次，必须重视连铸机拉坯速度（拉速）的提高和稳定，并提高剪切后的铸坯温度；现在 165mm × 165mm 小方坯铸机的拉速稳定在 2.15m/min。

第三，为了提高并稳定铸机拉速，必须重视转炉出钢温度的稳定并降低。经过几年的努力和采取多种措施（包括减少钢包个数、加快钢包周转速度和钢包全程加盖等（详见 6.4.6 节），唐钢二钢轧 55t 转炉出钢温度已稳定在 1640℃ 左右（详见本章附录）。

第四，要重视剪切后铸坯温度，现在 5 号、6 号铸机剪切后铸坯温度已由 920℃ 左右稳定提高到 970~980℃。

第五，要保持小方坯铸机与棒材轧机之间的物流通量平衡与连续化，并使铸坯入炉温度稳定在较窄的温度区间内，有利于加热炉节能。为此，对于生产不大于 φ18mm 小规格螺纹钢，全部采用切分轧制是必要的，并且全部集中在第 1 棒材生产线进行，其年产量已达 100 万吨；第 2 棒材生产线则集中生产 φ20mm 以上的产品，其年产已达 120 万吨以上。

唐钢二钢轧在上述诸多方面开展了细致的研究、技术开发和生产信息管理工作，取得了明显的技术进步和节能、减排效果。

6.4.2　6 号小方坯连铸机—1 号棒材生产线之间铸坯高温直接入炉技术的实绩

唐钢二钢轧 6 号铸机为 6 × 165mm × 165mm 小方坯连铸机，其中间包容量为 25t，冶金长度为 15m，与 1 号转炉（55t）对应生产。经过技术攻关，6 号铸机的拉速从 1.8m/min 提高到 2.1m/min 以上，相应的剪切后铸坯温度从 940℃ 提高到 975℃ 以上。铸坯直接热装炉率达到了 84%~90%，铸坯长度为 11.5~12.0m，铸单根坯质量在 2.4t 以上。铸坯经过辊道热送到第 1 棒材生产线的加热炉，输送距离约为 241m，输送时间为 10~17min，并按炉逐根按序进入加热炉，铸坯入炉温度由原来的 690℃ 左右提高到 730℃ 以上。加热炉煤气单耗平均降低了 26m³/t(材)。不同月份技术效果和节能效果示于表 6-21、表 6-22 和图 6-76 中。

表 6-21 唐钢二钢轧 6 号小方坯连铸机—第 1 棒材生产线之间铸坯高温直接装炉的情况

项目	日　期	拉速 /m·min⁻¹	月均剪切后铸坯温度 /℃	月均铸坯装炉温度 /℃	煤气总耗 /km³·月⁻¹	煤气单耗① /m³·t⁻¹(材)	铸坯产出根数 /支·月⁻¹	铸坯直接装炉率 /%
实施铸坯直接装炉前	2011 年 7 月	1.83	913.8	671.5	10573	113		
	2011 年 8 月	1.85	922.2	676.3	10253	105		
	2011 年 9 月	1.88	930.1	682.4	7713	128		
	2011 年 10 月	1.92	938.0	698.8	11328	115		
	2011 年 11 月	1.98	951.0	705.7	9745	107		
实施铸坯直接装炉后	2011 年 12 月	2.12	965.7	724.3	8608	90	36909	88.38
	2012 年 1 月	2.11	966.7	731.0	7869	85	36455	80.82
	2012 年 2 月	2.14	971.2	732.1	7426	81	38045	91.81
	2012 年 3 月	2.15	974.3	730.9	8217	91	37283	84.61
	2012 年 4 月	2.13	978.3	735.9	7447	90	32513	83.47

①煤气热值（标态）约为 1700kcal/m³，1cal≈4.1868J。

表 6-22 唐钢二钢轧 6 号小方坯连铸机—第 1 棒材生产线铸坯高温直接装炉温度的分布情况

月份 均温范围 /℃	2012 年 1 月		2012 年 2 月		2012 年 3 月		2012 年 4 月	
	根数	百分比 /%	根数	百分比 /%	根数	百分比 /%	根数	百分比 /%
约 660	7973	20.14	0	0.00	0	0.00	0	0.00

月份 均温范围 /℃	2012 年 1 月		2012 年 2 月		2012 年 3 月		2012 年 4 月	
	根数	百分比 /%	根数	百分比 /%	根数	百分比 /%	根数	百分比 /%
660 ~ 690	7973	20. 14	8638	23. 19	4070	10. 70	1016	3. 17
690 ~ 730	8606	21. 74	9752	26. 18	10130	26. 63	9153	28. 57
730 ~ 760	14342	36. 23	17935	48. 15	21736	57. 14	21866	68. 25
760 ~ 780	689	1. 74	1296	3. 48	1248	3. 28	641	2. 00
810 以上	0	0. 00		0. 00	0	0. 00	0	0. 00

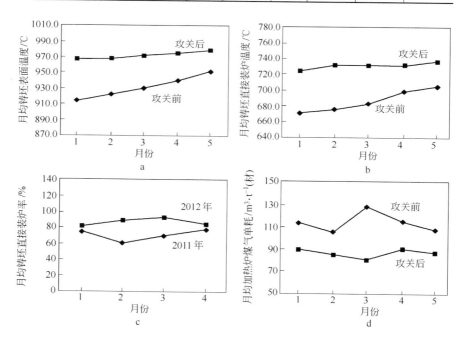

图 6-76　唐钢二钢轧 6 号小方坯铸机—第 1 棒材生产线之间
铸坯高温直接装炉有关技术参数的逐项对比

a—月均铸坯表面温度；b—月均铸坯直接装炉温度；

c—月均铸坯直接装炉率；d—月均加热炉煤气单耗

6.4.3　5 号小方坯铸机—2 号棒材生产线之间铸坯高温直接入炉技术的实绩

唐钢二钢轧 5 号铸机也是 $6 \times 165mm \times 165mm$ 小方坯连铸机，中间包容量为 25t，冶金长度为 15m，与 4 号转炉(55t)匹配对应生产。铸机拉坯速度稳定在 $2.14 \sim 2.15m/min$，剪切后铸坯温度稳定在 $970 \sim 980℃$。铸坯直接装炉率为 100%（每月约有 1500 ~ 3000 多支铸坯调到第 1 棒材生产线编入冷装批次中）。

铸坯长度为 $11.5 \sim 12.0m$，铸坯单重在 2.4t 以上。铸坯经过辊道热送到第 2 棒材生产线的加热炉，输送距离约为 81.5m，输送时间为 $3.4 \sim 4.4min$，并按炉逐根按序进入加热炉。由于铸坯在铸机—加热炉之间的输送距离仅为 81.5m，因此铸坯进入加热炉的温度可以较好地稳定在 $830 \sim 850℃$ 之间，吨材煤气单耗已降低到 $70m^3/t$（材）以下（表 6-23）。第 2 棒材生产线全部生产 $\phi20mm$ 以上螺纹钢，一般不采用切分轧制。不同月份技术参数与节能效果列于表 6-23、表 6-24 和图 6-77 中。

表 6-23　唐钢二钢轧 5 号铸机—第 2 棒材生产线之间铸坯高温直接装炉的情况

项　目	日　期	拉速 /m·min^{-1}	月均剪后铸坯温度 /℃	月均铸坯直接装入炉温度 /℃	煤气总耗 /m³·t^{-1}	煤气单耗 /m³·t^{-1}（材）	铸坯产出 /支·月$^{-1}$	直接热装数 /支·月$^{-1}$
2011 年 7 月 ~ 2012 年 4 月 直供	2011 年 7 月	2.13	966.3	835.5	6931	67		
	2011 年 8 月	2.14	967.5	841.2	6356	65		
	2011 年 9 月	2.14	970.1	846.6	6055	66		
	2011 年 10 月	2.15	975.7	838.4	6697	67		
	2011 年 11 月	2.14	981.6	842.3	7666	77		
	2011 年 12 月	2.13	966.3	840.2	5044	65	34969	32267
	2012 年 1 月	2.14	967.5	844.3	7310	71	46063	42962
	2012 年 2 月	2.14	970.1	831.1	3175	70	21259	18987
	2012 年 3 月	2.15	975.7	828.1	6452	66	44030	40439
	2012 年 4 月	2.14	981.6	850.9	1608	62	39676	37544

表 6-24　唐钢二钢轧 5 号铸机—第 2 棒材生产线之间
铸坯高温直接装炉温度的分布情况

月　份	2012 年 1 月		2012 年 2 月		2012 年 3 月		2012 年 4 月	
月铸坯表面温度 /℃	根数	百分比 /%	根数	百分比 /%	根数	百分比 /%	根数	百分比 /%
约 810	0	0.00	2628	13.84	8407	20.79	11639	31.00
810~830	20652	48.07	8453	44.52	7449	18.42	2433	6.48
830~850	18843	43.86	6431	33.87	21283	52.63	21963	58.50
850~870	3467	8.07	1475	7.77	3300	8.16	1509	4.02
870~890	0	0.00	0	0.00	0	0.00	0	0.00
890 以上	0	0.00	0	0.00	0	0.00	0	0.00

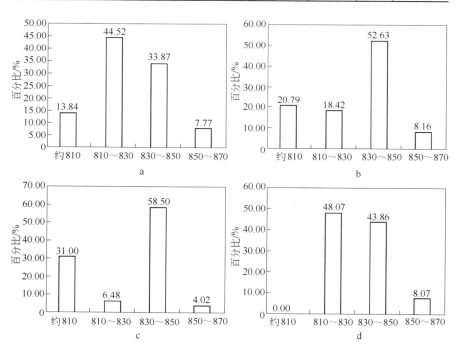

图 6-77　唐钢二钢轧 5 号铸机—第 2 棒材生产线之间
铸坯直接装炉温度的进步
a—二月；b—三月；c—四月；d—五月

由表6-23、表6-24 和图 6-77 中数据可以看出，5 号连铸机—第 2 棒材生产线之间实现了铸坯 100% 逐根直接装炉的高温热连接，相互之间除了调到第 1 棒材生产线编入冷装批次的铸坯外（每月约有 1500～3000 多支），全部实现了铸坯高温直接装炉，没有经停铸坯中间库，且其直接装炉温度集中分布在 810～850℃ 之间（分布概率已达 92%～96%，见表6-24），铸坯入炉表面温度的高度集中，特别有利于加热炉加热质量的提高并进一步促进加热炉能耗的降低。可见，不仅要重视提高铸坯装炉温度，而且也要重视装炉温度范围的稳定和集中。

6.4.4 关于定重供坯的进展

连铸机向轧钢供坯一般都是按长度供坯的，属于定尺供坯。定重供坯是相对定尺供坯而言的。定尺供坯在轧制不同尺寸规格的钢材时，会出现定尺率、成材率等方面的矛盾，为了解决这个问题，唐钢二钢轧根据不同断面规格轧制、不同切分轧制的需要，进行了定重供坯的技术开发，提高了轧制成材率。

所谓定重供坯的含义是在保证不同断面规格钢材的定尺率合理、负公差率合理并统筹兼顾成材率（小于 6m 的切尾最小化）和降低通尺率（即钢材长度为 6～12m 之间的比例和数量）的条件下，对供轧制不同断面钢材的铸坯规定合理的不同质量并进行精确计控。例如，轧制 ϕ12mm 螺纹钢时，12m 钢材的理论质量为 10.656kg/m，负公差率为 −3%；在一坯 8 倍尺（每倍尺材质量为 340.992kg）的情况下，单根铸坯质量应在 2441kg；因此，铸坯应该按此质量进行精确剪切。轧制不同尺寸规格的螺纹钢、圆钢，应该分别定重供坯，而不是定尺供坯。这样，有利于提高钢材的定尺率、负公差率，有利于提高成材率和降低通尺率（量），达到节能减排、降低成本、降低劳动强度的效果。

（1）唐钢二钢轧的 6 号铸机—第 1 棒材厂自 2011 年 9 月以来，开展了铸机定重供坯的技术开发，取得了明显的成效。其结果列于表 6-25、图 6-78 中。

表 6-25 唐钢二钢轧 6 号铸机—第 1 棒材生产线定重供坯实绩

日 期	铸坯定重率 /%	钢材定尺率 /%	每月通尺钢材产生量 /t	钢材成材率 /%	钢坯产出根数 /支·月⁻¹
2011 年 9 月	43.53	99.22	478.51	96.83	
2011 年 10 月	47.83	99.31	689.46	96.98	
2011 年 11 月	45.94	99.30	643.66	96.80	
2011 年 12 月	47.63	99.41	558.25	96.90	36909
2012 年 1 月	49.53	99.47	488.39	97.00	36455
2012 年 2 月	48.74	99.51	437.59	97.11	38045
2012 年 3 月	47.93	99.47	489.43	97.22	37283

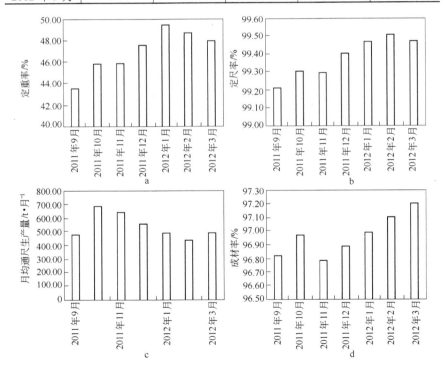

图 6-78 唐钢二钢轧 6 号铸机—第 1 棒材生产线定重供坯的效果

a—定重率变化；b—定尺率变化；c—月均通尺生产量变化；d—成材率变化

　　由于第 1 棒材生产线要生产 $\phi12mm$、$\phi14mm$、$\phi16mm$、$\phi18mm$ 的螺纹钢，要分别进行 4 切分、3 切分和 2 切分的不同轧制工艺，因此对定重供坯提出了一系列复杂、苛刻的要求，要有相应的计算机模型与之适应，并应有高精确计量传感器（称重计量采用 1/3000 的 C3 级高精度传感器）。同时，由于连铸机铸坯断面形状、断面面积随多炉连浇和结晶器使用周期而有所变化，必须实时监控、计算并反馈调控等。这些都有相当的技术难度和生产组织难度，值得进一步研究开发。

　　经过攻关，6 号铸机—第 1 棒材生产线之间的定重供坯率已达 48% ~ 50%，钢材的定尺率达 99.45%，钢材成材率已达 97.22%（6m 以下钢材按切尾计），每月 6 ~ 12m 的通尺钢材产生量降低到 490t 以下（每月钢材产量约为 9.5 万吨）。技术进步效果明显，仍有进一步提高的潜力。

　　（2）5 号铸机—第 2 棒材生产线定重供坯实行较早，由于第 2 棒材厂的加热炉实行 100% 直接装炉运行（不能直接装炉的坯子调到第 1 棒材生产线，进入冷装编组），且一般不进行切分轧制，其定重供坯已达 67% ~ 70%，相应地钢材定尺率高达 99.64%，钢材成材率可达 97.4% ~ 97.5%。而每月 6 ~ 12m 的通尺钢材产生量则降低到 321t/月（每月钢材产量约为 10 万吨）。5 号铸机—第 2 棒材生产线定重供坯的生产运行实绩见表6-26。

表 6-26　唐钢二钢轧 5 号铸机—第 2 棒材生产线定重供坯的生产运行实绩

日　　期	铸坯定重率 /%	钢材定尺率 /%	每月通尺钢材产生量 /t·月⁻¹	钢材成材率 /%	钢坯产出根数 /支·月⁻¹
2011 年 9 月	68.79	99.52	428.15	97.28	
2011 年 10 月	65.49	99.56	443.35	97.27	
2011 年 11 月	62.43	99.60	396.22	97.31	
2011 年 12 月	65.73	99.56	339.05	97.25	34969
2012 年 1 月	67.58	99.63	341.42	97.40	46063
2012 年 2 月	69.32	99.63	173.29	97.39	21259
2012 年 3 月	67.35	99.64	321.46	97.52	44030

综上所述，对于小方坯/方坯铸机与棒材连轧车间之间，连铸坯定重供坯是一个新命题，在今后实践中需要将诸多技术集成在一起并形成一个专用技术包。例如，包括铸坯精准称量技术，铸坯长度精确切割技术，铸坯断面尺寸稳定技术（即防"脱方"技术），成品钢材定长精确剪切技术，成品钢材断面尺寸精确控制技术，稳定的切分轧制技术，轧机—铸机之间工艺参数的信息反馈技术等。

6.4.5　讨论

钢铁生产过程一般是经历了固态-液态-固态的过程，在这些状态转变的过程中，都伴随着能量的输入/输出、吸热或放热的过程。其中在固-液相变过程能耗最大（高炉冶炼），而液-固相变过程却存在着大量的余热，如何利用好这些凝固后铸坯的余热，也是节能、减排的重要课题。

从钢液进入凝固工序（连铸机）开始，钢液从 1540 ～ 1550℃的高温状态冷却凝固成铸坯，继而以不同的温度进入轧钢加热炉，经加热后进行轧制。其中，有不同形式的生产工艺，例如铸坯直接轧制、铸坯直接热装入炉、铸坯热送、铸坯冷装等。这些生产工艺过程对应着不同的能源消耗，存在着不同的节能、减排机会。当然也标志着不同的技术水平。

铸坯按炉、逐根、按序直接装炉技术，是一项技术难度高，经济效益明显的技术集成包，是由多项技术动态集成的技术体系。其实质是要建立起炼钢车间与热轧车间之间动态运行的界面技术，特别是连铸机和相对应的轧钢加热炉之间动态运行的界面技术。这些技术包括了：

（1）连铸机—轧钢加热炉之间合理空间-时间关系，包括了平面布置图的合理化、紧凑化；铸坯在铸机—加热炉之间行走距离的"最小化"，铸坯输送过程时间的"最小化"和准连续化。

（2）连铸机产能与轧钢机产能的匹配对应性，两者的产能应该尽可能整数对应，为此，对于棒材轧机而言，在轧制小尺寸规格的棒材采用 2 切分、3 切分、4 切分等切分轧制技术是十分必要的，这有利于高温物流量的稳定，有利于铸坯热装温度的稳定，有利于加热炉节能减排和提高轧机产能。

（3）铸坯高温直接装炉需要一系列基础技术的支撑，包括：

1）铸机的恒拉速、高拉速工艺技术（165mm×165mm 铸坯 2.15m/min 的拉速大体相当于 150mm×150mm 铸坯 2.60m/min 的拉速）；

2）转炉低温出钢技术和稳定出钢温度技术包（唐钢二钢轧 55t 转炉出钢温度可以稳定在 1640℃的水平上）；

3）提高剪切后铸坯温度的技术（唐钢二钢轧小方坯铸机剪切后铸坯表面温度稳定在 970~980℃）；

4）高温无缺陷铸坯的技术等。

（4）将定尺供坯改进为定重供坯对于提高钢材定尺率、钢材成材率有明显效果，有利于降低非定尺钢材的产生量，具有提高质量、提高经济效益的效果，应该深入研究开发，其中包括：

1）切分轧制技术；

2）铸坯形状、尺寸监控、精确称重和信息反馈调控技术；

3）不同断面规格钢材轧制时的铸坯单重的合理设定与剪切调控技术。

（5）铸机—热轧之间的界面技术不仅存在于小方坯铸机与棒/线材轧制之间，同样也存在于板坯铸机与薄板轧机或中板轧机之间，圆坯铸机与无缝钢管轧制之间。铸机—轧机之间的界面技术应该强调在更紧凑、更连续、更高温度的状态下定量地、稳定地连接起来，其中有许多技术创新点。

附录：

唐钢第二钢轧厂
钢包快速周转的时间统计

1　钢包在各工位间的周转情况

　　唐钢第二钢轧厂（简称唐钢二钢轧）3 座 55t 转炉与 3 台 165mm × 165mm 小方坯连铸机之间共有 10 个钢包周转运行，其中包括 3 个钢包处于热修状态。目前，钢包周转率接近每班 5.5 次/包，钢包平均寿命为 70 ~ 75 炉/包。通过跟踪 14 炉次转炉出钢—连铸—修包位等钢包的周转过程时间调查，统计了钢包在各位的平均停留时间过程，结果如图 6-79、表 6-27 所示。

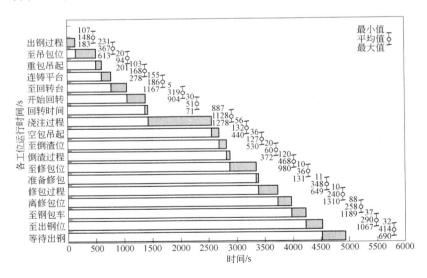

图 6-79　唐钢二钢轧钢包在不同工位运行时间过程的统计

　　由图 6-79 可以看出：

　　（1）钢包平均运转周期（各工位运行时间之和）约为 77.6min，最长运转周期为 104.2min，最短周期为 63.2min；

表 6-27 不同钢包在不同工位周转过程的时间调查

工位 \ 包次	1	2	3	4	5	6	7	8	9	10	11	12	13	14
出钢过程	172.2	172.2	172.2	183	166.2	139.8	126	106.8	142.2	111	160.2	135	130.2	150
至吊包包位	460.8	231	460.2	346.2	307.8	373.2	295.8	360	268.2	613.2	480	405	265.2	270
重包吊起	57	79.8	57	42	159	201	120	94.8	148.8	72	70.8	25.2	165	19.8
连铸平台	204	277.8	204	123.6	247.8	103.2	139.8	180	133.2	135	121.8	154.8	138	195
至回转平台	214.2	184.2	214.2	160.8	169.8	291	286.2	189	373.2	160.2	1167	280.2	154.8	165
开始回转	36	480	36	15	216	340.2	369	751.8	394.8	4.8	903.6	630	274.8	10.2
回转时间	37.8	34.2	37.8	46.8	46.8	58.2	69	70.8	55.8	64.8	43.2	30	64.8	60
浇注过程	1278	1252.8	1278	1237.8	1237.8	886.8	1119.6	1014	997.2	1101	973.2	1075.2	1170	1170
空包吊起	60	61.8	60	60	111	79.2	60	79.8	55.8	415.8	105	190.2	64.8	439.8
至倒渣位	81	81	81	82.2	36	109.8	75	57	270	117	75	64.8	120	529.8
倒渣过程	40.2	40.2	40.2	43.2	372	21	37.2	49.2	60	22.8	31.2	40.2	25.2	19.8
至修包位	288	834	288	814.8	753	447	979.8	324	150	391.8	376.2	379.8	409.8	120
准备修包	130.8	15	130.8	25.2	10.2	10.2	51	45	25.2	19.8	10.2	10.2	10.2	10.2
修包过程	649.2	364.8	649.2	10.8	150	183.6	316.8	465	469.8	424.8	294	315	76.2	499.8
离包包位	208.2	15	208.2	45	325.2	249	565.8	40.8	10.2	34.8	169.8	165	1309.8	10.2
至钢包车	255	300	255	145.8	88.2	145.2	1189.2	211.8	165	220.2	120	220.2	127.2	169.8
至出钢位	159	712.2	159	379.2	286.8	535.8	67.2	1066.8	405	64.8	37.2	70.2	63	60
等待出钢	352.2	426	352.2	31.8	180	75	390	579	675	675	228	640.2	690	499.8
合计/s	4683.6	5562	4683.6	3793.2	4863.6	4249.2	6257.4	5685.6	4799.4	4648.8	5366.4	4831.2	5259	4399.2

（2）钢包在整个运转周期内，停留时间按浇铸过程、空包返回修包位过程、炉后等待出钢过程、重包至吊包位过程、修包过程等依次增大；

（3）各工序间的等待时间（如连铸平台至开浇前、钢水包停浇至修包位、修包后至出钢台车、出钢前空包等待等）占总周转时间的比例较大，约为31%（其中以重包等待开浇、空包返回修包位以及空包等待出钢时间所占比例最大，约为总等待时间的76.5%）。

2　钢包周转时间与温度变化的关系

为了减少过程钢水的温降，唐钢二钢轧开发了钢包全程加盖（即满包与空包均加盖）保温的工艺措施，结合减少钢包个数（1个炉子配3个钢包），加速了钢包周转次数，减少了包内钢水的温降。图6-80为钢包在各工位周转时间和钢包内衬表面温度与包内钢水温度变化的关系。其中，出钢结束至停浇阶段的温度是指包内钢液温度（由快速热电偶测量），停浇至等待出钢阶段的温度是指钢包内衬表面温度（由红外测温仪测量）。

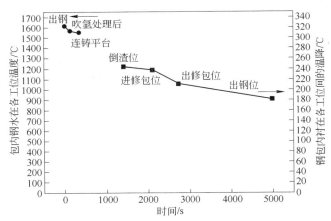

图 6-80　唐钢二钢轧钢包在各工序周转时间和包内温度变化的关系

由图 6-80 可以看出：

（1）钢包内钢液经出钢—吹氩处理—连铸平台，包内钢水温降分别为：出钢过程钢液温度降低 45℃，经吹氩处理并吊到连铸平台过程钢液温降为 22℃，从出钢开始到连铸平台待浇的过程中，钢液平均温降为 67℃；

（2）从钢包停浇、钢包倒渣到等待出钢位置，空包包壁温度由 1220℃ 降至 900℃，平均温降速率约为 5℃/min；

（3）空包包壁温降速率按修包过程（12.6℃/min）、等待出钢（4.1℃/min）、倒渣结束进修包位（0.4℃/min）依次降低；空包包壁温度损失最大的工序为修包过程。

3 小结

（1）在 3 台 55t 转炉与 3 台 165mm×165mm 小方坯连铸机之间，以 10 个钢包（总数）运行的条件下，通过对 14 个包次转炉—小方坯连铸生产过程中钢包在不同工位间运行、等待的时间过程进行跟踪统计，结果表明：唐钢二钢轧 55t 钢包平均周转时间约为 77.6min，钢包平均周转率接近每班 5.5 次/包，钢包平均寿命为 70~75 次/包；钢包在各工位间的等待过程时间占总周转过程时间的比例较大，约为 31%，且在不同炉次之间波动较大。

（2）在钢包全程（包括重包和空包全过程）加盖保温并快速周转的情况下，通过测量钢包在各工位间的包内钢水温度变化，结果表明：从出钢到连铸机浇铸前包内钢液温度降低约 67℃；停浇后至下次出钢时，空包包壁温度降幅为 291℃，主要温降出现在修包过程。

（3）减少钢包使用个数（1 炉配 3 包，加 1 个备用钢包），加快钢包周转次数并辅以钢包全程加盖保温等措施，将有助于降低转炉出钢温度。唐钢第二钢轧厂 55t 转炉的平均出钢温度已降到了年均 1640℃ 以下，这将有力地促进小方坯铸机高效-恒拉速运行，并将进一步促进铸坯高温、逐根直接装炉工艺的稳定。

参 考 文 献

[1] 殷瑞钰. 冶金流程工程学[M]. 北京：冶金工业出版社，2004：381 ~ 386.

[2] 殷瑞钰. 论钢厂制造过程中能量流行为和能量流网络的构建[J]. 钢铁，2010，45(4)：1.

[3] 殷瑞钰. 冶金流程工程学[M]. 2 版. 北京：冶金工业出版社，2009：276 ~ 277.

[4] Takashi Miwa. Development of Ironmaking Technologies in Japan[J]. Journal of Iron and Steel Research International，2009，16(S2)：14 ~ 19.

[5] Tatsuro Ariyama，Shigeru Ueda. Current Technology and Future Aspect on CO_2 Mitigation in Japanese Steel Industry[J]. Journal of Iron and Steel Research International，2009，16(S2)：55 ~ 62.

[6] Peters Michael，Lüngen Hans Bodo. Iron Making in Western Europe[J]. Journal of Iron and Steel Research International，2009，16(S2)：20 ~ 26.

[7] 唐文权. 高炉利用系数探讨[J]. 冶金管理，2005(8)：52.

[8] 张寿荣，银汉. 高炉冶炼强化的评价方法[J]. 炼铁，2002(2)：1 ~ 6.

[9] 钱世崇，张福明，李欣，等. 大型高炉热风炉技术的比较分析[J]. 钢铁，2011，46(10)：1 ~ 6.

[10] 中国冶金建设协会. 高炉炼铁工艺设计规范 (GB5042—2008)[S]. 北京：中国计划出版社，2008.

[11] 杨春政，魏钢，刘建华，等. 高效低成本洁净钢平台生产实践[J]. 炼钢. 2012，28(3)：1 ~ 6.

[12] 殷瑞钰. 冶金流程工程学[M]. 2 版. 北京：冶金工业出版社，2009：140.

[13] Masayuki Kawamoto. Recent Development of Steelmaking Process in Sumitomo Metals[C]. In：The 2nd International Symposium on Clean Steel (ISCS 2011)，Shenyang，China，2011.

[14] Toshiyuki Ueki，Kiyohito Fujiwara，Noriaki Yamada，et al. High Productivity Operation Technology of Wakayama Steelmaking Shop[C]. The 10th China-Japan Symposuim on Science and Technology of Iron and Steel，Chiba，Japan，2004：

116 ~ 123.

[15] 岩崎正树, 松尾充高. Change and development of steelmaking technology. 新日铁科技报[J]. 2011(391): 88 ~ 93.

[16] Shin-ya Kitamura, Yuji Ogawa. Improvement of Hot Metal Dephosphorization Efficiency to Decrease Steelmaking Slag Generation[C]. The 9th China-Japan Symposium on Science and Technology of Iron and Steel, Xi'an, China, 2001: 124 ~ 130.

[17] Ogawa Yuji, Yano Masataka, Kitamura Shinya. et al. Development of the continuous dephosphorization and decarburization process using BOF[J]. Tetsu-to-Hagane, 2001, 87(1): 21 ~ 28.

第7章 工程思维与新一代钢铁制造流程

在人类历史进程中，工程一直体现为直接生产力和现实生产力。工程是先于科学出现的。及至现代，工程与技术、科学、产业、经济之间有着密切而复杂的关系。讨论工程思维的开始，简要讨论一下科学、技术、工程之间的关系是需要的。在《工程哲学》[1]和《工程演化论》[2]中曾经专门研究三者之间的关系，略述如下：

科学：从认识逻辑的角度上看，认识、揭示自然界、社会事物的构成、本质及其运行规律的属于科学范畴。可以简括地说，科学活动的特征，是研究自然界和社会事物的构成、本质及其运行变化规律的系统性、规律性的知识体系。科学活动的主要特征——探索、发现。

技术：技术活动是一种特殊的知识体系，体现着巧妙的构思和经验性知识。而现代技术往往是运用科学原理、科学方法并通过运用某种巧妙的构思和经验，开发出来的工艺方法、工具、装备和信息处理-自动控制系统等"工具性"手段。技术活动的特征——发明、创新。

工程：工程活动的特征，从知识角度上看，工程活动可以看成是以某一或某些（几种）核心专业技术结合相关的专业技术以及其他相关的非技术性知识所构成的集成性知识体系。旨在建立起大规模、专业性、持续化的生产系统或社会服务系统。工程活动的特征——集成、构建。

从上述讨论中可以看出，理论来源于各种实践活动，人们在各自的实践过程中感知、体会到了各式各样的经验和问题，这些经验、问题通过人们的思考、讨论、比较、归纳、整理、验证后，产生了理性的规律性的认识，有的经过专门的试验验证，逐步转化为理论。

可见，理论源于实践，但又是要通过思维、感悟、验证、总结等步骤，升华为理论。从中可以看出思维逻辑对认识实践并进一步形成理论的路径性和重要性。

在钢铁制造流程的研究过程中，我们遇到的化学反应、物理相变、质-能转换、冶金装置等方面的问题既有基础科学问题，又有技术和技术科学问题；但是在研究全厂性钢铁制造流程的动态运行和工程设计过程中，遇到的问题更多地表现为工程与工程科学问题。因为工程体现了相关的、功能不同的异质技术的集成，而且还必须考虑到资源、能源、土地、资金、环境、市场和劳动力等基本经济要素的有效配置，所以对工程和工程科学的思维方式是一种开放式的、动态的、集成优化的复杂思维方式（图7-1）。

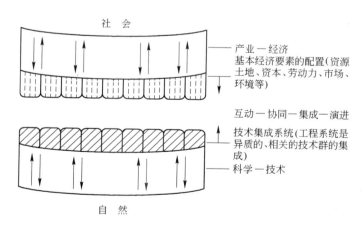

图7-1　工程的内涵及其要素与集成[2]

从图7-1可以看出：工程是以一系列相关的但又功能不同

的技术模块集成起来的技术集成系统，技术模块群及其动态-有序的集成系统对工程起着基本要素的作用；然而，技术集成系统必须和基本经济要素合理地配置在一起，并通过互动—协同—集成—演进等过程才能构成工程并形成功能，产生价值，进而对自然、经济、社会产生正面影响或是负面影响。

在工程模型的构造过程中，其思维逻辑一般应包括：

（1）确立正确的工程理念（这在工程决策、规划、设计等过程中特别重要）；

（2）建立符合时代需要的集成理论和方法（即在规划、设计和生产运营过程中，要重视集成性优化和进化性创新的理论和方法）；

（3）在设计与构建过程中展开、落实，并使工程理念和理论逐步物质化（即获得要素-结构-功能-效率优化的工程系统）；

（4）在动态运行与管理中具体实施，获得预期的目标（即在工程系统的实际动态运行过程中，要注意多目标优化及其选择与权衡）；

（5）开展生命周期评估（即从自然资源的源头开始，经过流程系统的运行、加工制造、消费、社会废弃到资源、能源消纳—处理—再资源化等过程来评价流程工程系统的价值及其合理性）；

（6）深化工程系统对自然-社会环境的适应性、进化性以及价值评价的认识（也就是要拓展正面影响，避免负面影响）。

7.1　工程思维

7.1.1　科学、技术、工程的相互关系

在工程学中，科学、技术和工程是经常涉及并有着密切联系、又有本质区别的研讨对象。对于这三个对象，既要从概念

和方法上严格区别，又要了解清楚它们之间的相互关系，这样才能够建立正确的工程学思维。

7.1.1.1 工程和技术

在人类社会存在和发展的历史长河中，工程是人类有组织、有计划创造和构造的人工存在物，工程活动是依靠自然和改造自然为人类服务的实践活动。工程活动是集体性的活动。在人类发展历史中，工程一直是直接生产力，是推动社会前进的物质基础。从工程本身的特性来分析，工程是对其相关的技术进行选择、整合、协同而集成起来的技术群（技术集成系统）。技术是工程的核心，但工程又必须是特定条件下的许多经济要素（例如资源、土地、资本、劳动力、市场、环境等）共同作用，相互协同构造成为有预期功能和价值的人工存在物。

技术是人类在认识自然和改造自然的反复实践中，逐渐积累和发展形成的有关生产劳动的工艺操作方法和技能，广义上还包括相应的生产工具和设备等。技术和工程都是依靠人的主观能动性而诞生的，但它们关注的对象却有所区别。技术所研讨的对象相对单一，着重于对改变物质世界中劳动经验的积累和对自然物及其规律的认识。在技术演进中虽然也要注意社会经济因素，但这只是作为外部因素考虑，而工程中社会经济因素是作为其内涵，作为内在因子来对待。试以冶金史中半熔融态炼钢——炒钢法[3]为例来说明。炒钢是一种冶金技术，古物发掘和历史文献证明，中国古代炒钢技术非常精湛多彩，有百炼钢、卅炼、五十炼以及灌钢法[3]等工艺，但它们只属于技术范畴，经营炒钢的只是优秀的工匠本人或家庭作坊。西欧18世纪的普德林法也是炒钢技术，但它融合了火焰反射炉技术，并和当时铺设铁路及建造埃菲尔铁塔所需金属材料等社会经济需求相结合，达到了工程规模。然而也并不能仅以规模大小来区分工程和技术。例如，关于氧气底吹转炉炼钢，西欧国家采纳了加拿大空气液化公司发明的碳化氢裂解冷却以抑制烧损的氧气喷嘴技术，用以改造托马斯炼钢法，形成了底吹氧气转炉炼钢技术（如 OBM 法）；引进到美国后，为了改变底吹转炉后吹脱磷的问题，曾用 30t 转炉进行了一系列的中间试验，形成了 Q-BOP 法，甚至建造了 200t 的 Q-BOP 转炉（OBM 转炉只是几十吨）。然而由于社会经济因素的制约，Q-BOP 法并未能构成工程，而仅仅是一种冶金新技术。之后，底吹炼钢技术汇集到顶、底复吹转炉炼钢法中，成为工程创新，而最终成为当代钢铁生产流程之中的基本工序之一。由此可知，技术的发展是不断更新的，工程的深化不能仅仅是选择新技术，而必须考虑经济活动中的诸多要素。

7.1.1.2　技术发明和工程创新

创新（innovation）是一个经济学概念。开发一种新产品，采用一种新生产方式，实现一种新的生产组织，利用一种新的原料来源，开辟一个新的市场，都属于创新的范畴。工程上的创新离不开技术的进步，没有新的技术发明，工程创新缺乏足够的动力。当新的技术发明能够有效地嵌入到工程系统中，并且能够有价值地持续运行，才导致工程创新的发生。

发明和创新是两个不同的概念，技术发明和工程创新不能混为一谈。发明不等于创新。事实上许多技术发明并不是一定能推向市场，国外学者把创新定义为发明的首次商业应用[4]。在冶金工程技术中不乏这样的例子。20 世纪五六十年代在澳大利亚和中国上海分别试验 WORCRA 连续炼钢法，这是一种连续炼钢技术，利用渣和钢逆流流动接触，有很高的冶炼效率。但 WORCRA 法由于多种原因，无法正常生产运行，算不上工程创新，只能看作是一种探索性的技术发明。熔融还原炼铁技术试验研究了许多种方法，除了 COREX 法可以勉强"嵌入"某种流程工程以外，大多不能作为工程创新来看待。

工程创新不等于技术发明商业应用的终结。工程创新也可以在某些技术要素不断改进的情况下产生。例如：30t 的氧气转炉炼钢是相当成熟的炼钢技术，利用它和小方坯连铸技术结合，扬弃模铸法，再和棒/线材连续轧制技术协同集成，同时配合 20 世纪 90 年代中国建筑工程迅猛发展这个市场需求因素，从而构建成建筑用棒/线材产品准连续生产的制造流程；进而在动态有序集成理论的指导下，使连铸小方坯的整个输送过程完全处于 800℃ 以上，成为一种全新的钢铁长材连铸—直轧生产线（参见 6.4 节）。这也是一种鲜明的工程创新。

7.1.1.3 工程、技术和科学

工程和技术都包含人的主观能动性，可以有发明、创新之类的表述。科学则是对客观存在规律的探索、揭示，只能说发现而不能说是发明。科学中只有正误而没有高低之分，现在习惯上说的高科技、高新科技是一种不确切的表述，正确的说法应是高技术、新技术。科学的任务是揭示和阐明客观事物的本质、构成和发展变化的规律。根据研究对象的不同，科学知识可以区分并形成多个门类的有条理、有逻辑的规律性知识。

工程和技术都应该为人类生活和经济发展服务，具有相当强烈的价值目标。而科学除了可以为工程、技术的发展服务外，其根本目标是为了认识自然界，探索、揭示、发现自然界的本质、构成和客观存在的规律；它不一定和为社会经济生活服务有直接关系。对科学而言，过分关心功利性的目标可能会

阻滞科学的发展。

工程和技术都带有一定的主观选择因素，尤其是工程决策的主观意向性很大。于是有人认为工程是体现人的意志的东西，不属于客观规律，这是一种错误的认识。不符合科学规律的工程，是不可能合理地、持续地体现出工程应有的目的和价值的。因此，不能不强调工程必须符合客观规律，需要科学决策和民主决策。

在工程的发展演化过程中，人们不断地进行试验和改进技术，积累了丰富的知识和经验。利用这些知识和经验，作一番去粗取精、由表及里、分析归纳的思考，就可以得到工程科学知识。工程科学知识的正确性需要经过工程设计、建设和运行等实践过程的检验。正确的工程科学知识可以体现在更多的实践中，指导更多的工程实践。

7.1.2　关于中国文化中思维方式的某些特点

中国传统思维方式，强调并习惯于整体地观察、思考问题，即整体观；注重从发展演化上观察、思考问题，按照事物演化，即随时间（时代）变化分析问题，即动态观；特别注意通过整体的动态变化现象，探求事物的本质，深入地、辩证地来探索、研究事物发展变化的根源。

普利高津特别重视这一点，他曾说："中国传统的学术思想是着重研究整体性、自然性，研究协调与协同，现代科学的发展更符合中国的哲学思想"[5]。

中国传统学术思想最突出的特点是整体观，也就是要把握总体，整体地观察、分析事物。中国素有"天人合一"的学术观点，就是说：人同自然界是一体的。也可以推论为客观世界是一个整体，是一体的；主观世界是一体的；主观世界和客观世界也是一体的。整体观强调的是总体上认识事物，处理问题，这是认识问题、解决问题的关键。

中国传统文化思想在突出整体观的同时，十分强调动态观。也就是不仅要重视总体和全局，而且注意总体、全局的构成单元及单元之间的联系，以及它们在运动过程中随时间变化而产生的变化——动态变化。周易"系辞"的解说就是一切都在变化（唯变所适）。观察、思考事物不仅要重视其整体，而且要重视其构成"元素"之间的联系。这种联系是运动的、变化的，不是静止不动的，更不是僵死的。因此，对于某一事物而言，一定要研究其动态变化的规律，因此，必须要有动态观。

本质观也是中国学术思想的一个鲜明特点。观察思考问题，研究分析事物，不仅要注意整体性、动态性，而且要通过观察、研究其表象，进而深入探索，追根问蒂，发现并揭示其本质。任何事物都是有层次的，不同层次的构成"元素"及其运动有不同的规律，这是由于在不同层次上"元素"不同，"元素"之间的联系不同，从而在不同层次上形成了不同的结构，出现了不同的本质。研究、发现事物的本质，就是要探索事物的组成"元素"、结构、性质和运动规律。

中国传统文化思想中还蕴含着相互的辩证法思想，认为变化之道是正反相互转化，刚柔相济的结果。中国文化中对于自然是尊敬的，认为人依靠自然生存，而没有征服自然的思想。

然而也应指出，由于中国长期处于封建社会，生产力发展缓慢，没能自行产生工业社会的文化。一些相互关联的学术思想未能达到系统化和定量化的水平，不能形成为理论。例如，对于水利工程，只有"堵"或"疏"的概念，工程效果因人而异，河流泛滥时有发生。近代的水利工程——拦河筑坝、蓄水发电等工程完全依靠国外发展的力学和流体力学理论。又如人体经络学说，虽然积累了大量经验，但是利用阴阳五行来解释，带有某些神秘性。可以设想，现代科学技术和中国传统文化的整体观、动态观相结合，有助于深化对事物的认识。在科学、技术发展到高水平的今天，一些西方科学家也开始认识到东方哲学中尊崇自然、与自然和谐共存、对事物规律从整体上把握等思维方式有重要意义。

7.1.3　从"还原论"的缺失中寻找工程创新之路

长期以来，人们在研究工程的问题时，往往习惯于从学科出发（不是从问题的实际出发），不断"还原"、不断"提纯"、不断"抽象"，以致形成了一种孤立地、静止地、片段地认识的方法和观念；也就是将命题分割为若干"片段"（却忽略了"片段"之间的界面连接关系，从而冲淡了整体性），再从"片段"中"提纯"出几个关键问题（放弃了其他相关问题，从而忽视了结构性和动态性），进而将关键问题"浓缩"成"学科理论"（淡化了技术实现性、工程可行性），这种认识问题、解决问题的方法，加剧了越来越"还原"、越来越"割裂"、越来越"抽象"的思维方式，实际上在这些"割裂"、"还原"的过程中往往丢弃了大量动态的、连接的、协同性的信息，特别是时间的、空间的信息。而这些丢失的信息往往涉及结构优化、动态协同运行等重要问题，进而越来越背离事物的整体性、动态性本质。甚至将工程问题进行"割裂"与"抽象"地分别进行研究，然后将这些"割裂"、"抽象"研究的成果再进行加和性的拼接、堆砌，认为这就可以组成能动的工程系统，就可以解决问题（图 7-2）。这种思维方法，在一些研究过程中，甚至工程设计过程中不时地出现，以致造成一些不足或弊端。

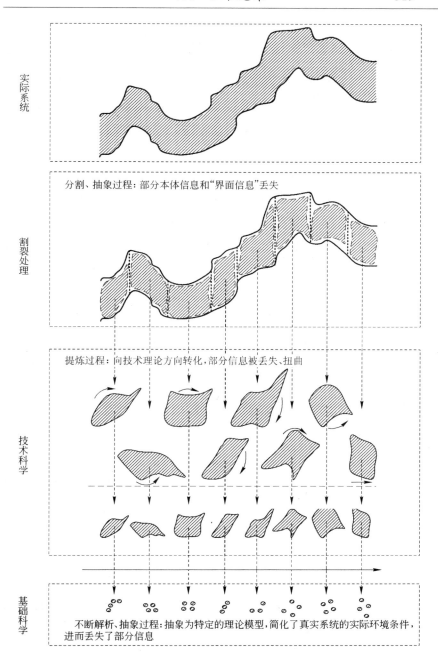

图 7-2 工程问题研究的"还原论"方法示意图

应该注意到，无论在工程设计过程中，还是工程的生产运行过程中，工程问题的实质是："一切皆流"、"一切皆动"、"一切皆变"。"流"是动态过程，在动态过程中包含了多层次、多尺度、多因子性的动态集成特点。多层次意味着结构性关联；多尺度涉及时空概念，意味着"流"在动态运行过程中的方向性和时-空性；多因子性则随工程的类型、产业的特点而变，但都与物质-能量-空间-时间-信息有关。"还原"、"割裂"、"抽象"等观念、方法不能完全解决实际问题。

不可否认，一些关键问题、关键技术、关键理论的解决是重要的，某些/某个关键技术的变革会"引爆"工程整体的演变，属于"突破性"工程创新过程中的重要"引爆点"和催化剂。但也应注意到在解决关键问题时必须解决相关问题和关键问题之间的集成问题，并形成动态-有序-协同运行的结构和运行机制，否则还是不能使工程问题有效实施、有效地运行或有效地发挥综合功能。必须将不同层次、不同过程的问题进行综合，动态研究并有序、有效地集成起来，形成要素-结构-功能-效率优化的工程系统，才能解决实际问题，同时也将导致学科交叉。在流程制造业中，不同性质、不同层次、不同时-空尺度的过程与过程工程系统的重要结合点是在制造流程（生产工艺流程）这个层次上，而不是在单元操作、工序/装置这些微观、介观层次上，应该对此予以重视。

因此，在工程问题的研究中，"还原论"方法的优点和贡献是不能忽视的，例如对问题的细部剖析，在解析基础上的聚焦，对各个环节认识的深化等。但同时也应该注意到"还原论"方法的疏漏，例如在不断"还原"的过程中造成的各种信息的丢失、集成缺失和动态运行的失真等。

工程学的理论和方法的创新，应该从迷失于"还原论"方法所引起的信息丢失与动态运行失真等事实（例如把设计局限地理解为提供某种方案和工程制图上）中摆脱出来，进化到重视对"整体论"、"动态集成观"的认识深化，强化动态集成创新，例如工艺流程中界面技术的开发；重视研究流程动态运行的规则、路径和程序等；重视研究集成理论与要素-结构-功能-效率的关联等；这些都会成为流程工程运行设计理论和方法创新的切入点、着眼点和落脚点。作为工程科学的学术研究，则也应从"还原论"的疏漏中寻找切入点，拓展研究的新领域、新方向，推动学科交叉，甚至形成新的学科分支。

"还原论"在解析-还原过程中丢失了一部分时-空的、动态的、界面的信息，有如割断了神经、抽去了筋，这种缺失应该在工程设计和工程动态运行过程中通过整体论、动态观的研究给予修复和补充。

工程设计应该是整体性、动态性、协同性的集成，要将"还原论"解析过程中丢失的时-空信息、动态性信息、界面性信息、协同性信息通过设计集成到流程工程系统中去，并恢复事物的本质。在此顶层设计的引导下，选择先进合理的要素，形成合理的结构、完善的功能和卓越的效率。

作为概念，现代工程一般都与大系统、大生产、大运行相联系。大系统、大生产、大运行的过程中包括相关的技术群，而且有很多层次和上、下游界面，人们的认识深度往往容易被这些层次间、侧面间的界面所阻隔。实际上过程工程中问题的复杂程度往往超出人们的想象，局限于某一层次、某一片段的知识，会使人止步于一知半解，而且自以为是。例如：单纯从微观的观点去理解综合的工程问题，就会出现类似于用显微镜去度量星球之间的距离，用分秒去计算地质年代。这些都是

"迷失于微观"的典型谬误。事物整体（包括工程在内）是复杂的、有结构的、多层次的，不同层次中又有多因子性。因此，对事物的某些细节进行深入的解析是必要的、有价值的；但是机械地沉湎于微观细节，可能会失之于"管中窥豹"，以偏概全，这同样会导致谬误。可见对大系统、大生产、大运行密切相关的工程而言，要突破沉湎于微观的还原论思想方法，注重不同层次、不同界面之间的过程中事物运动的本质和规律，善于用不同时-空尺度和输入-输出的动态开放的概念去理清其本质和规律，进一步从对这些事物运动的本质、规律的理解出发，对不同的、相关的技术模块群，即对不同的工序/装置以及其中的微观过程进行动态非线性相互作用和动态耦合，这就是工程的集成创新。

可见，工程问题的求解，实际上就是要在给定的初始状态和外界约束条件下，制定出一个能够从初始状态经过一系列动态协同的中间过程，而达到所需目标状态的转换和运行程序。在工程问题的求解过程中，需要解决有关技术参数的优化选择问题，工序/装置的选择优化问题，各种界面的衔接、匹配问题，动态运行规则的制订问题，结构优化和功能、效率优化问题等。

7.2　工程演化

7.2.1　演化的概念和定义

演化论认为自然界"不是既成事物的集合体，而是过程的集合体"[6]。演化是不能脱离过程的。实际上，演化就意味着过程在进行。演化过程不仅涉及物质、能量、生命以及相应的信息，还关联到时间-空间等因素；进一步讲，在时间-空间中演变的过程是有初始和边界条件的。在初始和边界条件

（外界环境）发生变化并达到一定临界状态后，演化过程将加速、减慢或停止。因此，演化必然与环境有关。一般而言，当边界条件（外部环境条件）相对稳定时，演化过程的形式大多是渐进式的，而在边界条件（外部环境条件）发生变化而且达到某一临界值时，演化过程的形式有可能是突变或跨越式的。

对演化概念的理解必将涉及运动、要素、过程、系统、边界条件、功能、效果以及理念等词。演化也可以理解为从一种存在形态向另一种存在形态的转化过程。演化是一种活动过程，演化源于万物诸事都有运动的本性，运动必然是过程，运动必然联系到一些要素（或是基本参数），特别是时间-空间参数。在一定环境条件的促进/制约下，事物（系统）运动的过程中将各种相关要素以新的方式集成（集合）起来，构成另一种有序、有效的系统（事物），而新的有序、有效的系统，具有特定的结构、性质并发挥特定的功能，产生特定的效果。由于功能、效果不同，这些系统（事物）必然要面对人工选择或是自然选择，从而决定其生存、发展或淘汰、灭绝。

从历史的、宏观的角度上看，事物的演化过程具有连续性和不可穷尽性。各类事物演化过程始终在不断进行着，而且将不断地延展出去，具有总体的宏观连续性。这也可以认为是"发展原则"。这种宏观连续性的特点在于事物的演化过程既有连续性又有转折性，即有时由于外界环境条件或内部要素、结构的变化而使渐进的、连续的演化过程中涌现出某种类型的"奇异点"。其实也意味着事物在历史的宏观发展（演化）过程中，存在着连续与非连续的统一。

从具体物质的、逻辑的角度上看，演化过程具有连续性和非连续性在特定环境下统一的特征。即事物演化过程既有连续性，例如遗传性、继承性和渐进性，这表现为工程传统；又有非连续性，例如变异性、突变性和跃迁性，这表现为工程创新。这是由于事物发展演化的动力是事物内部的矛盾运动和/或事物（系统）和外部环境条件相互对立矛盾不断地斗争（相互作用、相互影响等），而导致相互转变或向更高形式转变，才推动事物（系统）的演化和发展。这可以被认为是"物质统一原则"。

可见，演化过程中连续和非连续是在特定外界环境条件下的统一，即既取决于事物（系统）的内因（自重组），又取决于外因（环境对事物的选择和事物对环境的适应）。在某种意义上看，这也是"发展原则"（竞争、演变）和"物质统一原则"（选择、适应）相结合所产生的结果。

7.2.2　技术进步和工程演化

工程活动是人类有目的、有计划、有组织地利用各种资源、知识和相关要素创造和构建新的存在物的实践活动，工程活动体现着自然界和人工要素配置上的综合集成及其过程。工程作为一个人工系统在其历史发展进程中充满着演化（进化）的过程。

在人类发展史中，工程一直是直接生产力。工程发展史就是直接生产力发展的历史，而工程演化可以看成是生产力的演化。

纵观物质性工程的演化脉络，技术和技术进步是基本要素和重要推动力，技术是物质性工程中绝对不可缺少的要素。对物质性工程而言，没有不需要技术的工程，也没有只有一种技术的工程，工程体现着相关的、不同种类技术的集成。任何物质性工程都需要一定的技术手段作为基础性条件，没有技术，工程活动很难迈开步伐。

在讨论工程演化中的技术和技术进步时，应该对技术的发展过程进行区分（此处不讨论与原始时代相对应的手艺或农耕时代的作坊式技艺，而是指工业革命后对应于工厂规模化生产的技术）。大体上从技术的形成-发展过程可以将技术的状态区分为两类：一种是实验室技术或研发中的技术，这种技术往往具有原创性但一般不太成熟，较难直接"嵌入"到工程系统中去。另一种是工程化了的技术（工程技术），可以直接地、相对顺利地"嵌入"到工程系统中。可见，在工程活动中直接发挥重要作用的技术是工程技术。然而，实验室技术、研发中的技术往往具有发明、创造性，具有创新的源头性，是必须重视的，当然还需要经过"工程化"的适应性转化过程，才能在相关的工程系统中发挥作用。因此，对技术进步而言，不仅需要重视实验室技术、研发过程中的技术，而且必须高度重视它们在不同条件下的"工程化"转化，才能在工程活动中使技术具有实用价值，才能真正体现技术进步的活力。

在不同产业（行业）的工程系统中，工程技术以其性质和功能来看，往往可以分为专业技术和相关支撑性技术两类。例如：对于纺织工业而言，纺纱、织布、印染等技术属于专业技术，而机械动力技术、运输技术、土建技术就是相关支撑性技术。又如：在钢铁工业中，炼铁、炼钢、轧钢等技术是专业技术，而鼓风、制氧、起重、电气、运输等则是不可或缺的相关支撑技术。在工程演化的历史进程中，不同产业（行业）的工程演化既受到专业技术的渐进性和/或突变性进步的影响，又受到相关支撑性技术的渐进性和/或突变性进步的影响。而且由于不同技术之间也还存在着相互选择、配套整合、互动适应等关系，所以技术进步的方式不仅以单体技术进步的形式出现，而且以互动的、网络化集成形式出现。

在工程实践中，某些技术进步有时也会有不确定性，即具有成功与失败两种可能性。这种现象的出现，一方面是由于技术特别是单体技术对工程系统及其环境的适应性；另一方面是由于工程从价值、目标出发对技术路线和技术单元的选择。可见，单元技术特别是新技术模块要接受工程系统出自价值目标的选择，并通过配套整合-互动协同-集成进化等机制"嵌入"到工程的系统中，随之出现了不同形式的工程演化现象，这种工程演化可以是渐进性的，也可以是跃迁性的。

在工程演化中，技术的创新和淘汰十分重要。创新和淘汰就是一种竞争。在不同市场条件下，市场选择深刻地影响了工程演化和技术创新的进程。从技术发展史的史实来看，技术的进步主要是竞争的结果。在市场竞争的选择中，由于市场的主体是人，这造成了主观意识在选择中的作用。另外，市场机制是有经济规律的，带有某种自发力量的特征，这又造成市场选择的客观性。这种既有主观性又有客观性的选择机制，既不是纯主观力量可以控制的，也不是不受人类意志影响的纯客观过程。在工程演化问题上，既不能只看到工程演化的主观性方面，也不能只看到工程演化的客观性方面。工程演化和技术进步是主客观两方面相互作用、对立统一的结果。所选择的新技术，不仅包括了新的专业技术，也包括了相关支撑技术中的新技术，这种相关支撑技术中的新技术包括了控制-管理技术、动力技术、装备技术、信息技术、环保技术等。总之，工程系统对新技术的选择、采用和对落后技术的淘汰应该以全流程、全过程的视野来审视，权衡、判断后再正确地选择、采用。

在选择技术或新技术的过程中，要高度重视"壁垒"与"陷阱"这一哲学命题[7]。一般地说："壁垒"是看得见的障碍（例如技术的难度等），"陷阱"则是看不见的危险（例如由于采用了新技术引起全流程、全过程的结构失衡，导致工程系统的效率降低等）。在工程系统选择和采用技术、新技术过程中可能遇到的"壁垒"和"陷阱"是多种多样、错综复杂的。在工程活动中选择技术特别是新技术为的是克服技术"壁垒"，满足更高、更新、更大工程目标的要求，但同时也要防止形形色色的"陷阱"。例如，要防止个别新技术的"孤立"领先，要注意防止相关技术不配套、不协同而引起的技术集成性不佳的系统"陷阱"等。所以，在工程活动中要防止盲目追求局部的、个别技术的"孤立"先进，即盲目追求跨越"壁垒"，而导致不知不觉地跌入"陷阱"，这种"陷阱"可能来自技术进步（新技术）本身（例如不稳定、不可靠等），也可能来自工程系统中各类技术之间的不配套、不协同等原因。

　　总的看来，工程演化与技术进步有着十分紧密的关联，技术进步是工程演化的重要推动力，而反过来，工程系统的目标需求（例如市场需求、竞争力需求、可持续发展需求等）也对技术的发明、开发和应用有着强烈的拉动作用或限制作用，因为工程是直接生产力的综合体现，工程直接体现价值，直接关联市场。

7.2.3　集成与工程演化

　　工程的出现和演化（进化）源自价值目标，通过选择、整合、互动、协同、演化等过程将诸多相关的-异质的技术模块群集成在一个工程系统中，并进而通过与基本经济要素综合集成在一起，对工程系统展开决策、规划、设计、构建、运行和管理。对工程而言，技术模块群的选择和集成是其中一个重要的环节，这往往出现在工程设计和工程系统的动态运行过程和管理中。

　　应该指出，只是将诸多技术模块。简单加和性地堆砌、捆扎在一起不能称之为集成，只有当诸多技术模块经过选择-搭配-整合、互动-协同-优化等机制，使诸多技术模块相互之间以最合理的结构形式结合在一起，形成一个由适宜的技术模块组成的、相互优势互补的、匹配协同的"有机体"，体现出工程系统的结构优化、功能优化和效率优化，这样的过程才能称为集成。

在工程发展的历史进程中，特别是工程的演化过程中，人们不难看出工程演化也体现着相关的-异质的技术模块群的集成性演化。

工程活动的本质是集成与构建[1]。对于工程的集成性认识有必要从如下几个方面深化：

从自然知识特别是技术层面看，工程是物质-能量-时间-空间-信息等方面基本物理量的动态集成。这种集成的内涵应该包括判断、权衡、选择、优化、形成交集、并集等内涵和形式，目的在于对要素的选择与优化，促进结构进化，功能优化和效率优化，有时还伴有要素的进化与淘汰。

从认识逻辑思维层面看，工程问题应是先识别事物的整体，在此前提下进而对事物整体进行解析，继而选择出薄弱环节（要素）进行改进或创新，萌发新生环节（要素）的构建，导致落后环节（要素）的淘汰，再通过重构性的集成优化，实现工程整体性进化或结构升级——工程演化。

从产业发展和具体工程项目层面上看：工程的集成性应以技术层面诸要素、诸单元的解析-协同-集成优化为基础，进而使之与基本经济要素（资金、资源、土地、劳动力、市场、环境等）综合集成优化。以利于提高项目-企业的市场竞争力和可持续发展能力，促进产业发展并服务于社会公众。

从哲学层面上看，工程是在"自然-人-社会"三元体系中存在、发展或淘汰着的。工程应该通过上述诸多方面的集成和优化，促进工程与自然、工程与人、工程与社会之间的和谐、共赢。工程演化应该体现出造福人类、报效社会，同时不伤害自然或补益于自然。

工程的集成性演化不仅应该从其技术集成性的视野上来认识其演化，而且必须从技术模块群和基本经济要素在一定社会和特定自然边界条件下集成优化的视野上来认识其演化。在工程活动中，必然会涉及人群、物质流、能量流、信息流、资金流以及生态环境等方面的问题；因此，还必须在工程总体角度上对技术、市场、同业竞争者、产业（行业）、资本、土地、资源、劳动力、环境、文化以及各个环节中相应的管理等因素进行更为综合的集成优化。也许可以说，工程演化实际上体现着在一定社会和特定自然条件下对其构成要素的集成性演化的过程。具体地讲，某一工程往往可以有多种技术路线、多个方案、多种实施路径可供选择，工程创新，就是要在工程理念、发展战略、工程决策、工程设计、构建过程、生产运行和上述过程中的组织管理的集成优化中，努力寻求和实现在一定社会和特定自然边界条件下的集成优化[1]。工程演化（工程创新）与其要素集成（和集成性优化）有着很强的关联性。

7.3 新一代钢铁制造流程的思考和研究

新一代钢铁制造流程是从 2003 年开始思考、研究的。当时正值开展国家中、长期科学和技术发展规划，其中有关流程制造业的科学与技术发展规划的重大命题研究，集中在"新一代钢铁制造流程"的命题及其概念和具体内涵等方面的研究。在思考研究过程中首先遇到的问题是如何研究流程工程，当时已经认识到了新一代钢铁制造流程是一个工程科学与技术的集成优化的命题，不是简单地将若干探索中的所谓前沿技术放在一起，就可以成为新一代钢铁制造流程的。换句话说，将熔融还原、直接还原、薄带连铸等探索性、前沿性技术组合在一起，不可能构成一个能够稳定运行并进行工业生产的制造流程。于是意识到研究新一代钢铁制造流程的思路不应该就事论事、不能先趋向于对个别技术的具体应用，而是要先对钢铁制造流程的整体性、开放性、层次性、动态性进行理论性概括研究。要把过去从工艺表象性观察的习惯，转向对流程动态运行的物理本质研究，进行理性抽象，并在理性抽象概括的基础上，展开概念研究、顶层设计、动态精准设计、流程动态运行规则等研究，并由此得出新一代钢铁制造流程概念、内涵、功能、设计方法、运行规则等方面的认识。

7.3.1　钢铁制造流程的概念研究

在新一代钢铁制造流程的思考和研究中，概念研究是根本立足点和出发点。由于长期以来人们习惯于在原子/分子尺度或工序/装置尺度上观察研究冶金学和钢厂的生产过程，认为整个生产流程过于复杂，包含多个学科方面，难以发现统一的规律，久而久之养成了从局部的工艺表象上研究问题的习惯，而对流程动态运行和整体动态集成优化缺乏理性思考和系统研究。这就造成了还原论方法带来的诸多缺失。因此，对新一代钢铁制造流程的研究首先应是从研究钢铁制造流程整体动态运行过程的物理本质开始，进行流程层次上整体动态运行的概念研究。

从钢厂生产流程的工艺表象看，经过一个半世纪以来的演变，现代钢铁企业的制造流程已演变成两类基本流程：

（1）以铁矿石、煤炭等天然资源为源头的高炉—转炉—热轧—深加工流程或熔融还原—转炉—热轧—深加工流程。这是包含了原料和能源储运/处理、烧结—焦化—炼铁过程（熔融还原）、炼钢—精炼—凝固过程、再加热—热轧过程及冷轧—表面处理过程的生产流程（图2-5）。

（2）以废钢为再生资源和电力为能源的电炉—精炼—连铸—热轧流程。这是以社会循环废钢、加工制造废钢、钢厂自产废钢和电力（二次能源）为源头的制造流程，即所谓电炉流程（图2-5）。

对生产流程进行表象性观察研究的方法一般是：对生产流程分段进行还原/分割，然后，对被还原/分割的工序/装置进行解析和分割设计，并各自分别运行。因此，长期以来钢厂的生产过程总是或隐或现地体现着各个工序/装置各自分别运行，上、下游工序/装置之间往往互相等待，随机连接。其结果是：生产运行过程中随机停顿多、中间库存量大、等待时间长，反复降温/升温几率高，生产效率低、能耗高，产品质量不稳定……所以有必要考虑改变认识问题的思路，即要在深入研究生产流程整体动态运行的物理本质的基础上深化认识。

对流程动态运行进行理性抽象的方法是：系统地思考生产流程动态运行的物理本质，用解析与集成的方法，整体研究流程动态运行的规律和设计、运行的规则。

钢铁企业的生产过程实质上是物质流、能量流以及相应的信息流在某种时-空范围内流动/演变的过程。其动态-运行过程的物理本质是：物质流（主要是铁素流）在能量流（长期以来主要是碳素流）的驱动和作用下，按照设定的运行"程序"，沿着特定的"流程网络"做动态-有序的运行，并实现多目标优化。从热力学角度上看：钢铁制造流程是一类开放的、非平衡的、不可逆的、由不同结构-功能的单元工序/装置通过非线性相互作用和动态耦合所构成的复杂系统，其动态运行过程具有耗散结构的自组织性质（图3-1）。

通过对钢铁制造流程动态运行过程物理本质的研究，可以得到这样的新概念，即流程动态运行系统本身是一种耗散结构，流程动态运行过程是耗散过程。为了使得流程动态运行过程中的耗散"最小化"，首先就应该形成一个优化的耗散结构，使得流程中的物质流得以动态-有序、协同-连续地持续运行。

从钢铁制造流程动态运行过程的物理本质研究中，还可以抽出这样的认识，即流程动态运行过程有三个特征要素——流、流程网络和运行程序。这三个要素适合于铁素物质流同样也适用于与之相关的能量流和信息流。

在研究钢铁制造流程动态运行物理本质过程中，可以清晰地推论出，钢铁企业特别是钢铁联合企业应该具有三个功能，即：

（1）铁素物质流运行的功能——高效率、低成本、洁净化钢铁产品制造功能。钢铁产品制造功能是建立钢厂的初衷和基本出发点，在未来发展过程中，既要考虑市场竞争力，同时又必须重视可持续发展能力，对于新一代钢厂的产品制造功能，应该从如下视角出发来思考技术进步的战略性问题：

1）以过程耗散"最小化"为核心目标，建立动态-有序、协同-连续的新一代钢铁制造流程；

2）以冶金过程的解析-集成优化为原则，建立起针对不同产品的专业化、稳定批量生产的高效率、低成本"洁净钢平台"（图 7-3）；

3）以材料工程为指导，规范不同钢铁产品的合理性能参数，并实现产品换代及环境友好。

（2）能量流运行的功能——能源合理、高效转换功能以及利用过程剩余能源进行相关的废弃物消纳-处理功能。钢铁制造流程的物理本质和运行特征可以进一步具体表述为：由各种物料组成的物质流在输入能量（一次能源/二次能源）的驱动和作用下，按照设定的工艺流程，使铁素物质流发生状态、

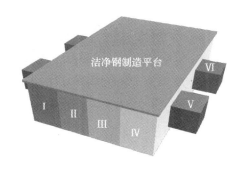

图 7-3 高效率-低成本的洁净钢平台技术

Ⅰ—解析-优化的铁水预处理技术；Ⅱ—高效-长寿的转炉冶炼技术；Ⅲ—快速-协同的二次冶金技术；Ⅳ—高效-恒速的全连铸技术；Ⅴ—优化-简捷的"流程网络"技术；Ⅵ—动态-有序的物流运行技术

形状和性质等一系列变化，并成为期望的产品。在这过程中，物质流和能量流时而相伴、时而分离。相伴时，相互作用、影响，因此，要高度重视能量转换效率及其合理性；分离时，又分别表现各自的行为特征，如何使这些"脱离"了物质流的"二次"能源、"剩余"能源及时回收，合理、高效地利用，应该通过建立能量流网络和能量流综合调控的程序等措施，进一步合理、高效地利用能源（图 3-2 ～图 3-4、图 7-4 ～图 7-7）。

（3）铁素流-能量流相互作用过程的功能——实现过程工艺目标以及与此相应的废弃物消纳-处理-再资源化功能。从钢铁生产过程中物质流和能量流的运行看，除了得到需要的产品以外，都会产生副产品、废弃物、余热、余能等物质、能量的排放，这些排放过程及排放物如果处理不当就构成了对生态环境的不良影响。实际上，在钢铁制造流程的物质流运行、能量流运行和物质流-能量流相互作用过程中，存在着消纳-处理废弃物并使之资源化、能源化的可能性。例如：在物质流运行过程中消纳废钢，处理烟尘、铁鳞等含铁废弃物，回收利用 Cr、Ni、

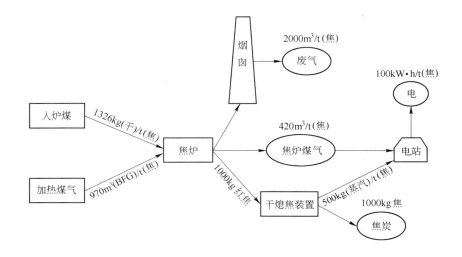

图 7-4   炼焦系统的物料与能源利用框图[8]

说明：入炉煤的成焦率按 75.4% 计，即 1326kg 干煤生产 1t 焦炭；加热

焦炉用的高炉煤气发热量为 1000kcal/m³（1cal = 4.1868J）；

干煤的相当耗热量为 728kcal/kg

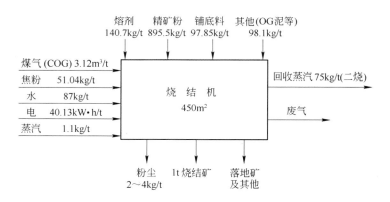

图 7-5   烧结系统的物料与能源利用框图[8]

Cu、Zn 等金属。在能量流的运行过程中消纳-处理废塑料、废轮胎、处理社区污水、处理垃圾甚至大量制氢等。在延伸工业生态链的过程中与建材、发电、化工等产业链接（图 5-7）。

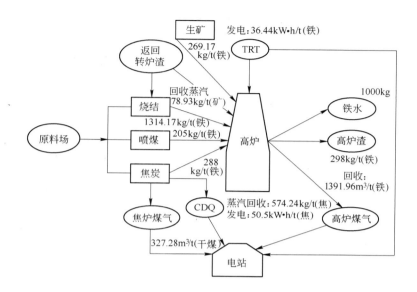

图 7-6　高炉炼铁系统的物料与能源利用框图[8]

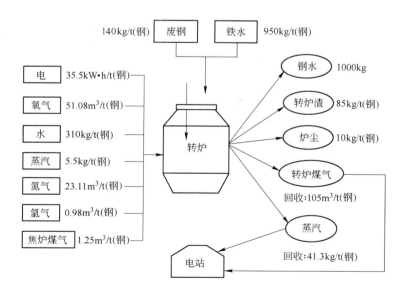

图 7-7　转炉炼钢系统的物料与能源利用[8]

钢铁工业的未来发展，应该在充分理解钢铁制造流程动态运行过程物理本质的基础上，进一步拓展钢厂的功能，以新的模式实现生态化转型，融入循环经济社会。

7.3.2　流程顶层设计研究

流程的概念研究是顶层设计的基础。在流程顶层设计阶段要树立起动态-有序、协同-连续运行的观念，要有集成的、动态-精准运行的工程设计观。确立制造流程中"流"的动态概念，以动态-有序、协同-连续作为流程顶层设计的基本立足点。在顶层设计中要力求突出整体性、开放性、动态性、层次性、关联性和环境适应性等，以工序/装置要素合理选择、流程结构优化、功能拓展和效率卓越为顶层设计的指导思想和基本内涵；在方法步骤上强调从顶层（流程整体）决定底层（工序/装置），从顶层指导、规范下层的思维逻辑。

7.3.2.1　要素选择

在新一代钢铁制造流程的顶层设计中，要素的选择和优化包括两个主要方面：一是技术要素的选择和优化；另一是技术要素优化和基本经济要素的协同-优化。

以新建曹妃甸首钢京唐的设计、建设为例，技术要素的选择和优化主要包括了以下几点：

（1）在成品轧机的选择上，是选择一套薄板轧机和一套中厚板轧机，还是选择两套薄板轧机？如果选择前者，则其合理生产规模约为 700 万吨/年；如果选择后者则其合理规模约为 900 万吨/年。这将进一步影响炼钢厂的工艺、装置，炼钢厂的结构和动态运行效率；并将进一步影响高炉的容积、座数和平面布置图。首钢京唐选择了两套薄板轧机。

（2）选择 2 座 $5576m^3$ 高炉还是选择 3 座 $4080m^3$ 高炉？经过研究选择了 2 座 $5576m^3$ 高炉，简化了平面布置图，降低了工程投资额，并有利于铁素物质流、碳素能量流提高运行效率（见 6.1 节）。

（3）在炼铁厂-炼钢厂之间的界面技术选择上，是选择传统的鱼雷罐运铁车—倒罐—铁水脱硫预处理，还是选择铁水罐多功能化，将高炉出铁—铁水称量/输送—铁水脱硫预处理—快速准确兑入转炉等功能集中在铁水罐一个装置上。经过研究、考察，选择了铁水罐多功能化技术——"一罐到底"技术，具有工程投资减少，输送过程快，铁水温降少，铁水预处理脱硫效率高、铁水称量准确，有利于促进转炉快速直接出钢率的提高等优势（见 6.2 节）。

（4）在炼钢厂工艺/装置设计上，在全薄板生产过程中，是选择传统的工艺过程，还是选择全量铁水"三脱"预处理—炼钢—钢水二次精炼—高拉速、恒拉速连铸的高效率、低成本洁净钢平台生产技术？选择了后者。形成了全部钢水高洁净化、低成本、高效率生产，一个炼钢厂年产量可达 920 万吨左右规模。经计算，实际上 $2 \times (230 \sim 250)$ t 脱磷预处理炉 $+ 3 \times (230 \sim 250)$ t 脱碳转炉即可实现 920 万吨的产能，与采用 300t 转炉的同类方案相比，这将有利于降低工程投资额（见 6.3 节）。

（5）在能量流网络设计上，根据能量流和不同能源介质运行过程的行为，设计了完善的能源供应体系、能源转换网络系统和设计建设了实时监控、在线调度和过程控制的能源管控中心。特别是突破了"有多少煤气发多少电"的认识，选择煤粉掺烧煤气的技术，建设 2 台 300MW 发电机组，煤气掺烧率可达 30% 左右，发电效率高，并可以平衡不同季节或不同生产条件下煤气产生量与发电之间的关系，降低用电成本，并在经济效益优化的前提下，实现了全流程煤气近零排放。

（6）在具体节能技术方面，选择了 7.63m 大型焦炉和 260t/h 干熄焦，吨焦发电量可达 112kW·h；5576m³ 高炉选择了 1300℃ 高风温技术和 36.5MW 大型干式 TRT 余压发电技术；脱碳转炉选择了防爆干法除尘技术。实践证明这些都是节水和回收余能的有效措施，转炉工序不消耗外加能源并有余能输出。

7.3.2.2　结构优化

通过上述一系列工序/装置要素的优化选择，形成了简捷、顺畅、高效的流程网络，特别是形成了以 2 座大型高炉 – 1 座"铁水全三脱"炼钢厂 – 2 套热轧宽带轧机为骨架的"2 – 1 – 2"结构，并以此为核心构建起动态-有序、协同-连续的动态运行结构。其中包括了体现"最小有向树"图形的物质流网络结构和以"初级回路"为特征的能量流网络结构。物质流结构的优化，能量流结构的优化促进了信息流结构的简捷、可靠、优化。

7.3.2.3　功能拓展与效率优化

在工序/装置要素合理选择和流程结构优化的同时，新一代钢铁制造流程在顶层设计过程中必须高度重视功能拓展和效率优化。换句话说，钢厂的功能要从单一的钢铁产品制造功能，拓展到能源转换功能和废弃物消纳处理功能，而且功能的内涵也有所更新。

例如，钢铁产品制造功能，由分别地划分为质量、品种、消耗等指标，集成为高效率、低成本的洁净钢生产体系，这是通过流程的系统集成，实现高效率、低成本的洁净钢生产过程，并可以高质量、大批量、稳定地生产。

又如能源转换功能，突破了原有的物料平衡/热平衡的概念束缚，已不是局限在局部的单体工艺/装置的节能上，而是要进化到以全厂性的能量流网络结构优化为基础的，以输入/输出动态运行优化为特征的，实现包括所有生产工艺装置和能源转换装置在内的全网全过程能源高效转换，合理利用和余热余能及时、高效回收利用的，更高层次的节能减排。

再如：在社会大宗废弃物消纳-处理-再资源化的功能上，也不是局限在回收、处理上，而是要再进一步构建起与钢厂的物质链、能量链、资金链、信息链相关的工业生态产业园[9]。

在上述结构优化、功能拓展的过程中，与新一代钢铁制造流程相关的物质流利用效率、能量流使用效率、资金流运行效率以及环境友好、生态优化均将达到新的水平。

7.3.3 流程的动态精准设计

长期以来，钢铁厂的设计方法是：分别设计不同工序/装置，集中于画装置结构图，并根据经验分别设定装置的生产效率和作业率，由此估算其年产能力，并对一些装置保留富裕能力。很明显这是一种分割的、粗放的设计方法。而钢厂实现生产过程中，不同工序/装置的功能、运行的方式、运行的节奏是不同的；因此，在从设计开始就应以"流"和"动"的概念为指导，将分割-粗放设计方法进化到动态精准设计方法。动态精准设计方法的建立，根植于设计理念的变化，特别要注重以下的思路：

（1）核心思想。钢铁制造流程动态精准设计方法，是以对流程动态运行物理本质的理解为基础，在设计过程中突出"流"、"流程网络"、"运行程序"三个要素的设计；不仅重视各工序/装置内物质、能量的有效转换，更应重视在不同工序/装置之间动态-有序、协同-连续地运行的物质流和能量流的效率。要在设计中具体体现出时间的、空间的、矢量的、网络的动态概念来。更要在坚持时间的连续性和不可逆性的原则下，设计出"流"在动态运行过程中时间的点位性、区段性、节律性和周期性，这不仅有利于动态精准的设计思路，同时也有利于在实际生产运行过程中作业时间计划的动态管理——有利于生产企业的组织和调度。

（2）建立时间-空间的协调关系。对于动态精准设计而言，时间反映的是流程的连续性、工序间的协调性、工序/装置之间工艺因子在时间轴上的动态耦合性，以及运输过程、等待过程中因温降而损失的能量等。应该注意到，当工艺主体设备选型、装置数量、工艺平面布置图、总图确定后，意味着钢厂的静态空间结构已经"固化"，也就是说规定了钢厂的"时-空"边界。因此，要使"流"、"流程网络"和"运行程序""三要素"的基本概念落实在工艺平面布置图、总图设计中，要充分考虑并优化工序/装置的"节点功能"、"节点容量"大小、"节点数目"、"节点位置"和"节点"之间线/弧连接距离和连接路径，仔细计算上、下游工序/装置之间协调、匹配运行的时间过程和时间点、时间序、时间域、时间位、时间周期等时间因子的表现方式和优化设计。

（3）注重"流程网络"的构建与优化。构建简捷-顺畅的"流程网络"是从传统的静态能力设计转向动态-有序精准设计的根本区别。"流程网络"是时空协同概念的载体之一，是时空协同的框架。动态运行是"流"的时空关系的具体体现。从钢铁制造流程的动态精准设计、动态运行和信息化调控的角度分析，必须建立起"流程网络"的概念，务必要使钢厂工艺平面布置图、总图等达到简捷化、紧凑化、顺畅化，并以此为静态框架，使"流"的行为进行动态-有序、协同-连续的规范运行，以实现运行过程中的耗散的"最小化"。需要指出的是："流程网络"首先体现在铁素物质流的"流程网络"，同时，还要重视能量流网络和信息流网络的研究和开发。

（4）注重工序/装置之间的衔接匹配关系和界面技术开发和应用。动态精准设计方法重要的思想之一，就是不仅注重各相关工序/装置本体的优化，而且更重要的是注重工序/装置之间的衔接、匹配关系和界面技术开发和应用，例如炼铁厂—炼钢厂之间的铁水罐多功能化技术（"一罐到底"技术）等；并运用动态 Gantt 图等工具手段，对钢铁生产流程中的各类装置及其动态运行进行预先的周密设计。

（5）突出顶层设计中的集成创新。钢厂设计是以工序/装置为基础的多专业交叉、协同创新的集成过程，实质是解决设计中的多目标优化问题。每个工程设计项目都会因地点、资源、环境、气象、地形、运输条件和产品市场的千差万别而不同，同时设计者又会根据相关技术的进步，在设计中适当地引入新技术，这样新技术和已有先进技术的结合（或称有效"嵌入"）就体现为集成创新。集成创新是自主创新的一个重要内容、重要方式。它不仅要求对单元技术进行优化创新，而且要求把各个优化了的单元技术有机、有序地组合起来，凸显为流程整体层次上顶层设计的集成优化，形成动态-有序、协同-连续、稳定-高效的流程系统。同时需要指出的是，个别探索中的"前沿"技术属于局部性试探（有可能不成熟），并不一定要体现在顶层设计中，必须就其成熟程度以及是否能有序、有效地"嵌入"到流程系统中来，才能决定其是否采用。流程集成创新绝不意味着将各种个别的"前沿"探索性技术简单地拼凑在一起。

（6）注重流程整体动态运行的稳定性、可靠性和高效性。动态-精准设计方法要确立动态-有序、协同-连续运行的规则和程序，不仅注重各工序自身的动态运行，而且更注重流程整体通过衔接-匹配、非线性耦合而动态运行的效果，特别是注重动态运行的稳定性、可靠性和高效性。这是动态-精准设计方法追求的目标。

7.3.4 流程整体动态运行的规则研究

为了设计、构建出一个优化的流程运行"耗散结构"，并实现在动态运行过程中耗散"最小化"，必须动态-有序-协同-连续-紧凑地运行，为此应该对不同工序/装置乃至流程整体的运行，制订出若干运行规则，这些规则必须是来自并体现流程动态运行过程中的规律的。经过研究，得到了如下规则：

（1）间歇运行的工序/装置要适应、服从准连续/连续运行的工序/装置动态运行的需要。例如，炼钢炉、精炼炉要适应、服从连铸机多炉连浇所提出的钢水温度、成分，特别是时间节奏等参数要求。

（2）准连续/连续运行的工序/装置要引导、规范间歇运行的工序/装置的运行行为。例如，高效-恒拉速的连铸机运行要对相关的铁水预处理、炼钢炉、精炼炉提出钢水温度、钢水洁净度和时间安排的要求。

（3）低温连续运行的工序/装置服从高温连续运行的工序/装置。例如，烧结机、球团等生产过程和质量要服从高炉动态运行的要求。

（4）在串联-并联的流程结构中，要尽可能多地实现"层流式"运行专线化生产。例如，在炼钢厂内建立起相对固定的连铸机—精炼装置—炼钢炉的专业化生产线等。

（5）上、下游工序/装置之间能力的匹配对应和紧凑布局是"层流式"运行的基础。例如，铸坯高温热装时要求连铸机与加热炉—热轧机之间工序能力匹配并固定-协同运行等。

（6）制造流程整体运行一般应建立起推力源-缓冲器-拉力源的宏观动力学运行机制。

7.3.5　关于新一代钢铁制造流程的认识

流程制造业的生产工艺流程可以简称为制造流程。制造流程是由相关的、异质的、不同结构-功能的工序/装置组成的，是一种动态集成的运行系统。制造流程必须是可以稳定、高效、安全、可持续地运行的生产系统。制造流程体现着企业的构成要素、整体结构、运行功能和运行效率，是市场竞争力和可持续发展的根本。

新一代钢铁制造流程不同于薄带连铸、非高炉炼铁等个别前沿性技术的探索性研究或中间试验，更不是所有探索性技术的简单组合。新一代钢铁制造流程是建立在对钢铁制造流程动态运行的物理本质深入研究的理论基础上的，不是对已有工序/装置的表象性改造，而是以物质流、能量流、信息流的动态集成构建起来的新系统。其理论核心是建立起"流"（物质流、能量流和信息流）的概念，通过"流程网络"（包括物质流网络、能量流网络、信息流网络）和相应的动态运行程序的协同整合、设计-构建起来的具有先进的构成要素、协同-连续-高效运行的结构，且具有高效率、低成本、高质量的钢铁产品制造功能、高效的能源转换功能、大宗废弃物消纳-处理和再资源化功能的工程系统。新一代钢铁制造流程是可以稳定、高效、安全、环境友好地持续运行的生产系统，它体现了流程构成要素的先进性、整体结构的合理性、流程动态运行的高效性和流程功能的拓展性。

从新一代钢铁制造流程的概念研究、顶层设计到动态运行，意味着冶金学在理论上从孤立的分割研究走向开放的动态系统研究；在制造流程的运行特征上则是从各工序/装置独自运行-相互等待-随机组合的运行流程走向各工序功能优化-匹配协同-非线性耦合的动态-有序和连续-紧凑流程。

7.4　从工程哲学思考冶金工程学的发展方向

从工程哲学的视角来看，有关钢厂的工程设计过程和生产运行过程长期以来集中注意的是局部性的"实"，而往往忽视贯通全局性的"流"。在今后的工程设计、生产运行和过程管理中既要解决具体的、局部的"实",更应集中关注贯通全局的"流"。流程脱离了"流"的动态概念,等于失去了"灵魂",效果就不好了。企业的生产运行和工程设计从表象上看似很"实"（针对工序/装置的设计和运行）,但从本质上看这种"实"恰是贯通全局"流"的动态运行体现,即工序/装置这个"实"是流程运行的动态组成形式和运动的一个局部,"流"的动态-有序、协同-连续运行（即耗散结构的自组织优化,使过程耗散优化）才是企业生产运行和工程设计的目的,这是灵魂;工程设计和工厂生产运行都要"虚"、"实"结合,必须首先确立理念——"虚";构建并形成动态-有序、协同-稳定、连续-紧凑的开放系统——优化的耗散结构,即通过工程设计和动态的生产运行付诸实践——"实",追求流程运行过程中的耗散"最小化",实现复杂系统的多目标优化。总之,应该从要素-结构-功能-效率集成优化的观点出发,在工程设计中体现出动态-有序、协同-连续的流程运行优化,这是动态-精准设计和钢厂实际生产运行过程的理论核心。

耗散结构与自组织理论是物理命题,物理命题需要转化为工程命题,才能用来指导社会生产。流程制造业的生产过程,应该尽可能地减小过程的耗散（减少能源消耗和物资损耗等）,提高过程运行的效率,必须对流程动态运行的三要素——流程网络结构、运行程序、流通量进行分析研究。

（1）关于网络化整合。对于构建一个相对稳定的、动态-有序运行的流程结构而言,构建网络结构十分重要。直观地讲,"网络"是由节点和相互连接的线（弧）组成的图形,通过图形形成特定的结构。引申出去可以认为:在过程系统处于动态-有序-协同运行态势下的网络结构应是系统内各相关节点之间非线性相互作用的"力"和"流"的动态耦合的优化区域。这种"力"与"流"的非线性相互作用和动态耦合优化区域的构建，是过程动态运行耗散"最小化"的结构性基础。网络化整合意味着过程系统内各相关节点的非线性相互作用和动态耦合关系得以"固化"在某种优化的"合力"场区，从而有利于耗散结构系统动态-有序、协同-连续地运行。

对钢铁制造流程而言，网络化整合意味着工序/装置的容量（能力）、功能、个数和位置的合理选择，意味着总平面图的简捷化、紧凑化、顺畅化，并使铁素物质流尽可能保持"层流式"运行，能够顺畅快速通过，即"阻力"最小化。"阻力"最小化在很大程度上将体现为铁素物质流运动过程能耗降低和过程时间缩短。网络化整合对于能量流及其运行优化是同样重要的，这意味着要冲破物料平衡、热平衡的静态观念的束缚，要以开放的、动态的输入/输出的观点来分析研究钢铁制造流程中的能量流行为，而不应局限在各个工序/装置的局部的物料平衡、热平衡的静态计算上，特别要注意到在钢铁企业内部，能量流与铁素物质流的关系是时合-时分的。因此，对于能量流也有必要进行网络化整合和程序化协同，以提高能源转换效率并充分利用、及时回收各类二次能源（如余热、余能等）。

反之，如果"流程网络"不理顺、不合理（包括物质流网络、能量流网络和信息流网络），则运行过程中"流"的行为往往易导致空间因素、时间因素的无序化或是不时出现混沌状态，这必将导致物质流损耗、能量流耗散的增加。必须认识到，冶金制造流程动态运行的有序性，不仅取决于各个工序/装置各自运行的有序性、稳定性，而且受到"流程网络"集成化整合程度的促进或制约。

（2）关于程序化协同。钢铁制造流程的程序化协同主要是各类信息的程序化协同，关联着制造流程内工序功能集的解析-优化、工序间关系集的协同-优化和流程组成工序集的重构-优化；也意味着空间序的紧凑化、简捷化、层流化；这些都与网络化整合密切相关，并在一定程度上决定了制造流程的静态结构。程序化协同应该表现为合理的功能序设计，更重要的是体现在空间程序、时间程序和时-空程序的设计和程序编制上。时间程序的设计和编制必须要充分理解时间这一因子在钢铁制造流程动态运行过程中的各种表现形式（例如：时间序、时间点、时间域、时间位、时间周期等），力求流程全网全程内时间程序的协同化、快捷化。时-空序的设计则体现在优化的动态框架结构中，体现在物质流、能量流动态-有序运行的高效化、协同化、稳定化上，实现流通量的合理化和物资损耗、能量耗散"最小化"。程序化协同应该突出地体现在各类动态信息的协同-优化并实现可调控性。

（3）关于物质流通量。物质流通量的合理化，首先取决于产品的特征，对钢铁企业而言，生产薄板类产品的物质流通量是相对大的，其作业线的年产量可以在 200 万 ~ 550 万吨之间，而生产长材类产品的流通量是相对小的，其作业线的年产量可以在 60 万 ~ 120 万吨之间。这就决定了不同钢铁产品生产流程动态运行过程中的物质流通量（单位为 t/min）。由此可见，所谓装备"大型化"只是一种表象，其实质是相对于不同的钢铁产品制造流程应该有一个合理的物质流通量水平，而不是盲目地强调装备"越大越好"。片面追求装备"大型化"会引起生产过程中不协调、不合理的现象出现。例如用 300t 转炉生产长材其物质流通量是不协调、不合理的。

在钢铁制造流程中，可以将它割裂为炼铁、炼钢、轧钢等工艺过程，它们分别运行着，而且也许可以找到各自独立运行的"最佳"方案，然而，随着时代的发展，作为一个制造流程的动态运行过程，不仅要研究"孤立"、"最佳"，更重要的是要解决流程整体动态运行过程的最佳。可见，不能用机械论的拆分方法来解决相关的、异质功能的而且往往是不同步运行工序/装置的组合集成运行问题。因此，重要的是要研究多因子、多尺度、多工序、多层次的开放系统动态运行的过程工程学问，一定要分清工艺表象和物理本质之间的表里关系，因果关系，非线性相互作用和动态耦合关系，找出其内在规律。这对钢厂的设计和实际生产运行过程的优化和调控是十分重要的。

由此作为支撑钢铁业发展的冶金工程学（包括科学、技术、工程与设计、管理等），应重视研究如下问题，以问题带动学科及其分支的发展，促进学科交叉：

（1）深入开展对钢铁生产流程动态运行的物理本质的研究，探索动态过程中物质流、能量流和信息流的集成理论；

（2）重视钢厂动态运行过程中"流"、"流程网络"、"运行程序"的研究，以及对钢铁企业的要素、结构、功能、效率的影响；

（3）重视以网络化整合、程序化协同为重要手段（流程结构集成创新的措施），提高钢厂流程的设计水平和生产过程的运行效率；

（4）重视新技术、新装备开发、设计、制造并通过多工序、多层次、多尺度、多因子集成优化，并将这些工艺技术和装备有效地、动态地"嵌入"到钢铁生产流程中；

（5）高度重视全厂性、全流程层级上能量流研究及其网络化整合，提高能源利用效率，进一步从流程总体的层次上推动节能减排；

（6）高度重视与物质流、能量流动态运行过程优化相结合的信息有效调控性研究，促进信息流在钢铁生产流程中的贯通；

（7）高度重视具有综合知识素质精英人才——卓越工程师、战略科学家——的培养、训练与使用；

（8）高度重视关于环境保护、生态、气候变化等时代责任和社会伦理命题的战略性对策研究。

通过上述有关冶金工程学一系列研究，将有助于未来钢铁工业发展方向的判断和竞争活力的源头性探索。

参 考 文 献

[1] 殷瑞钰，汪应洛，李伯聪．工程哲学［M］．北京：高等教育出版社，2007：75～85.

[2] 殷瑞钰，李伯聪，汪应洛，等．工程演化论［M］．北京：高等教育出版社，2011：25～33.

[3] 杨宽．中国古代冶铁技术发展史［M］．上海：上海人民出版社，2004：232～260.

[4] 克利斯·弗里曼，罗克·苏特．工业创新经济学［M］．华宏勋，华宏慈等译．北京：北京大学出版社，2004.

[5] 普利高津．从存在到演化［J］．自然杂志，1980，3（6）：11～14.

[6] 恩格斯．路德维希·费尔巴哈和德国古典哲学的终结［M］．北京：人民出版社，1997：19.

[7] 邢怀滨．工程创新的"壁垒-陷阱"分析［J］．工程研究——跨学科视野中的工程，2009，1（1）：58～65.

[8] 殷瑞钰．钢铁制造流程的本质、功能与钢厂未来发展模式［J］．中国科学（E辑：技术科学），2008，38（9）：1365～1377.

[9] 张春霞，殷瑞钰，秦松，等．循环经济中的中国钢厂［J］．钢铁，2011，46（7）：1～6.

后　记

　　我从事冶金专业近 60 年了。1953～1957 年间，在北京钢铁学院（现为北京科技大学）接受系统的专业教育，随后在唐山钢铁公司从事生产、技术、研究工作 26 年，继而在河北省冶金厅、冶金工业部从事工业部门的发展战略、技术进步和产业管理等专业工作，接着又到钢铁研究总院工作，主要集中在冶金流程工程（过程工程）和工程哲学方面的研究和探索。深感在不同层次的岗位工作、学习，会有不同的视野和思维方法，联系起来，内中颇具哲理。

　　撰写本书有两方面的机缘：其一是 1994 年遵照前辈师昌绪院士的提示，通过 10 年左右的努力，完成了《冶金流程工程学》的撰写工作，虽然文字将近 40 万字，而且经过两次修改、三次印刷并分别出版了英译本和日译本，但总感到仍有深化、扩充的余地；其二是 2003 年国务院成立了国家中长期科学和技术发展规划总体战略专家顾问组，我有幸作为专家顾问组成员参与其中。与此同时，还成立了专家委员会，其下成立了 20 个专家组，时任中国工程院院长的徐匡迪院士兼任制造业组组长，下设两个小组，一为流程制造业组，一为装备制造组。我和张寿荣院士等具体负责起草、编写流程制造业的科学和技术发展规划，并由徐匡迪院士领衔提出了"新一代钢铁制造流程"的重大命题及其概念和具体内涵。进而，其被国家确定为重大研究课题。同时，恰逢首钢战略性搬迁，因此，新一代钢铁制造流程这一命题就和新建曹妃甸京唐钢铁公司工程的设计、建设和生产运行结合在一起了。其中，既有新的概念研究，又有流程设计中的顶层设计和动态精准设计的理论和方法，还涉及生产流程动态运行的规则和调控等内容，这些问题用传统的概念和方法是很难突破的。

从以往冶金学和冶金工程的理论和方法上看，长期的传统思维和习惯方法是以还原论的思维方法处理问题，也就是将钢厂的生产流程分割为若干工序/装置，再将工序/装置解析的某种化学反应过程或是传质、传热和传动量的过程，其时间/空间问题较少涉及，动态运行过程中的相互作用关系和协同连接的界面技术往往被忽视。

在钢厂实际生产过程中，长期以来的习惯状态是：不同工序/装置各自运行，上、下游工序/装置之间相互等待，再随机连接、组合。整个生产过程经常处于无序或混沌状态之中。一个鲜明的例子就是高炉出铁—混铁炉—平炉—模铸—初轧/开坯—轧钢这样的工艺流程中，停顿、等待、随机组合的现象比比皆是。因此，生产效率低、消耗高，而且产品质量不稳定。

在以往的研究和开发过程中，传统的方法是，注重单元反应过程研究，习惯性沿用不断解析、分割的方法，特别是受到"孤立系统"概念的束缚，缺乏开放、动态的观念，而忽视宏观流程（过程工程）动态-有序、协同-连续运行方面的研究。

同时，在企业生产和工程设计过程中，习惯从工艺/装置的局部运行的表象出发，选择工艺装置，然后经过简单的串联-并联，以此设计生产流程并估算产能，而不太注重企业生产过程中，制造流程动态运行的物理本质的研究和动态-精准设计的理论和方法创新。

在面对建设新一代钢厂，要设计、建设并运行好新一代钢铁制造流程，必须摆脱传统的思维方式和长期生产、设计的习惯方法，需要从冶金学和冶金过程工程的层次上建立新的集成理论和方法。为此，针对不同需求、不同情况，在新世纪以来作者分别撰写了27篇文章，分别以学术论文、专题报告、咨询报告等形式出现。在这些过程中，我的研究思路和方向在《冶金流程工程学》的基础上，有所拓宽，有所深化。具体体现在如下方面：

——重视冶金制造流程整体动态运行的物理本质和规律研究，其理论基础不仅包括牛顿力学、经典热力学、化学热力学，而且尤其重视普利高津的耗散结构理论的应用、移植和转化。由此得出开放的冶金流程动态运行过程的物理本质，并从中提炼出制造流程动态运行过程中的基本要素是"流"、"流程网络"和"运行程序"，流程运行优化的规律是朝着动态-有序、协同-连续运行的方向发展，以期实现流程运行过程中产生的耗散"最小化"。从研究视角上看，这实际上是对新一代钢铁制造流程的概念研究。

——在理解制造流程动态运行的物理本质和规律的理论基础上，就不难发现钢铁生产流程动态运行的功能不仅可以实现钢铁产品制造功能，而且可以拓展为能源高效转换、充分利用的功能和大宗废弃物处理-消纳-再资源化功能。钢厂功能拓宽，并实现三个功能，将有助于提高企业的市场竞争力和可持续发展能力。其中还引出了高效率、低成本洁净钢生产平台，能量流行为和能量流网络等新概念、新认识。

　　——理论研究不仅针对生产企业、科研单位，而且注意面向工程设计和冶金学科新分支领域。鉴于市场竞争看似产品竞争，究其根源实为设计的竞争，特别是概念研究、顶层设计的竞争。其中，顶层设计优化尤其重要。因此，应该由新的设计理论和方法来指导顶层设计，并以优化的顶层设计来指导工序/装置等工艺要素的选择和优化。顶层设计应包括工序/装置等要素的优化选择、流程总体结构的形成和优化、流程功能的拓展和合理安排、流程动态运行效率的超越等内涵。从另一视角上看，就是希望促进工程设计的理念、集成理论和方法的更新。

　　——注重动态-精准设计的理论和方法，其中包括了"流"、"流程网络"、"运行程序"的具体概念和内涵，包括了动态运行 Gantt 图的编制原则和方法，界面技术的创新和设计等。其主要思想是，工程设计不仅是为建设提供所需的图纸，同时，必须为企业提供优化运行的物理框架和规则。

　　——注重新建钢厂或已有钢厂制造流程动态运行的动力学研究。在流程整体动态-有序、协同-连续运行的原则指导下，概括出流程动态运行的 6 条规则，这些规则对于工程设计、生产技术、企业生产管理、技术管理等方面，都是有参考意义的。换言之，这意味着工程思维的转变和创新，也就是从"还原论"思维方法所暴露出的缺失中，找到的新思路。

　　本书的内容包括了七章，即总论性、思维方法性的绪论，流程动态运行的概念和理论基础，钢铁制造流程动运行的基本要素，钢铁制造流程动态运行特征及分析，钢厂的动态精准设计和集成理论，案例研究，工程思维与新一代钢铁制造流程。经过深入研究钢铁制造流程动态运行的特征，认识到为了钢铁制造流程整体水平的再提升和钢厂企业结构优化，必须高度重视钢铁制造流程中物质-能量-时间-空间-信息的动态集成研究，必须跨越冶金反应或物理相变的"点空间"科学问题和工序/装置的"场空间"问题的已有门槛，进入破解钢铁制造流程的"流空间"科学问题的层次，才能得到新的认识、新的概念、新的动态运行的规律。

综上所述，可以看出，本书实际上是前著《冶金流程工程学》的扩展和深化，两者是姊妹篇。

作者必须指出：在本书的研究、撰写、汇总过程中得到了当代中国冶金界诸多权威、专家的支持、帮助。其中，徐匡迪院士一直关心、积极支持并主导新一代钢铁制造流程的立题和概念研究，还深入曹妃甸京唐钢铁公司组织研讨会，解决生产中的问题，并在百忙中为本书作序。张寿荣院士经常参与许多概念、内涵、命题的理论研讨和工程设计方案的研讨，应该说他理解并支持本书的理论观点。干勇院士在"新一代可循环钢铁制造流程"的组织实施过程中，付出了艰辛努力，为理论和工程设计方案的实施作出了努力。陆钟武院士积极支持能量流行为和能量流网络的理论研究，在他的建议和大家努力之下，于2009年召开了第356次香山科学会。首钢京唐钢铁公司的朱继民董事长、王天义总经理、王毅总经理（前副总经理）在曹妃甸首钢京唐钢铁公司的方案确定、设计、建设的实施过程和生产过程中起到重要的具体的组织领导作用，他们都积极采纳、支持新一代钢铁制造流程的理论观点、技术措施和工程设计思想。在此对上述人士表示由衷的谢意。

本书的撰写、汇总过程中，我在大学时期的老师曲英教授始终参与并且逐章、逐节地对本书进行校对和修改，提出了不少有益的建议，对成书帮助很大。我的年轻合作伙伴张春霞博士、徐安军博士、郦秀萍博士、贺东风博士、上官方钦硕士、张旭孝硕士及周继程、于恒、韩伟刚、王海风等博士生为文稿的整理、修改、校对付出了辛勤的劳动和智慧。在此表示感谢。

本书在成书过程中，特别是案例分析部分的撰写过程中，还得到了北京科技大学王新华教授，首钢京唐钢铁公司杨春政副总经理，唐山钢铁公司二钢轧常金宝厂长，首钢国际工程公司何巍总经理、张福明副总经理、钱世崇教授级高工、颉建新处长，沙钢集团有限公司刘俭副总经理、施一新副总经理、王卫东厂长等同行专家的帮助和支持。他们为本书提供了若干宝贵的资料，为本书增色。在此表示感谢。

田乃媛教授是我的伴侣，她一直支持我努力工作和进行理论探索，并在她的教育生涯中，推动冶金流程工程学的课程教学和普及，也不断地支持撰写此书。她的关心和支持对本书撰写是很重要的。

最后，我必须提到前辈师昌绪先生的关心和支持，难忘老先生的提示、鼓励。我们每年都有几次会面，每次见面都问到我的工作和研究情况，他鼓励我进行理论上的研究、探索，也强调理论要联系实际，把理论的成果应用到生产实践中，推动产业的发展。师先生的不断提示、鼓励和教诲，自当铭记，并努力实践之。在本书即将完成之际，向师先生表示深深的谢意和敬意。

本书案例部分的写作、出版还得到了工业生产力研究所 IIP（Institute for Industrial Productivity） 的重视和资助，在此谨表感谢。

最后，不能不说，由于作者的理论水平以及知识面有限，本书很可能有诸多不妥之处，诚望广大读者和有关专业人士批评指正。

我爱冶金、我爱钢铁，谨以此书献给国内、外冶金界同行。

殷瑞钰

2013 年 2 月 18 日于北京

术 语 索 引

---

❶ "流"为制造流程中物质流、能量流、信息流的通称。

图　索　引

表 索 引

冶金工业出版社部分图书推荐

书　　名	定价（元）
冶金流程工程学（第 2 版）	65.00
高炉生产知识问答（第 3 版）	46.00
矿热炉机械设备和电气设备	45.00
铌微合金化高性能结构钢	88.00
含铌钢板（带）国内外标准使用指南	138.00
电弧炉炼钢工艺与设备（第 2 版）	35.00
电弧炉短流程炼钢设备与技术	270.00
电炉炼钢原理及工艺	40.00
电炉炼锌	75.00
电炉炼钢除尘与节能技术问答	29.00
现代电炉炼钢生产技术手册	98.00
现代电炉炼钢理论与应用	46.00
现代电炉炼钢操作	56.00
电炉钢水的炉外精炼技术	49.00
现代电炉炼钢工艺及装备	56.00
电炉炼钢问答	49.00
转炉炼钢问答	29.00
转炉炼钢生产	58.00
氧气转炉炼钢工艺与设备	42.00
转炉钢水的炉外精炼技术	59.00
转炉炼钢工	49.00
转炉干法除尘应用技术	58.00
转炉护炉实用技术	30.00
转炉炼钢实训（第 2 版）	30.00
轧钢设备维护与检修	28.00
轧钢机械知识问答	30.00
轧钢机	79.00
轧钢生产基础知识问答（第 3 版）	49.00
轧钢机械设备维护	45.00
稀有金属真空熔铸技术及其设备设计	79.00
平板玻璃原料及生产技术	59.00
金属表面处理与防护技术	36.00
金属固态相变教程（第 2 版）	30.00